KNOW THYSELF

Western Identity from Classical Greece
to the Renaissance

Ingrid Rossellini

〔意〕英格丽·罗西里尼 著

宇华 周希 译

认识自我

从古希腊到文艺复兴的西方人文艺术史

天津出版传媒集团

天津人民出版社

图书在版编目（CIP）数据

认识自我：从古希腊到文艺复兴的西方人文艺术史 /
(意) 英格丽·罗西里尼著；宇华,周希译. -- 天津：
天津人民出版社,2020.12
　　书名原文: KNOW THYSELF
　　ISBN 978-7-201-16392-5

　　Ⅰ.①认… Ⅱ.①英… ②宇… ③周… Ⅲ.①美学史
—西方国家 Ⅳ.①B83-095
　　中国版本图书馆CIP数据核字(2020)第160468号

图字：02-2020-273号

认识自我：从古希腊到文艺复兴的西方人文艺术史
RENSHI ZIWO: CONG GUXILA DAO WENYI FUXING DE XIFANG RENWEN YISHUSHI

出　版	天津人民出版社
出版人	刘　庆
地　址	天津市和平区西康路 35 号康岳大厦
邮政编码	300051
邮购电话	022-23332469
电子信箱	reader@tjrmcbs.com

选题策划	联合天际·王微
责任编辑	伍绍东
特约编辑	王　微
美术编辑	夏　天
封面设计	董茹嘉

制版印刷	三河市冀华印务有限公司
经　销	新华书店
发　行	未读（天津）文化传媒有限公司
开　本	880 毫米 × 1230 毫米　1/32
印　张	13
字　数	300 千字
版次印次	2020 年 12 月第 1 版　2020 年 12 月第 1 次印刷
定　价	78.00 元

本书若有质量问题，请与本公司图书销售中心联系调换
电话：(010) 52435752

关注未读好书

未读 CLUB
会员服务平台

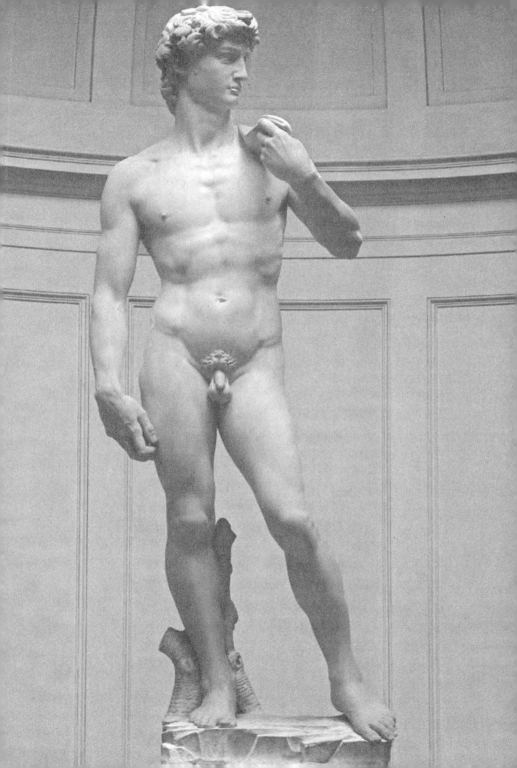

致我的丈夫理查德

还有两个孩子，托马索和弗朗西丝卡，

他们让我的生活充满了归属感，

我悬浮在他们爱的"宇宙"中，

在阳光下徜徉、旋转。

历史不仅仅研究重要的事实和制度，它真正的研究对象是人类的思想：它应该渴望知道，在人类生活的不同时代，我们的头脑曾相信、思考和感受过什么。

—— 福斯特尔·德·库朗日《古代城邦》

目录

引　言

你是谁？

如果此刻有人问我们这个问题，大多数人的回答，除了常见的性别、国籍和种族之外，基本会把重点放在他们的个人特征、选择和偏好上。有一种常见的假设，个体的自我是一种完全自主和原始的实体，能够自主选择他（她）决定接受什么方式，是告诉别人你独立于传统观点和他人期望的一种途径。正如我们今天所知，每个人的身份就像一口可以随意选择、设计和组装部件的工具箱，也是一项亲力亲为的事业。

虽然这一说法基本无误，但心理学家总会提醒我们：我们的童年经历仍是塑造成年自我的重要因素。为了解我们的现在，就要回顾我们的过去。而我们人类共同的历史，同样可以这样表达：了解我们曾经是谁，是了解我们今天是谁的重要依据。

谈到这里，难道我是在说：认识自我是一种心理指引，让我们与真实的自我建立一种更有意义、更充实的关系吗？其实也没错，但绝对不是以一种传统的方式。我是想说，这本书不是一本心理学书，而是一本带有心理学倾向的历史书——换句话说，**这本书描述了从古希腊到文艺复兴时期的历史关键时刻，强调了对于"自我"的不同定义，是如何促成价值观和理想的创造的，而这些价值观和理想，几个世纪以来塑造并推动了人们的选择和行动，乃至社会的构成。**

我之所以选择这种特殊视角，是受到了 19 世纪法国历史学家福斯特尔·德·库朗日的启发，他认为，如果没有对人类性格的本质和发展给予同等重视，那么单单回顾事实不足以充分地看待历史。这个观点告诉我：历史是一幅复杂的挂毯，由事实编织而成，也由我们人类强加于这些事实上的叙述编织而成，用来尝试理解我们自己，还有我们经历的现实。

这本书不是什么学术论文，而是给非专业读者的指南，他们虽然真诚地想探索过去，但常常畏惧于学术研究的复杂性。在过去的几十年里，情况只是在变得更糟：我们通常所说的"人文学科"，在大学课程中越来越被忽视，对许多人而言，理解西方早期的思维方式变得越来越难，并且令人沮丧。

为了消除这种困惑，使这本书尽可能浅显易懂，我选择规避专业方法上那种典型的过细风格，而是提供一种跨学科的综述，虽然简化，却仍然提供了主要历史和文化模式的综合信息。为了使这一讨论更加易懂，我还会提到许多关于视觉艺术的内容。这种选择基于一种事实：几千年来，至少在 15 世纪中叶印刷术发明之前，视觉艺术是唯一可行的大众传播手段，能够向大部分文盲人士传播政治上的优秀典范，当时的哲学或宗教意识形态，被认为最适合作为人类的榜样。

我们将探讨一个重要主题：当我们审视不同时代所培育的理想时，它涉及传奇和神话事实的反复创造——为了激发灵感，传统所培育的叙述往往过于强烈，以至于我们无法严格地检测其可信度，正如神话学大师约瑟夫·坎贝尔所说："神话就是从未发生却一直在发生的事情。"

首先，请允许我带你回到古希腊的德尔斐（Delphi），那里的人们向阿波罗寻求（to appear）神谕。他是希腊的理性之神，也是唯一愿意回

　　　　　　　　　　　　　　　　　　　　　　　认识自我

应异教徒询问的神祇。

我使用了"to appear"这个词组，是因为阿波罗神谕是模棱两可的，而非启示性的，并没有提供明确的指引，只是提供了隐晦暗示和零散信息。这些话就像他的信使、名叫皮提亚的女祭司的话语一样模糊、令人困惑，皮提亚是在神志恍惚的状态下为阿波罗传话的，她声称自己被神附身了。神谕的矛盾之处是，它迫使人们去解释那些含糊不清的话语，寻求到的神谕就又含蓄地回到了那些寻求它指引的人的心中。通过这种方式，人们被间接地引导使用他们自己的智力和能力，来思考最适合他们自己的挑战和答案，而不是求神清楚地告诉他们该做什么。

这一明智策略的关键，体现在阿波罗神庙上方铭刻的一句格言当中——"认识自我"。其基本含义是：由于你赋予生命的意义就是推动你行动的动力，所以当你在问自己该做什么之前，先问问自己到底是谁。

从古至今，这都不是一件容易的事，我们千百年来交出的种种答卷，就证明了这一点。

以我们现代的身份认同为例。为了培养孩子的自我意识，我们会告诉他：要去寻找那些使你成为特别的、有创造力的人的天赋和品质。并由此得出结论：只有发展自己独特的身份认同（identity），一个人才能成为以社会为代表的"更宏大的自我"中的一员。

如果听到这种极端个人主义的例子，早期的希腊人或许会被吓得不轻。在古希腊人看来，把终极价值归于关注个体自我而非集体自我，这种选择和偏好，就算不是天方夜谭，至少也是严重不道德的观点。对于古希腊人而言，一个人的出生地不仅是地理位置，也是他的家庭和社区所在，因而也是他身份的首要来源。你出生的地方和你所属的社会群体决定了你是谁，因而也决定了周围人对你的期望。今天，我们对"认识自我"的理解是"个人选择的自由"，与那种旧时心态几乎没有什么关系。因此，"认识自我"的命令，本质上是指你应该借助理性的指导，以尽可能最佳的方式，履行你作为社会一员所承担的道德责任和道德义务。

这种戏剧性解释上的巨大差异，可能会让我们误以为过去和现在之间没有直接的联系。然而，这本书将会告诉我们，事实并非如此。即使我们的天平已经明显偏向单一的自我，但在个体和集体之间找到一个结合点，仍是当下存在的一个非常紧迫的问题。这告诉我们，尽管历史的模式不断演变，但身份的概念始终涉及两个基本方面：我们各自是谁？我们彼此间的关系是什么？

另外，它在西方文化史上激起了无休止的争论。正如亚里士多德所言，当他公开宣称人类是一种"政治动物"时，我们难道是天生倾向于与他人一起生活？或者，社会是一种有用但彻底不自然的工具，仅仅是为了增加我们生存的概率而被创造和维持的？尽管还没有得出明确的结论（或许已经得出），但是我们都同意，即使我们认同了社会倾向性出于本能，但这种本能与支配蚂蚁和蜜蜂生活的僵化不变的集体协作精神毫不相干。事实上，我们过于人性化的倾向，即偏袒、自私，远远高于我们的共同目的，而这始终是建立一个完全和谐的社会最大障碍。

当然，在早期历史上的较小却有文化凝聚力的群体中，让个人与社会所代表的更宏大身份保持一致，要比在全球化和技术相连的世界中自由、多样化和快速变化的现实中容易得多。鉴于这种复杂性，培育一种具有公民意识的身份认同，变得比以往任何时代都更加困难，正如我们在当今世界的观点和思想的两极分化中所见。

到底该怎么做呢？这本书没有假装对这样一个难题给出答案。本书提出的所有建议，是回到历史的早期，试图重新发现我们当代人格的基石。我相信，只有探索祖辈看待我们内心世界的方式，以及他们为处理我们天性中的矛盾而展开的叙述，我们才能更好地理解我们是如何走到今天的。还有，是什么造就了今天的我们？即使这本身不能解决我们眼前的问题，提高我们审视自身的关键能力，也有助于提高我们目前必须的清晰度（哪怕不多），以便我们找到一个最佳途径，以更有成效和积极的方式迈向未来。

本书分为五部分内容：古希腊、古罗马、中世纪早期、中世纪晚期、人文主义与文艺复兴。

第一部分探讨了古希腊人的信仰，即"人是一种介于动物和神之间的生物"。理性，被认为是人类生活的重要品质，其目的是通过控制所有的激情，来维持一种关键平衡，包括过度膨胀的自傲和野心，希腊人将其定义为"傲慢"。从荷马史诗到城邦的发展，再到哲学的诞生与民主制的建立，希腊人建立在对人类理性的理解基础上的巨大信念，造就了世界上最具活力的文明之一。然而，尽管希腊人尽其所能，但他们也在文化中埋下了一些最顽固的偏见和歧视的种子——比如贬低所有非希腊人，称他们为"不文明的野蛮人"（事实上，希腊借鉴了许多更古老的近东文明，如古埃及和古巴比伦），并将某一性别的品质归因于理性概念。理性是一种只有男性才可拥有的品质，女性则被彻底地排除在外，她们被视为性快感的象征，是物质身体的无理性激情和欲望的化身。希腊人认为女性的心智太过脆弱，无法驾驭身体的冲动，这种观念对西方文化产生了长期的影响。禁止妇女参加所有社会和政治活动，是这种偏见的最具破坏性的后果。值得注意的是，"virtue"（美德）一词源自

"vir"，拉丁语意为"人"，而"hysteria"（歇斯底里）一词使用至今，用以表示情绪不稳定，它源自"hystera"，希腊语中的"子宫"。

希腊哲学传统所确立的最有影响力的观点，是合理确定整个宇宙由谁统治：正如心灵统摄着身体，宇宙被认为是从一个神圣而卓越的理念中获得和谐与秩序的（希腊语的宇宙写作 kosmos，意为"秩序"）。为了与这种神圣的力量和谐共处，人类必须对自己和社会采用同样的规则，即调节自然界其他方面的和谐合作。这种观点，导致希腊人强烈地鄙视一切暴君和独裁者：那些轻视判断和理性的人，傲慢地认为自己的才能足以统治社会。讽刺的是，城邦时代的结束恰恰是由古典时代最恐惧的东西带来的——马其顿国王亚历山大的君主专制主义的兴起。

第二部分描述了希腊城邦（polis）[1] 的概念对罗马征服者的巨大影响——最重要的是，他们认为，人作为一种理性存在，只有通过城邦所要求的军事、公民和政治参与，才能拥有完整的人性。对希腊人和罗马人来说，只有充分地发挥公民的作用，发挥其内在的才能和潜力，才能实现文明（civilization），这个词源自拉丁语的"城市"（civitas）。

在罗马整个历史上，大多数政治思想家都认为理想社会最佳的例子是罗马共和国时期。随着奥古斯都政权的崛起和罗马帝国的建立，罗马共和国时代结束了。奥古斯都给人的印象是，他的统治并没有与罗马时代早期的精神相悖，而是一以贯之，他试图向臣民灌输一种信念：在他的领导下，罗马将完成它作为世界统治者的命运——这是众神赋予这座城市的角色，以表彰它在法律、文化和文明上的伟大贡献。尽管罗马作家和艺术家的叙述大大推动了这种正面的形象，但它并没有经受住时间

---

[1] "政治"（politics）一词的词源。

　　　　　　　　　　　　　　　　　　　　　　　　　认识自我

的考验，尤其是自奥古斯都之后许多皇帝的腐败，直接导致了维系罗马的伟大道德结构的瓦解。

第三部分，分析了在野蛮人入侵和西罗马帝国沦陷引起的浩劫之后基督教的兴起（基督教是犹太教的分支，也受到了希腊文化传统和东方教派神秘主义的极大影响）。希腊人和罗马人，包括亚里士多德乐观地相信人类是理性的，天然倾向于与他人共存以建立一个公正、和谐的社会。基督教强烈地反驳了这一观点，他们肯定人类在亚当和夏娃的原罪之后遭受了无法弥补的损害，如果没有信仰的协助，人类就无法行使自己的职责。罗马的沦陷就足以证明，由于人类的罪恶和缺陷，任何建立一个完美社会的尝试都不可能成功，因为人类的利己性总是会战胜集体性，而仇恨会战胜同理心和正义。在这种新的、悲观的心态下，世界变成一个充满悲伤和苦难之地，一个审判罪恶的人类的地方，神会在世界末日审判他们。随着宗教在人类生存的各个方面根深蒂固，教会填补了世俗国家留下的空白，承担了领导和标杆的角色，除精神作用外，还包括了在文化、政治、行政和体制上的作用。

第四部分展示了弥漫在中世纪早期的悲观情绪是如何在11世纪开始消散的，当时，随着野蛮人入侵的结束，欧洲逐渐迎来了一段和平与繁荣的时期。那个时代的主要特征是城市的重生和新商人阶级的兴起，他们渴望在社会中确立自己的地位，而不受以前封建时代由贵族领导的等级制度的束缚。

这些新兴的集镇对文化的最大贡献是创立了大学，使学习得以在宗教那种与世隔绝的控制之外传播。这种学术复兴，最明显的受益者就是世俗国家，由于许多受过教育的律师和官员的服务，世俗国家的行政和法律职能被大大改善。随着世俗权力变得更加强大并产生组织，它与几个世纪以来一直严格控制社会的教会机构难免出现冲突，这使得国家和教会之间的激烈竞争成为中世纪晚期的主要特征之一。随着希腊文化遗产的发现（讽刺的是，它被穆斯林保存下来并归还给西方，而基督教欧洲曾对穆斯林发动过多次十字军东征），人们的观点和思想发生了重大转变。在这种创新的思想中，亚里士多德的思想显得尤为重要，尤其是托马斯·阿奎那成功地调和了基督教的原则与这位希腊哲学家对人性的乐观看法。从此，人的角色从根本上转变了，从负罪的、有道德缺陷的生物，变成卓越的、有才能的神的合作者，负责实现神的伟大创造中固有的潜力。

这种新观念，就是人文主义和文艺复兴的根源。

为了理解像文艺复兴时期那样复杂和地理分布广泛的时期，我选择将分析局限在意大利的文艺复兴时期，尤其关注最能体现时代精神的两座城市——佛罗伦萨和罗马。在佛罗伦萨，城邦的发展让位于对古典时代政治理想的怀旧与回归，与奥古斯丁的观点形成鲜明对比的是，这种政治理想热情地恢复了人类城市的价值和重要性。当时流行的说法是：通过运用希腊人与城邦、罗马人与共和国的智慧，意大利的城邦最终可以实现一种公正、稳定的社会理想，作为一个缩影，反映出神创造的整个宏观世界中给他留下深刻印象的编码秩序。

很不幸，认为人类的独特性和例外性能确保一个永久、稳定、自由的社会，这种信心是短暂的，它被美第奇家族的专制统治所折服，共和国的梦想也就此终结。随着佛罗伦萨的新主人对美的培养，艺术被赋予了一种令人愉悦的美学品质，而非为了促进公民美德，艺术此时的目标是要强化一种宫廷心态，主要是极力称赞美第奇所代表的君主权力。

1453 年，君士坦丁堡（今伊斯坦布尔）被攻占，令许多人感到慌乱的是，使佛罗伦萨全面活跃的共和主义热情，被美第奇家族扼杀在了新戏剧性的最高处，以及，当马丁·路德反抗教会的普遍腐败时，他发起了不断分裂基督教世界的新教改革。对已是君主政权的富有、强大的罗马教皇而言，最惨痛的事件发生在1527年，当时，有一支支持路德的德国雇佣军洗劫了罗马。

历史的钟摆再次朝着令人悲观和失望的方向摆动，人们对曾高度赞扬的人性光辉产生了新的怀疑，希望仿佛日渐消失，但历史一再表明，春天总在冬天的黑暗中归来。

这一切告诉我们，人类的身份认同，一直是并将永远是一项进行中的工作，而非固化的现实。在此意义上说，"文化"一词能使人联想到农业概念，这很有启发性。思想就像培育作物，一旦扎根就不会保持原样，它们成长、成熟、转变。最重要的是，正如本书反复指出的，思想就像随风飘撒的种子一般广为传播。这同样很重要，也在不断提醒我们：尽管在西与东、南与北之间存在各种意识形态的分歧，但身份认同话题，仍是一切文化现象——包括人民、文化和思想的交流——中最丰硕的果实。

第一部分　古希腊

PART ONE　|　ANCIENT GREECE

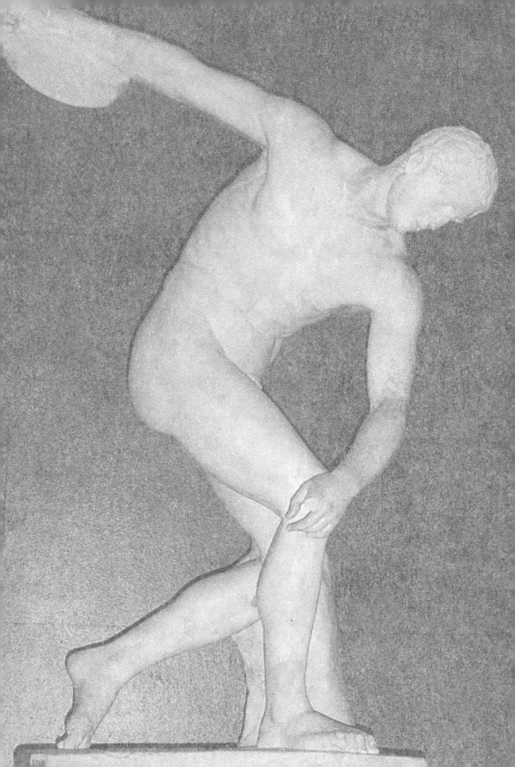

城邦的诞生

在这片通称为"希腊"的土地上，最早出现的文明是米诺斯文明。大约在公元前 2000 年，米诺斯文明在克里特岛上蓬勃发展。接踵而来的是迈锡尼文明，它因伯罗奔尼撒半岛的主要城市迈锡尼城而得名，在公元前 1500 年前后达到鼎盛期。米诺斯文明为何会消失？这个问题存在争议，有学者认为，是因为阿卡亚人（迈锡尼的主要部落）带来的竞争压力，还有些人认为是因为自然灾害。但可以肯定的是，大约在公元前 1400 年，米诺斯文明迅速地衰落了，而社会结构高度发展的迈锡尼文明则持续繁荣到公元前 1100 年。一座座令人印象深刻、富丽堂皇的宫殿，豪迈地展示着迈锡尼文明富足的生活和高度发展的社会结构，这归功于有秩序的封建制度，避免了纯农耕观念带来的停滞，也多亏了航海活动，即商业和贸易带来的巨额收入。希腊世界[1]诞生之初在文化上大量借鉴了近东地区更古老的文明，尤其是埃及文明和古巴比伦文明，具体体现在迈锡尼艺术中大量出现外来形象，如长颈鹿、狮子、瞪羚、棕榈树、莲花。

有些学者认为，迈锡尼文明的崩塌，是由一拨未开化的野蛮征服者造成的——从北方南下的多里安人。原住民被外来者取代，被迫放弃土地，流散到爱琴海一带，有些部落在临近的岛屿重新定居，有些则迁徙到更远的海滨，比如今土耳其的安纳托利亚西海岸，当时称为爱奥尼亚地区。

在北方入侵者带来的冲击下，不同的部落和种族相互融合，历经了几

---

[1] 我们在谈论古希腊时，厘清"希腊的"（Hellenic）和"希腊化"（Hellenistic）两个概念很重要。"希腊的"一词源于"Hellas"，是希腊的古名，指亚历山大大帝之前的时期。亚历山大大帝在公元前 4 世纪统一希腊各个城邦，将希腊文化融入他宏大的帝国熔炉中。"希腊化"一词意为"像希腊的"，不仅指希腊本身，也指一个新的历史时期。

个世纪的动荡，又伴随着对早期希腊文明遗产的销蚀而逐渐平息。以线形文字 B[1] 著称的迈锡尼书写语言，也在这场浩劫中消失了。这段长达 300 年的持续衰落时期，人称"黑暗时代"（公元前 1100—前 800 年），需要强调一点：由于缺少书面记载，现代人往往会忽略这段遥远的历史时期。

我们只能通过在一些诗歌中仅存的蛛丝马迹，去追溯这个黑暗时代。大量的民间故事被专业的游吟诗人 [2] 所传唱，在七弦琴的伴奏下，他们或记诵，或即兴创作，赞颂盛极一时的亚该亚人的英雄事迹（亚该亚人，在荷马史诗中指迈锡尼时期的希腊人，如今指巴尔干半岛最古老的原住民）。在这样一个因历经几个世纪的动荡、暴力、贫穷和饥饿而分崩离析的世界上，游吟诗人们开创了极富戏剧化的叙事方式，勾勒出远古文明的开端，从悲伤与丑恶中提炼出美好，以勇士的光辉事迹重塑人们对令人敬仰的古文明的持久自豪，这些传奇英雄的榜样事迹，在诗歌记忆的永恒吟唱中一次次地重现光彩。

公元前 8 世纪初，随着希腊文明的逐渐复苏，一连串流畅的诗歌在人们口耳相传中不断变化，最后在一个名为荷马的诗人笔下得以定型，并集结成书。相传，他创作了《伊利亚特》和《奥赛德》两部史诗。为满足文化塑形的需要，这两部经典史诗为西方人描绘了共同的先祖时代，以便他们重写新近意识到的政治认同和军事认同的基本特征。

荷马史诗因其所提供的这些共同认知，被尊称为"古希腊的《圣经》"，意思是说，《伊利亚特》和《奥德赛》不是虚构的传说，而是对令人赞叹的远古时代的真实记载。这个时代集聚了一批富有传奇色彩的

---

[1]　线形文字 B（Linear B），是迈锡尼书写文字的第二种类型，与象形的和写实的风格相比，它缺少形象化，主要是"线形的"。——译注

[2]　来自希腊语的 raptein oide，意为"拼凑成歌"。

　　　　　　　　　　　　　　　　　　　　　　　　　　认识自我

英雄，这些英雄的行为富有教化意义，始终是后世人们塑造品格的榜样。

古希腊的贸易活动从公元前 8 世纪开始复苏，商品交换带来了丰富的文化交流，一种新的书写语言应运而生。居住在地中海东岸的腓尼基人首先使用了辅音字母，为了方便，希腊人又在此基础上加入了元音字母。用这种书写语言所创作的荷马史诗，其确切时间我们尚不可知，有些学者认为，这两部作品是在诗人荷马在世期间完成的，而有些学者认为还要更晚。

尽管包括爱奥尼亚在内的很多城市都宣称是荷马的故乡，但至今没有确凿的传记能解开这位西方文学史上最著名诗人的身世之谜。他对古代历史的记载无人能及，因此被称为"希腊的教育者"。他究竟是何方神圣？考虑到荷马的两部作品在文体和主题上不尽相同，因此，从希腊时代起，人们就猜测这些巨著的作者不止一人。虽没有确切的答案，但毋庸置疑，这两部史诗是在漫长的时光里，靠一个个无名的吟游诗人或传颂者，像地层的沉积作用那样，用无数有趣的事件和叙述编排而成。

19 世纪中叶，学者们认为荷马通过史诗性宏大叙述记录的不朽故事纯属虚构。这种猜测被德国考古学家海因里希·谢里曼所终结，他怀着坚定的决心，终于在小亚细亚西海岸找到了传说中特洛伊城的遗址。虽然《伊利亚特》和《奥德赛》里描绘的众多人物（如海伦、赫克托、埃阿斯、阿喀琉斯等）都是虚构的，但许多诗歌围绕的大致对象都有史实依据——换句话说，亚该亚人对强大的特洛伊城发动的战争，比荷马生活的时代早了四百年。这场战争是为了争夺贸易通道的控制权，这条贸易通道通过赫勒斯庞特海峡（今达达尼尔海峡），连接了地中海地区和黑海沿岸的富裕岛屿。

迈锡尼时代的繁华早已落尽，但是满怀怀旧之情地回顾这些神话故事和民间传说时，仍能勾起我们关于这段光辉历史的璀璨记忆。随着希腊政治世界的复苏，这些记忆一代代地滋养着希腊人的公民道德。希腊人的父母们在童年时代都曾背诵过《伊利亚特》和《奥德赛》，通过荷马史诗中的英雄事迹，学习尚武社会所必需的价值观和处事原则，他们让子女朗诵同样的诗篇，只为把先祖的光辉事迹刻在孩子的脑海里。伟大的过往激励人们树立起保家卫国所需要的尚武精神：年轻的士兵从小被教导要为祖国的荣誉和自由而战，而荷马史诗中的英雄能激发他们的荣誉感和使命感。

《伊利亚特》和《奥德赛》创作于一个重要的历史变革期：从黑暗时代的昏暗朦胧进入古典时代的破晓时分。这一时期见证了希腊文明在商业、贸易和工业领域的巨大发展，人们的生活状况得到了改善，社会机遇有所增加。在古典时代，最引人注目的是城邦（city-states）或都市（poleis）的诞生。这些城邦都是独立的权力中心，它们向周边领地和临近村庄扩散政治影响，实施行政控制，这些周边村落愿意在城邦的影响范围内进行融合，以便受其庇护。在通常情况下，有一圈城墙拱卫着城邦的城区。坐落在城市中心的开放式广场，据说也是埋葬开城英雄尸骨的地方。城市的主祭坛中燃烧的圣火，是为了纪念先祖，受此启发，人们在家中也会燃起火把，纪念家族的祖先。无论是在公开场合还是在自己家中，保证圣火不灭是市民的一项重要职责，火灭如身死。

巴尔干半岛南部荒凉、贫瘠、地形多山，导致这一带的城邦规模很小，无法发展成统一的国家。这些城邦要么坐落在山谷中，要么散落在海岸线上，被无法逾越的山岩彼此分割。正因如此，希腊没有形成一个统一的帝国，而是形成了各式各样独立自足的小型政权，不规则地散落在遍布阳光的爱琴海诸岛上（随后我们会看到，希腊最终建立了大量殖民地，扩张了其在地中海沿岸的势力）。

　　　　　　　　　　　　　　　　　　　　　　认识自我

在黑暗时代，部落联盟主要由一位氏族首领领导，名为统帅（basileus）或"国王"，由议会长老举荐。城邦的建立扩展了希腊的土地和人口，随之产生的重大变化是唯一的统帅被废除，由贵族地主中的寡头替代，这些家族的家世都可追溯到城邦建立之初。由于出身显赫，这些贵族自视为当地人的先祖，自认拥有统治城邦的至高权力。

由于战争仍然是城邦之间的主旋律，因此这些贵族的统治思想与前人并无二致，尤其是与军事行动要求有关的道德规范——荣誉感与责任感。因此，要想服役，就必须自愿用私人财产购买武器和装备（贡献一匹马，就能获得骑兵团里尊贵的军衔）。服役不是一种义务，而是一种无上的特权。在古希腊，成为一个贵族，意味着他是文明的、有政治贡献的人，他不会受到权力、野心、安逸和享乐的诱惑。"贵族"一词，源于希腊语 aristoi，意为"最好之人"，表明贵族的血统与乡绅不同，是血统赋予了他们正直、诚实的品格，生来就应是社会的领导者。

由于公元前7—前6世纪从吕底亚（今土耳其西部）引入了铸币技术，希腊的社会和政治发生了重大变革，促成了新富人阶层和创业商人的崛起。这些商人反对贵族地主的统治，在军事和政治上寻求影响力和控制力。贵族阶级鄙视商人阶层，主要因为他们认为贸易带来的财富积累会腐蚀高贵的传统，享乐和野心会吞噬人们的社会责任和无私精神。

两种城邦文化：斯巴达与雅典

在谈论古希腊时，我们始终要牢记希腊世界的一大特点——政治与文化的多样性。古希腊的两大主要城邦——斯巴达和雅典，就是这种多样性最好的例证。

在黑暗时代之初，来自北方的征服者入侵了斯巴达这座小村庄，当地原住民希洛人（Helots）被迫承受如后来中世纪奴隶般的待遇。为保证少数人对多数以耕地为生的小农的统治，斯巴达人会定期地展开军事行动，以便控制和镇压希洛人的叛乱。在斯巴达，希洛人被征服和奴役，理由是他们属于"劣等族群"，这即使在奴隶制度普遍存在的希腊世界也是独特的现象。这种行径遭到了其他城邦的反对，因为在其他城邦中只有在战争中被俘虏的非希腊人才会沦为奴隶。

斯巴达社会的特征还体现在基于两个国王统治的寡头政治上。由28个长老组成的长老议会有制定政策的权力，这削弱了两王统治的权力。与其他所有城邦一样，斯巴达的军队本身是不独立存在的，因为全体公民自动服役。每个男童都在7岁时被强制要求离家入伍，由国家抚养。这些男童要记诵荷马史诗，接受严苛的训练，以便成为绝对服从的、勤勉的、不怕为国捐躯的战士。公民一直到60岁才可免除服兵役的义务，前提是他有幸活到这把年纪。斯巴达社会格外强调个体对城邦的忠诚，因此，如果一个孩子在出生时有生理缺陷或十分虚弱，难以成为勇士，他的父亲就有权杀了他。

为了展现斯巴达人为国献身的精神，希腊作家、传记文学家普鲁塔克记述了这样一个故事：一位母亲在儿子从战场回家后，得知他的战友都光荣战死，只有他是唯一的幸存者，竟出于羞愧杀了自己的儿子。还有一个故事，一位母亲的五个儿子都奔赴前线了，当信使带着战地的消息回城时，她并不关心儿子的死活，而是惴惴不安地问信使斯巴达是否胜利了。

为了培养斯巴达坚毅的民族气质，所有公民，不论贫富都被强行要求坚持物质匮乏、艰苦朴素的生活。所有斯巴达人都必须光脚走路，洗冷水澡，在公寓的公共食堂吃粗陋的食物。所有人都睡在稻草铺的简易床上，穿着城邦每年提供的粗布长袍。为了塑造坚强的性格，城邦高度提倡纪律和牺牲，而奢侈和享乐会败坏品德，因而受到了严厉的抨击。克己自律是如此重要，以至于连多嘴多舌都被斥为个性轻佻。在斯巴达的农耕社会中，商业受到抑制，旅行也被禁止，因为新的思想可能会荼毒斯巴达人纯洁的精神。

在雅典，在彻底的男权主义和父系社会中，公民也需要承担很多责任和义务，包括贡献战争所需的武器和铠甲。服兵役始终是雅典人的一项义务，直至公元前 5 世纪。与古希腊其他地方一样，在这里，没有什么比强大的军事力量更光荣，没有什么比为国捐躯更令人钦佩。为了强调道德，雅典社会推崇只依赖生存必需品生活，为了保卫城邦而不惜承受苦难、做出牺牲。公民身份是一种令人艳羡的特权。为了保持公民身份的排他性，雅典在公元前 5 世纪推行了一项法律，规定只有父母都是雅典人的男性才拥有公民身份。

尽管有以上的诸多局限性，雅典仍与封闭的斯巴达不同，发展成了一个文化开放的社会，积极追求商业带来的优势，鼓励新思想的传播和完善。与斯巴达贫乏的文化生活相反，雅典在艺术、建筑、哲学和戏剧上的成果颇丰，我们从中可以感受到雅典的富饶，这一切都得益于生机勃勃的知识和思想的交流。在政治层面，创新精神滋养着雅典人的思维方式，能体现这一点的是，随着各社会阶层越来越庞大，公民的政治权利逐渐扩张。第一个重要变化是由智者梭伦带来的，他于公元前 594 年当选为雅典执政官，这一职位虽只有一年期限，但可以说拥有治理城邦的最高权限。梭伦是一个贵族，但他并不认为经商有失身份。这种态度，使他从贸易中谋取了巨额财富，也赋予了他高超的调解能力，使他能平息社会矛盾——当时的雅典，正在通过立法来削弱贵族地主的垄断权力。正因为梭伦，债务奴隶制被废除，同时，拥有财富成为担任执政者的一项重要标准。庇西特拉图统一了阿提卡地区，增强了雅典的实力。随后，公元前507年，克里斯提尼建立了一种先进的社会制度——民主制，即所有男性公民，不论财富、阶级和声望，都平等地享有直接参与城邦政事的权利。

在今天看来，古希腊的民主制度还远远谈不上完善，因为它只限于男性，完全排除了女性和奴隶（公元前5世纪，希腊总人口达30万人，其中只有4万名成年男性公民可以参与政治）。但不可否认，古希腊的政治体系对于促进法治公平、抑制个人或封建精英群体的肆意统治有重要的作用。尤其是，如果我们把雅典与古代世界的其他地区，如埃及、波斯作对比，这一点会格外明显，在那些地方，至高无上的君主对贫苦大众的统治不容置疑，无知的百姓顺从地接受统治，而且认为生活理应如此。当统治者炫耀他们的巨额财富，以证明他们的统治地位来自神谕时，人们不但不会被激怒，反而会感到畏惧。

希腊世界可不是这样，至少在亚历山大大帝之前，没有一个统治者敢自诩拥有超越世俗的地位。对古希腊人民而言，神性只属于众神，任何个人都不许以迫使他人盲目顺从为目的而虚设头衔。城邦事务是公共事务，城邦作为一个整体，代表了多数人的统治，任何个人都无法凌驾于多数人的统治。与东方文明中的君权神授相比，古希腊对文明的伟大贡献，在于他们培养了人们对城邦及政府的敬畏，这反过来可被视作人们通过理性与合作去追求公共福利和普遍正义的直接结果。伟大的悲剧作家埃斯库罗斯在他的戏剧《波斯人》（*The Persians*）中赞美了雅典卓越的政治制度，他认为，与世界其他地方不同，只有雅典人能说他们是"自己的主人"。

在东方大国居住的国民，权利会被剥夺，籍籍无名，当雅典人把他们的社会体系与这些东方大国相比时，他们得出的结论是：缩小城邦的规模对维持公平和自由至关重要。柏拉图在公元前5世纪探讨了这一问题，他指出，为了维系公民之间重要的纽带，理想中的城邦居民人数不能超过5000人。此后亚里士多德把这个数字增加到了10000人，他认为城邦的规模需要足够大才能实现自给自足，但是规模太大又有损公民之间亲密的纽带。他在《政治学》（*Politics*）一书中写道："相识产生互信。"

个人和社会不可分割的关联性暗含在希腊语的"人"（Prosopon）一词当中，它的字面意思是"立于他人眼前"。主观上的"我"，只有在与他人相对而视时才有价值。在这样一个小规模的、联系密切的城邦中，观察者和被观察者从来就是不可分割的。公民们在文化上、道德上和政治上互为镜像，具有公民精神的群众聚集在一起，通过审视彼此来获得并保持自我认同。人际交往使得城邦生机勃勃，其最佳代表就是市集：在埋葬着英雄先辈们的城市中心，人们集会、聊天、面对面交流，这里恰恰展现了城邦在商业、政治和文化上的开放性。

在古希腊，培养尊重自由和独立的社会氛围始终是头等大事，即使在公元前750—前500年，各城邦持续殖民化的过程中也依然如此。随着财富的激增，城邦的人口膨胀到了难以容纳的地步，很多希腊人凭借精湛的航海技术离开家乡，寻找新的土地。由于希腊人居住的地区气候干燥、地表多岩石，缺少适宜耕种的平原，他们与其他善于航海的族群，如腓尼基人、迦太基人展开竞争，扩张到了小亚细亚、北非、法国南部、西班牙东部、西西里岛和意大利南部（后来所说的"大希腊"）。

殖民者们从故乡带来的只有一抔尘土和一颗火种，尘土被象征性地播撒在新的土地上，火种则取自故乡的主祭坛中燃烧的火焰，被存放在新的定居地的中心，熊熊燃烧。希腊人不强求殖民地与母城邦之间的协同，而是建立起一种自然的友谊，这对未来的贸易来说必不可少。殖民地自建立之初就被授予了完整的自治权，对母城邦不负担任何债务，也没有其他政治上的牵绊。

正因如此，尽管历史上的这一过程被称作"殖民"，但古希腊的殖民方式不应与后来的帝国主义的野心混为一谈，政治强权如罗马，就是在这种野心的驱使下对外扩张的。希腊语中的"殖民"（apoikia）一词，字面意思是"外部的家园"，它表明古希腊虽然在广大的地中海地区建立了众多殖民地，却没有一丝一毫扩张主义的思想——柏拉图用他非凡的幽默把这些殖民地形容为"一群池塘边的青蛙"。殖民不过是一种为人们带来新机会的方式，而自由、独立、自治，始终都是古希腊社会的宗旨。

理性、荒谬与自大的危机

由于公民们通过自由协议和法律规定被紧密地编织在一起，组成了一个社群，因此可以说城邦是人类智慧天性的最佳体现，也是最能实现人性的繁荣与绽放的场所。希腊城邦于公元前 8 世纪诞生，400 年后走向崩溃，在此期间，希腊人相信人类可以通过理性团结起来，共同建立一个自由、公平的社会，这种信仰像北极星一样指引着希腊文化和历史的进步。

希腊人认为，人类是介于动物和神明之间的生物。出生时，孩子的动物性胜于人性。家庭和社会教导孩子们要尊重先祖的价值观，并且要

认识自我

遵守社会赖以建立的规范制度，通过这些教育，人类才逐步获得了真正的人性。当一个人从童年走向成年，理性作为人类最杰出的才能便成为他的人生指南。

位于德尔斐的阿波罗神庙中刻着两条最重要的箴言："认识你自己"和"适可而止"。这两句话清楚地指出了这一点。自我认知，产生于通过理性在两个危险的极端之间寻求平衡：野兽般的荒谬所带来的软弱，以及试图超越人类天性限制而无限接近神明所暴露的愚蠢。

柏拉图和亚里士多德生活在公元前5—前4世纪，他们代表了希腊文化和文明更加成熟的阶段。希腊人对理想的城邦所做的贡献是人类智力和理性的最高成就，要了解其中的价值，必然不能绕过柏拉图和亚里士多德的著作。在《理想国》中，柏拉图通过老师苏格拉底的性格特征证实了一个观点：由于人类需求多样，没有人能独自实现自我满足，所以人们在理性的驱使下与他人结伴，由此便结成了社会。他的学生亚里士多德也强调了同样的观点，并指出理性是人类最宝贵的财富，是所有支配人类的社会性的源头。为了阐述人类与他人合作创造一个公共环境不是后天习得而是天性使然，亚里士多德提出了著名的论断——人类生来是一种"政治动物"。他在《政治学》中谈道："因此，很显然城邦是自然产生的，人类生来是一种政治动物。"他进一步阐述：不参与政治的人"或多或少不是一个完整的人"，因为只有没有语言和理性的野兽，或者能自给自足的神明才能独立于他人而存在。卢梭生于18世纪，当时的社会规则是对个人自由强加人为的约束，与他不同，亚里士多德认为政治不是人类的创造，而是自然天性的直接产物，"社交本能生来根植于所有人的本性中"。

人类通过特有的语言能力进行交流，这印证了人类有理智的、天生的倾向去创造一个社区。"交流"在希腊语中写作 logos（逻各斯），这个词与人类表达理性的天赋直接相关。

为了进一步强调理性的价值，亚里士多德继续断言："单独的个体具有善念与恶念、公平和偏颇之类的想法，这是人的特征，保有这些意识的个体结合在一起，就形成了家庭和城邦。"

亚里士多德的观点阐述了希腊人自文明之始就始终坚持的价值观：人类建立社会的天性同时赋予了他们分辨善恶的道德能力。善行源于理性，这也成为公民参与政治的助推器。道德是光荣的法则，促使每个人积极响应城邦的公共要求。

在当今西方社会，我们认为个人先于国家。而对希腊人而言，城邦作为整体总是比个体、部分重要得多。亚里士多德在《政治学》一书中阐述道："城邦天然优于家庭和个人，因为整体必然优于部分。"在一个和谐的社会中，一定有一群因具有理智而坚守道德和文明的个人，愿意把集体福利置于个人利益之上，把城邦的福祉作为人生的终极目标。

因为他们坚信人类追求真理的能力，因为他们坚信在理性的驱使下，人们天生愿与他人生活在一起，所以，希腊人认为政治不但是生存的实际手段，而且代表了人类的最高成就。正如亚里士多德在书中总结的："政治社会是为了高尚行为而存在的，而不仅是为了彼此陪伴。"此外，"人类一旦完善，就是最好的动物，而一旦背离法律和正义，就是最坏的动物。"为了将自己的才能发挥到极致，人们必须用社会交往和政治互动来滋养其土地。理性的、有道德的、参与公众社会的，这些词所指的都是同一件事，在这一点上，私人领域和公共领域相互交融。

相反，那些将个体凌驾于多数人之上的人是不理性的。换句话说，粗暴地追求自我本位的动机而不是启迪集体智慧的人是不理性的。这种狂妄

认识自我

自负的特征，被希腊人称为 hubris（狂妄、傲慢之意）。这个贬义词用来形容这样一种维度：由于不理智而受到不道德的、自私的、野心勃勃的梦想驱使时产生的个体膨胀。hubris 被认为是一种与自然法则相悖的思想畸形，就像一头有破坏性的魔兽从瓶中被释放了出来。这是一种缺乏自我控制和约束的病，换句话说，是一个与社会脱节的、自我沉醉的"我"的病。

古希腊第一部关于流放的法规于公元前 488 年在雅典颁布，它明确阐述了这种危险的特征：对集体合作精神造成威胁的个人将被驱逐出城，流放异域。这种惩罚是相当严重的，当一个人失去了与出生地的联系，他就真的是被除去了身份，剥夺了生命的目标和意义。

在这种对于个人野心无序膨胀的过度担忧背后，其实是希腊人对独裁的恐惧。所谓独裁，就是任何个体对于大多数人的有害影响。为了抑制这种有害的趋势，在利用军事教育培养人们追求卓越的同时，总是通过提倡谦卑、节俭、温和来加以调和。人类存在的价值就在于自愿地将爱国主义作为最伟大、最值得褒奖的道德，在实践中表现为，你哪怕身处最危险的境地，也要全心全意、绝对忠诚地为国效力。正如荷马所说：如果一个人在走向死亡的生命历程中能勇敢地以造福社群为唯一目的，永恒的回忆便会赋予他不朽，这个人便堪称英雄。真正的英雄为 kleos 而死，没有比这更值得致敬的了。"kleos"一词的字面意思是"为人所知的名声"。在一个集体重于个人的社会，当某个人与集体智慧的一致性被否定的时候，他就已经死了。有意义的生命，在崇敬与尊重的回响中无限延展，经历一代又一代人，填满集体的智慧宝库，这就是传奇和神话的基础。

运动员祭典的崇敬氛围，与荷马史诗中经典英雄的不朽密切相关。希腊人表达运动项目的词 agon，其本义是"竞赛、比较"。《伊利亚特》

中的英雄阿喀琉斯常被称作"飞毛腿"，因为跑步、摔跤、拳击、跳跃、投掷、骑行等活动总是与军事力量、效率和军备密切相关的。竞技比赛所呈现的这些仪式化表演，都来自好战的社会，那里的公民行事作风如军人，时刻准备应召入伍，守卫国土。

因为时刻备战需要身体的力量，所以拥有健美的身材，被视作具有公民参与精神的个人最明显的标志。第一届竞技盛会于公元前 776 年在奥林匹亚举办，以此为蓝本，又成功地举办了多项竞技运动会，这强调了希腊人对身体健美和勇猛的尊重。城邦间的矛盾冲突，也常因运动盛会而被迫中止。等到盛会一结束，争斗又会继续。

为了定义公民和军事道德，希腊人用"kalos kagatbos"这一短语表示"美的"或"杰出的"。通过训练而肌肉发达的人，会被赞美具有爱国主义精神，是优秀的公民和士兵。审美与道德渐渐被等同——美丽和优秀是不可分割、密切交织的两大特征。

勇士们虽然胸怀大志，在必要时也不排斥使用残酷的手段。使用诡计（正如尤利西斯设计了特洛伊木马）或残酷杀敌被视为优秀的、公平的行为，例如洗劫、偷袭、将敌方城市夷为平地并奴役当地人。这种冷漠和无动于衷的行为，受到了梭伦的强烈谴责。在雅典，懒散也被列为对城邦的犯罪行为。古希腊人真正的信仰是爱国主义。

赫西俄德和世界的起源

对于希腊人来说，脱离城邦是无法想象的命题。所以当某人被问起时，他会立刻表明自己是雅典人、斯巴达人或科林斯人（Corinthian）等

　　　　　　　　　　　　　　　　　　　　　　　　　认识自我

（城邦名常被用作当地人的姓氏，例如"雅典的阿波罗多罗斯"）。然而，尽管希腊在地理上和政治上呈碎片化，且城邦之间还经常竞争，但在广阔的文化背景下整体的亲密感还是有的，大希腊运动会就是最好的佐证，这是一场希腊人民独家参与并专享的盛会。

　　同根同源、语言相似（尽管希腊人彼此也有方言，但并不妨碍他们相互交流）以及相似的多神信仰（相信生活中处处都有神明），这些方面的认同造就了这种文化上的亲密感。希腊诗人赫西俄德（公元前 8 世纪）在他的长篇诗歌《神谱》（*Theogony*）中描述了异教神错综复杂的宇宙，他和荷马最好地展现了希腊（Hellas）的古老精神。随着哲学的出现，希腊文化被引领走上新的高度。与犹太教及基督教传统不同，希腊人没有把他们的神当作一种创世者，而是一种有力量的生物，使原始、混沌的宇宙获得了形状和秩序。赫西俄德把这种原始状态称为"混沌"（chaos）。在《神谱》中，盖亚（大地）是混沌中第一个无意识地孕育出的神，盖亚生下了与她地位相当的、对应的天神乌拉诺斯（天空）。他们的后代泰坦巨神是一群丑陋、暴力的生物，他们嫉妒自己的父亲和他们自己一样庞大。泰坦之一的克罗诺斯为了取代父亲乌拉诺斯并夺取他的权力，阉割了乌拉诺斯。由此，年轻一辈的神战胜了老一辈神。令人好奇的是，在神话中，克罗诺斯把乌拉诺斯的生殖器丢进了大海，由此诞生了美丽的阿弗洛狄忒（拉丁语中的维纳斯）。后来，克罗诺斯娶了自己的姐姐瑞亚。他们的结合诞生了奥林匹亚诸神。克罗诺斯始终记得自己对父亲产生的敌对情绪，所以终日惶惶：如果他的后代对他也有同样的敌对情绪，并且觊觎他从自己父亲手中夺来的权力怎么办？在这种恐惧的驱使下，克罗诺斯决定一个个地杀掉他所有的孩子。但是瑞亚想至少救下一个孩子，就欺骗克罗诺斯吞下了用毯子包裹的石头，代替刚出生的宙斯。当宙斯长大成人后，他恨透了父亲，逼迫父亲吐出了已经在他肚子里悄悄长大的兄弟姐妹们，和他们一起住在希腊最高峰奥林匹斯山上。

除了与宙斯一同住在奥林匹斯山上的 12 个主要神祇外，世界上还有很多的半神，希腊人赋予了他们各种自然之力。这些能力中包含了人的特性，例如：阿弗洛狄忒代表爱与情欲，阿耳忒弥斯代表谦虚和贞洁，雅典娜代表智慧。在男性诸神中，阿瑞斯是战神，狄俄尼索斯代表丰收和原野。阿波罗是代表理性、明晰、衡量和节制的神，因此尤其重要。

尽管希腊宗教传说复杂、纠结，且有时自相矛盾、难以理解，但希腊人能从他们的神话故事中理出一条线索，指出当奥林匹亚神掌权时，建立起世界运行的规律，世界最终由混沌转变为有秩序的"宇宙"（cosmos），而这个词的本义是"秩序"。

但是如果宇宙的秩序法则最终战胜了混沌，又如何解释自然灾害的发生呢？而且，为什么人类会受到责罚，经历充满痛苦、困难和悲伤的一生？由于缺乏现代科学知识，古人们只能得出以下结论：如果不是奥林匹斯山执政者建立了自然运行的架构，那些高级生物就会拥有不稳定的特性，就像所有凡间的暴君一样，残忍地忽视被他们剥夺了权利的公民们的痛苦挣扎。如果一场暴雨冲刷了大地和海洋，那就是宙斯或他的兄弟波塞冬反复无常的情绪正在爆发，人们因而设计了一些宗教仪式用以平息诸神的情绪，缓和大自然这种诡秘莫测的、偶尔具有毁灭性的力量。

即便饱受摧残，人们还是对诸神抱持敬畏，因为他们相信：如果没有神的影响，世界将彻底失去平衡，人类赖以生存的自然法则将难以维持。

　　　　　　　　　　　　　　　　　　　　　　认识自我

人类期望加于他们自身及共同存在的秩序，从微观上体现了一些需要被管制的模式，从宏观上体现了宇宙其他部分内生的和谐。在此意义上，任何打破社会平衡的多余都被视为不正常、不自然的，这是对自然最基本法则的一种威胁。

当人类失去平衡和自控力时，会渴望像诸神一样拥有无限的力量，他们也会为此付出沉重的代价，很多广为流传的故事都有提到——诸神往往性情急躁，其主要特质就是嫉妒和自负，正如历史学家希罗多德所说："宙斯只能容忍自己的骄傲。"

为了保持公正和理性，人们被迫意识到了自己的局限，并接受了人类在现实中能预期的位置和目的。狂妄自大可以理解为过度张扬、缺乏节制，一旦狂妄盛行，诸神的惩罚在所难免，随之便是难以阻挡的报应。

需要指出一点，除了关注狂妄自大，希腊人不过分地强调人类的罪责。事实上，人类常常被刻画成无辜的受害者。无良的神要么会制造困境，要么诱使人们在不理性的狂热中迷失方向，他们以此不断残忍地干涉人类生活，而我们只能被动地承受这一切。这种含糊的关系，只好解释为"诸神不是人类的创造者"：人类孱弱无力，只是无良诸神本体拙劣的复制品。诸神哪有理由去怜悯与他们毫不相干的人类呢？当然没有，如果不是诸神如此怪诞地与比他们低等的复制品相类似，人类可以说毫无价值。人类的价值，仅仅在于诸神能通过人类来缓和他们之间持续不断的、琐碎的、经常歇斯底里的内部竞争。

诸神享受着各种特权，包括长生不老、完美无瑕，而这与人类恰恰相反，时间对人类的责罚是无法逃避的折损和毁灭，希腊诗人品达曾哀叹道：

世上有人类，也有诸神，他们诞生自同一个母亲，

但一股力量将我们分割，所以人类变得一无是处，

而诸神厚颜无耻地将天空筑成他们永恒的城堡。

(《尼米亚颂歌》第六首)

虽然人类与诸神在传说中是同根同源的（都是不可思议地被地母孕育），但人类和长生不老、快乐无边的诸神相比，被定义成了"一无是处"。

尽管这一观点着实悲凉，但还是有一个重要的例外：年轻人的阶段灿烂美好，在这极为短暂的时间内，他们和神圣、美好的诸神一样如此璀璨。人类之美，能激发诸神的狂热，这可以证实人类这种诱人的特质。无数的神话描绘了奥林匹斯山的神王宙斯拜倒在地上生物（男女都有）的膝下，这足以证实美在希腊人心中神圣的地位。如果人类注定要坠入时间洪流的旋涡，承受折损和毁灭，那么在男人和女人从无知童年步入性成熟的青年时期及成年早期这短短几年中，必然会有一段短暂而充满喜悦的时光，他们拥有的美丽和健康，与长生不老、美丽高尚的诸神一样光辉灿烂。

但是这珍贵的时光确实很短：一旦年轻时的新鲜感消逝，在冷酷坚定、不为所动的诸神以及命运女神莫伊拉的操控下，时间那不可抵挡的进程，便会开启难以缓和的痛苦和衰退：无论是道德的还是不道德的，命运的滚滚向前终会压倒一切。

死亡无法带来慰藉。因为，作为道德自新的一种精神上的形式，救赎还没有一个程式化的定义，如果诸神首先违背所有与体面、尊重相关的道德准则，那这些原则还怎么强制执行？身后的世界，仅仅被设想成

认识自我

一个荒凉的等待区，无法触摸的灵魂随着呼吸的停止而被逐出躯壳，漫无目的地像一只悲伤、无形的游魂，等待再度投胎。这种令人痛苦的领悟，因为如下事实而更加令人不安——与犹太教和基督教后来的详细叙述不同，希腊人不会通过强调原始的不道德或原罪来证实人类的苦难由内在而生。

只有赫西俄德在《神谱》和另一首长诗《工作与时日》（描述了农民为控制并利用自然的力量而付出的努力）中为人类苦难列举了原始的理由。赫西俄德猜测，在遥远的黄金时代，人类与诸神完美地和谐共处。在伊甸园般的美好状态下，自然仿佛慷慨的母亲，提供了人类生存所需的物资和养分，大家都不必劳作。当历经了几个时代——从白银到青铜，再到英雄（与希腊时代在同一时期）和黑铁——之后，人类每况愈下。赫西俄德认为，在后来的纪元中，人类沦为善妒的奥林匹亚诸神的受害者，如果人类想在自然中生存下去，就要接受惩罚，辛苦劳作并承受痛苦。自然从一位慷慨的母亲，转变成一个强硬、带有恶意的敌手。

直到泰坦之一的普罗米修斯被人类经历的艰难与痛苦所动摇，决定反抗宙斯的统治，赐予人类火种和可使人类进步、走向文明的技术力量（也许在每个城市的主祭坛常年燃烧的火种，就是为了效仿神话中人类最初获得的星火）。宙斯被普罗米修斯的背叛所激怒，把他用链条拴在高山之巅，让老鹰反复啄食他不断长出的肝脏。

后来的一个寓言作者伊索，甚至把普罗米修斯誉为"人类的创造者"，这位泰坦巨神将自己的眼泪和泥土混合，创造出了人类。尽管伊索的说法无法为其他作家所证实，但听起来也很恰当，大部分神都认为人类无足轻重，而这位神却对人类充满了同情。

埃斯库罗斯在戏剧《被缚的普罗米修斯》（*Prometheus Bound*）中把普罗米修斯描绘成一个人性的捍卫者，由于"太爱惜人类"而备受责罚。神话学者卡尔·凯雷尼写道："和基督一样，普罗米修斯与人性之间建立了一种紧密的纽带，这可以用一个悖论来解释——'神要忍受不公、折磨和耻辱这些本应属于人类的特征'"。

"我什么都不否认，我就是要帮助人类，自找麻烦。"在骄傲地捍卫了自己的选择后，普罗米修斯如此回答。除了火种，他还赐予了人类语言、数学、医术和占卜，并教会人类建造房屋、耕种土地、制造工具、驯养牲畜。

赫西俄德写到，普罗米修斯还为创立礼制做出贡献，他授予人类缓和诸神的方法，至少在一定程度上能平息神圣的主宰者的情绪。赫西俄德写到，普罗米修斯杀了一头牛，做出两个牛皮包裹供宙斯选择：一个装着用多汁的肥肉包裹的骨头，另一个装着用无味的皮囊包裹的最好部位的牛肉。宙斯毫不犹豫地选择了第一个香气诱人的包裹。从那时起，人类就获得了一个重要的优势：尽管人类需要向诸神献祭牲畜，但是他们可以把最好的肉留给自己，只把燃烧的油脂味留给神，正如赫西俄德所描述的，通过"芳香的祭坛"献祭到天上。

宙斯因为人类的反抗勃然大怒，设计出一个美女潘多拉作为人类的陷阱，潘多拉由铁匠之神赫菲斯托斯用泥土和水塑造。为了使她看上去像神，雅典娜和阿弗洛狄忒授予潘多拉化妆的技巧和各式耀眼的珠宝、华服和配饰。潘多拉是为完成宙斯复仇的渴望而生的，她美艳动人，对人类有着不可抗拒的吸引力。潘多拉在被送到凡间之前，被赐予一个罐子，被告诫永远不能打开它。在潘多拉成为人类的伴侣后，出于不可抵挡的好奇心的驱使，她打开了罐子，于是各种各样的灾难瞬间蔓延到人

认识自我

间。当潘多拉封上罐子时，只有希望还留在罐底。这时，宙斯终于完成了他邪恶的复仇计划。

尽管女人本身没有被视为邪恶物种，但她们感官上的存在，被认为是对人类内心最危险的、具有毁灭冲动的刺探者。赫西俄德写道："女人是有害的物种，会给人类带来灾难。"这种危险的特质与女性的外表相联系，它会促使人类释放最本能的、不理智的、野性的狂热，基督教对于人类从天堂坠落的描述就是基于这种说法。美色带来了吸引力，在这种吸引力的猛烈冲击下，希腊人将他们敏锐思维的注意力转向爱情的体验，这种体验足以证明生命既令人兴奋又令人不安的暧昧。学者 E. R. 多兹在《希腊人与非理性》（*The Greeks and the Irrational*）一书中写道：希腊人往往意识到，激情是一种既神秘又令人害怕的东西，他们能感到体内有一种力量操控着自己，而不是被它所操控。古希腊的"激情"（pathos）一词便可以证明这一点，和它的拉丁语派生词"passio"一样，意思是"一些发生在人类身上的事情"，人类被迫成为这些事的受害者。

让希腊人感到疑惑的是，如果理性的大脑是灵魂的主宰，为什么人类常会沦为激情的受害者？因为当时距离弗洛伊德发现潜意识和所有与其相对抗的冲动还有几千年，古希腊人依然把这一难解的矛盾归咎于诸神。是诸神创造了女人，作为一个诡计多端的复仇工具和骗人的礼物，由此清晰地暴露了他们对人类的敌意。

但是，为什么宙斯如此关注人类的智慧才能？为什么他要费如此大的精力去试图破坏它呢？神话传说对这一点的解释有些模棱两可、诡秘莫测，但众神之王和他麾下诸神对人类持续的打压难以被忽视。如果这位奥林匹斯山的主宰失去了电闪雷鸣的炫耀手段，而是坠落地面成为一个身陷囹圄并意识到自己权力有限的国王，又会怎么样？这个假设是可能发生的，尤其应该考虑到宙斯并没有我们熟悉的神的特征，他既不是创世者，也不是全知全能的，正因如此，他常常被诡计所欺骗。如我们所见，就连他的上位都是家族斗争的结果。在一个充斥着父子权力斗争的家族中，对所有潜在敌人的崛起保持警惕，几乎变成了诸神的第二大特征。奥林匹斯山的主宰，是否应该把人类视为他们最恐惧的竞争者？正如我所说，尽管神话没有讲清楚这一点，但有一个怀疑明显是成立的——诸神对人类的好奇心和天赋能力是十分厌恶的。尤其谈到人类为满足自己的需求，企图控制、征服自然的力量，正如普罗米修斯的行为具有象征意义，他为人类的进步和巨大文明成就首开道路。人类控制自然的企图，可能最终会违背某种限制人类的神圣束缚，这种骄傲与恐惧混杂的情绪，从很早就开始萦绕在人类心中。

谈到希腊人性格中矛盾的特征，伯特兰·罗素在《西方哲学史》中写道："他们有一句'适可而止'的格言，但现实中他们什么都是过分的——在纯粹思想上、诗歌上、宗教上乃至在犯罪上。"品达的大部分诗歌是赞美竞技运动的美和获胜的运动员，这似乎印证了罗素的观察："人类：一个影子的梦／但当神赐的光辉来临／一道亮光闪耀着我们，我们的生命是甜美的。"（《皮提亚颂歌》）获胜的运动员对他们出色表现的回忆是明亮而甜蜜的，他们从回忆中得到救赎，正如英雄赢得永不消逝的光辉，否则，他们将沦为阴暗的、无足轻重的存在。

尽管开头的语调灰暗，但品达在颂歌的结尾赋予了人类社会永恒的赞誉光环，几乎和诸神的光环一样耀眼，以此结束对运动员胜利的颂扬：当运动员把他的身体推向极限，达到了非比寻常的壮丽姿态，人神之间的界限变得模糊，就像两个物种不分彼此。《荷马体阿波罗颂》（ *Homeric Hymn to Apollo* ）的无名作者写道："如果一个人初次看到一群爱奥尼亚运动员的表现，看到他们在比赛的欢庆中跳舞和唱歌，他会认为他们是不朽的，不会生老病死，充满着神的恩惠。"

早期希腊人似乎认为，生命是转瞬即逝的，但是当人类充分发掘内在的潜能，变得和诸神一样美丽时，这一瞬间将化为令人惊叹的奇迹，能在记忆和艺术中得到永恒。

事实上，竞技运动曾是葬礼的一部分，这体现了竞技运动的宗教意义：亡者的灵魂在通向死亡寂静黑暗的途中，运动员所展现的生理和心理上的高度集中，体现了人类的优秀，这可以被视作对逝者最高的敬意。

就此而论，希腊人的悲观主义特质呈现出一个暧昧的、隐含的意义：尽管他们把人类的存在视为"虚无"，甚至从前从未把"虚无"的人类作为神话故事和艺术颂扬的焦点，这反而成为对人类社会这样转瞬即逝的一粒尘埃最不朽的致敬。

早期希腊智慧的精华全在如下悖论：与其在死亡和死亡带来的痛苦矛盾面前相形见绌，希腊人反而以死亡意识为最正当的理由，怀着目中无人的勇气，去追求超越生命的理想。翱翔天际的理想主义战胜了被动接受毫无意义的必然结局：宇宙越是敌对和冷漠，人类越是英勇地树立起不可战胜的意志力，越要赋予生命一个崇高的意义。

> 重大的危难不会降临于懦弱的人，
> 但是，如果我们必有一死，
> 为什么要蹲坐在阴影中，
> 小心翼翼地度过乏味的暮年，
> 既不崇高，又毫无意义？
>
> (《奥林匹亚颂歌》第一首)

诗人似乎是在劝诫人们：别害怕面对死亡，而应该意识到，垂暮之年前才是你掌控生命的最后时光。死亡不会抹杀活着的意义，这种有限性反而让我们的生命更加弥足珍贵。

英雄理想

尽管荷马笔下的社会是由贵族和世袭君王统治的，正如在旧迈锡尼文明时代，但他所赞颂的军事思想在道德上和公民社会中受到了理性的约束，简言之，已经包含了酝酿城邦这一伟大尝试所需的道德观。

在荷马作品的开篇，他像赫西俄德一样，对着记忆女神谟涅摩叙涅的女儿缪斯女神祈祷，寻求灵感和帮助，用以真实地记录过去的光辉事迹。庄严的语调，力图证实诗人特殊的使命，诗人通过诗歌这一创造性的载体传达神谕，能将神的旨意转变为人类智慧的论述。所谓的荷马失明，被视为天赋异禀的象征，能感知到其他人听不到、看不到的东西。

柏拉图在对话录《伊翁》中，把诗歌这种迷人的力量比作磁铁。诗人自己受到神的支配，神明以热情填满诗人的创造力，诗人用迷人的诗篇点燃听者的心灵和思想，因而诗歌充满迷人的魅力。

《奥德赛》第八卷中描述了诗歌的作用，它能使缥缈的文字转化成生动的、令人感伤的画面。奥德修斯在一场毁灭性的海难中，最终沦落到一派田园风光的费阿刻斯岛。他被美丽的公主瑙西卡发现，并带到她父王阿尔克诺俄斯的宫殿。为了款待这位客人，国王组织了一场盛大的宴会，邀请了盲人歌手德摩多克斯来唱歌。当歌手弹起他的七弦琴，唱到特洛伊被洗劫一空的情节时，奥德修斯有种昨日重现的感受。在表演

认识自我

的尾声，奥德修斯难以抑制伤感的泪水，对这位吟游诗人说，只有受到缪斯指点的人才能如此清晰简练地复述他的往事。

吟游诗人通过歌声展现了令人惊叹的画面，奥德修斯通过赞美德摩多克斯，表达了他对此的仰慕之情。奥德修斯的观察直面聆听者，仿佛是在说：尽管世事险恶，但每当有人为诗歌点石成金的魅力所倾倒，过往就会与当下一样清晰可见。

对荷马的诗篇仪式化的诵读能将灼热的画面植入人心，为描述这种画面，学者卡尔·凯雷尼援引了西班牙哲学家、散文家奥特加·伊·加塞特，后者写道，古希腊人"在做任何事之前，都要后退一步，就像斗牛士在致命一击之前摆好姿势"。在迈向未来之前先退回过去，这一比喻，强调了荷马的作品除了娱乐性文化遗产之外的重要功能：诗歌通过回顾英雄的过去，激起一代代人的热情，激励他们在理想和行动上与神话开端中的楷模竞争，这些楷模，塑造了希腊人的认同。

希腊人使用 arete（意思接近现在的"品德"）一词来定义道德和美德，arete 把道德描述成每个人有责任去实现的潜力。这个词包含了个人目标的实现，这些目标是命运赋予每个人的终极目的或使命。亚里士多德在《伦理学》中肯定了"好的城邦"的目标是创造环境，令每个人都能通过变成最好的自己，并表现自己美好的品德（arete），以此最大程度上实现城邦的整体幸福。

为充分实现自我价值，就少不了顺从和纪律。亚里士多德提到，光理解道德是不够的。要落实道德，必须反复实践，直到内化为人的第二天性，就像一件衣服反复地穿，最后完全变成自己的皮肤一样："我们是由自己一再重复的行为所铸造的。因而，优秀不是一种行为，而是一种好习惯。"好性格不是天生的，而是通过勤奋、纪律和习惯性地做好事所获得的。

人类兴旺或幸福所带来的快乐，属于那些恪守理性规则的人，他们已经学会把履行道德作为最大的快乐。希腊政治理想中的幸福，不是和个人成就、个人喜好或愿望相联系的，而是和集体认同的实现相联系的。单纯的体力还不够，城邦的民族精神要求人们以过人的操守拒绝一切平庸的期待，其终极表现便是愿意承担责任和命运所呼唤的道德坚韧。因为，在塑造希腊人的军事思想中，人们可以为了高于个人的理想而牺牲。在希腊人眼中，死亡并不悲哀，悲哀的是因为理智和道德上的沦丧，人们无法将乏味的日常生活转变为史诗般辉煌的事业。

　　希腊人的铠甲完全模仿了身体的形状，充满了细节，例如肌肉、肚脐、乳头和胸肌，体现了希腊人很希望把人生变成神话。在荷马作品

传统希腊铠甲的特点是对人体线条的精确模仿

　　　　　　　　　　　　　　　　　　　　　　　认识自我

中，我们可以看到对于一个战士来说，最大的耻辱就是丢盔弃甲，失去其所象征的荣耀。一旦发生这种情况，一个人会切实地感受到真我被剥夺，就像皮肤被生生剥落。

同样的比喻，也可以运用在荷马诗歌不断结集的过程中——通过习惯性反复，英雄气概与希腊精神互相融合，就像变成人的第二层皮肤。

谨记这些细小的观察，我们就能提炼出《伊利亚特》所要传递的核心思想了。在故事中，女神雅典娜、赫拉和阿弗洛狄忒让特洛伊王子帕里斯评判她们三人谁最美。由于帕里斯犹豫不决，所以这三位女神分别许了不同的愿望来收买他：赫拉许诺赐予他力量，雅典娜许诺赐予他智慧，阿弗洛狄忒许给他世上最美的女人，让斯巴达国王墨涅拉俄斯的妻子海伦爱上他。帕里斯选择第三个选项，阿弗洛狄忒立刻运用法力使海伦爱上了帕里斯。得到奖赏后，帕里斯不顾墨涅拉俄斯招待他数月，竟毫不犹豫地从他身边夺走了海伦。尊重东道主，是古希腊人最神圣的责任之一。帕里斯却对他这次令人发指的掠夺毫不在意，这种态度显示他严重缺乏理性和正直。这个严重的错误，引发了特洛伊人和希腊人之间长达十年的战争。希腊人的军队全部由希腊的王子和国王们的联盟组成，他们为了守护墨涅拉俄斯的荣誉，响应了由他哥哥、迈锡尼国王阿伽门农发起的战争。在天庭，诸神带着冷漠和残忍，兴奋地关注着事态的发展，就像几世纪后的罗马观众观看斗兽场内的血腥角斗一样。女神阿弗洛狄忒支持特洛伊，宙斯的妻子赫拉则支持希腊。

在《伊利亚特》第六章中，海伦（以帕里斯妻子的身份居住在特洛伊）表达了她对这场分裂希腊人和特洛伊人的战争的悲伤，这令听者惊奇。海伦没有承担事情的后果，而是强烈谴责众神和他们骗人的伎俩，控诉诸神是悲剧在她眼前上演的真正根源。海伦说："宙斯替我们安排了可怕的命运，所以我们会成为后人传唱的对象。"

海伦将人类的存在形容成一出悲剧，在这出悲剧中，男人、女人往往意识不到众神的诡计，被迫参与表演。尽管海伦和帕里斯的爱情，带来了毁灭性的后果，但她的心智和情感是完整而自由的。海伦的同情心便证实了这一点，她同情包括自己在内的所有受到责罚、备受煎熬的人，这些人终将变成史诗中的传说。

与海伦高贵的尊严相比，诸神的行为显得幼稚、轻浮，因为他们的行为给人类带来了伤痛和泪水，他们像看一场残酷的表演一样注视着一切。希腊人相信，在生命的戏剧中，站在舞台中央的应当是人类，而非肤浅、聒噪的诸神。诸神的生活幸福但很枯燥，不会被时间所侵蚀。生存的艰难为人类留下了伤疤，但同时也在人类生存的勇敢道路中留下了荣耀的徽章。

海伦将自己置身事外，是旁观者的写照。这种写作上的小伎俩拉近了听众和故事的距离。尽管海伦犯了错，但是她对人类承受的痛苦的悲悯之情，引起了强烈的情感共鸣：看到海伦的苦恼，听众意识到人类无法逃避的痛苦和脆弱。

故事中的两个主角，特洛伊王子赫克托和希腊英雄阿喀琉斯，他们和海伦一样，尽管他们无可避免地牺牲，但同样追求某种人生自由。从此层面上讲，最有象征性的选择，是阿喀琉斯儿时面临的选择：是度过平淡无奇的一生并安享晚年，还是作为战争英雄英年早逝，在辉煌的名声中永垂不朽？阿喀琉斯最终做出了勇敢的选择，追求希腊人所谓的"美丽的死亡"，这深刻地反映出了一种上古文化。在盛年时期，选择为祖国而战，在健康、力量和美貌都处于顶峰时为国捐躯。换句话说，在一个人最接近诸神的时期，摆出最有意义的姿态，来对抗无情的时间和残酷、冷漠的命运。

"美丽的死亡"是为了通过一个华丽的"sema"来使肉体（soma）在记忆中长存，sema 在希腊语中意为"坟墓"，出自荷马口述的颂词（该词也是一种语言象征，第三章会提到）。作诗歌的目的是抵抗生命的转瞬即逝，使其在集体的记忆中永世长存。

英雄强烈反抗命运的残酷和诸神的冷漠，自由选择了辉煌之死而非平静的生活，这体现了希腊人眼中最神圣的人性特质：有勇气为捍卫领土毫不犹豫地献出生命的人，一想到名声（kleos）将通过口口相传长存，后世将忠实地追忆、缅怀自己，英雄们就会略感安慰。

与弟弟帕里斯不同，赫克托王子崇尚理性和忠诚，而非感官的非理性召唤，他是一切获得名誉所需特质的完美化身：忠诚的丈夫、慈爱的父亲、孝顺的儿子，也是英勇果敢的城邦战士。但是，因为每一个好故事都在最后的救赎前具备矛盾和冲突带来的紧张，所以荷马选择了阿喀琉斯，这个无比骄傲的、缺乏理智的、易怒的、亚该亚人中最强壮的战士，作为《伊利亚特》中的主人公之一。

因为指挥官阿伽门农拒绝归还阿喀琉斯的奴隶布里塞伊斯，伤了他的自尊，所以他突然决定从战场撤退，这暴露了他最显著的道德缺陷。阿喀琉斯被愤怒蒙蔽了双眼，丝毫不懂得节制。他没有意识到因为他的自私和任性的选择，亚该亚人遭到重创，付出了惨痛的代价，说明他是何等的狂妄自大（希腊人意识到，少了阿喀琉斯这个最伟大的战士，他们不可能取得胜利）。

阿喀琉斯的挚友普特洛克勒斯为了欺骗敌人，穿着他的铠甲去战斗，结果被特洛伊王子赫克托杀死，并夺走铠甲，当阿喀琉斯得知这一消息时，事态已进一步恶化。强烈的悲伤裹挟着阿喀琉斯，将他从长期陷入的顽固、易怒、无力的状态中拖了出来。他被击中要害，无法抑制地哭泣，他拉扯自己的头发，躺倒在地，发誓将不惜一切为挚友报仇。

阿喀琉斯从母亲忒提斯女神那里取得了一件新铠甲，发出痛彻心扉的吼叫，这预示着他极端凶残的个性、残暴的愚蠢行为和残破的理智扭曲了他的思维和语言。重返战场的阿喀琉斯像一台失控的杀人机器，动力就是鲜血和难以遏制的复仇渴望。这种暴力本来指向的是赫克托——特洛伊的大王子。

从不理性的愤怒沦落到完全丧失道德，阿克琉斯的不理智到达了顶峰。当给了赫克托致命一击之后，阿喀琉斯违背了所有的荣誉规则，拒绝归还他的尸体入土为安。阿喀琉斯还剥去他的铠甲，将尸体面朝下拖在他的战车后面羞辱、践踏，这种可耻的行为让阿喀琉斯显得更加不体面。这种轻慢的行为违背了希腊战争中最重要的交战规则：允许所有士兵体面地入土为安，无论是敌是友。

夜色中，回到帷帐的阿喀琉斯梦到普特洛克勒斯曾要求过一场体面的葬礼，否则他的灵魂无法安息。第二天清晨，阿喀琉斯命人准备柴火净化普特洛克勒斯的遗体，直到他的"白骨"安葬于坟墓（sema）之中。坟墓是一种象征，一旦进入坟墓，死者的名字将永远铭刻在他曾英勇服务的社群文化遗址中。按照风俗，普特洛克勒斯的葬礼持续了很多天，葬礼上充满了竞技比赛：拳击、田径、摔跤、掷铁饼、射箭等。在此期间，赫克托裸露的尸身惨遭秃鹫和野狗的蹂躏。通过羞辱、破坏敌人的遗体，阿喀琉斯试图剥夺赫克托体面的葬礼，而这是英雄通过美丽的死亡赢得的回报。

赫克托的老父亲、特洛伊国王普里阿摩斯不顾安危，勇敢地趁着夜

认识自我

色溜进敌人的营帐，只为接近阿喀琉斯的帐篷。当与阿喀琉斯当面对峙时，国王谦卑地下跪并亲吻杀死自己儿子的这双手，祈求他将儿子的尸体还给他。为了抚平阿喀琉斯的傲慢，普里阿摩斯双眼饱含泪水，恳求这位希腊英雄设身处地地思考，如果是他自己的父亲在这种情形下会有多痛苦。阿喀琉斯回忆起自己的父亲而深受触动，无法抑制地被同情和感性所支配。阿喀琉斯从地上扶起这位老人，和普里阿摩斯一同啜泣，为他们痛失挚爱的共同经历而哀悼。海伦为全人类悲惨命运恸哭时所表达的情感，如今在阿喀琉斯身上重现，通过诸神的卑鄙，反衬出了人类的高贵："诸神编织了可怜的人生，他们必须生活在痛苦中，他们本身就是悲剧。"（《伊利亚特》第 24 章）

阿喀琉斯自私的行为和不理智的愤怒，到此才通过理性被克制和约束。通过这令人悲伤的一课，他得到了救赎。阿喀琉斯克服了自负，结束了无法自拔的报复行为，重拾了完整的人性，胜败在刹那间失去了意义。生命不会偏袒任何人，哪怕是最伟大的英雄。荷马史诗中所记述的，似乎最终只是无情冷漠的命运的受害者。面对如此悲剧的真相，人们只能超越种族的边界和分歧，紧紧地团结在一起。

在归还了赫克托的尸体后，阿喀琉斯承诺休战 12 天，在此期间，特洛伊人民可以通过葬礼来缅怀他们的英雄，就像普特洛克勒斯的葬礼一样。美丽的黎明从赫勒斯湾向外延伸的沙滩上冉冉升起，葬礼在此画面中结束。全体特洛伊人聚在一起，向赫克托不朽的坟墓致敬。令人感伤的是，这庄严一刻只是可怕的战争中的一个插曲，赫克托的葬礼一结束，战争就会立刻重启。特洛伊的陷落，最终带来了无数的牺牲，其中包括国王普里阿摩斯的惨死（讽刺的是，他被阿喀琉斯之子尼奥普托列墨斯所杀），他的妻子、女儿也被俘虏并奴役。在希腊这边，戏剧中最伟大的时刻也出自阿喀琉斯，他作为一个理性而道德的人，重拾了全部尊严，最终准备好成为一个真正的英雄，通过战死沙场来实现人生的意义。当不起眼的帕里斯（普里阿摩斯的小儿子、赫克托的弟弟）收到阿波罗的指引和力量，射中阿喀琉斯唯一的弱点右脚踝时，这一幕终于发生了（据神话记载，阿喀琉斯的母亲忒提斯在他还是婴儿时试图把他浸泡在冥河中使他永生，但她忘记了握着的右脚踝，这便成为阿喀琉斯唯一的弱点）。

对古希腊人来说，人类的觉醒总是要克服千难万险，很难在和平舒适的乐园里最终安息。阿喀琉斯和赫克托被视为英雄，恰恰因为尽管他们都具有对生命的无条件依恋，但最终都选择为荣誉牺牲。

阿喀琉斯在《伊利亚特》中象征了不理性的动物性被驯化的过程，而在《奥德赛》中，奥德修斯则表现了真正的人性在尝试用理性控制不恰当的激情（包括超越神）时是什么样的。《奥德赛》的故事发生在特洛伊战争结束十年后。其他希腊人都重返故乡，唯独奥德修斯被海之女神卡吕普索囚禁在奥杰吉厄岛。奥德修斯从未放弃重返伊萨卡岛的心愿，他是那里的国王。故事中，奥德修斯被强迫成为卡吕普索的情人。虽然他晚上睡在卡吕普索身边，白天却坐在岸边任灵魂随眼泪飘荡，思念着远方的家人和故乡。尽管卡吕普索为了得到奥德修斯的心，许诺可以让他像神一样永生，但没什么能阻挡他的终极目标。

最后，宙斯派赫尔墨斯前去干涉，诱使卡吕普索同意奥德修斯造船离开。但是回家的路并没有想象中容易，因为奥德修斯杀死了海洋的统治者波塞冬的儿子——独眼巨人波吕斐摩斯，波塞冬为了报仇给他制造了很多麻烦。一阵暴风雨毁坏了船只，奥德修斯发现自己置身于腓尼基人的国土。他被瑙西卡公主带到了国王阿尔基诺斯的宫殿，在那里他简述了自己漫漫旅途中的冒险经历：他的随从在生长着忘忧树的岛上失去记忆，陷入恍惚冷漠的状态；女妖塞壬的诡计；波塞冬的巨人儿子波吕斐摩斯的失明；赛壬蛊惑人心的歌声许诺人们超越凡人的知识；坠入冥王哈迪斯的冥府。最后，当阿尔基诺斯为女儿瑙西卡向奥德修斯提亲时，这位英雄体面地拒绝了。对他来说，重返故土比成为富庶的腓尼基国统治者更重要。

奥德修斯回到伊萨卡岛后，残忍地杀死了所有向他妻子求婚的男人——他们企图篡夺王位，并谋杀他的儿子忒勒玛科斯。奥德修斯的乡愁（nostos）[1] 此时才暂时平息。忠于丈夫的珀涅罗珀也终于解脱，为了拖延婚事，她借口要完成奥德修斯的父亲拉厄耳忒斯的寿衣才能结婚（为了拖延，她每天晚上都把白天编织的寿衣拆了）。奥德修斯获得身份认同的最后一步，是向家人表明了身份（家人在多年分离后已经认不出他了）：他向田间耕作的老父亲指出了在他还是孩子时一起种下的果树；他向妻子回忆起了他们婚床的秘密，这张婚床建在房屋中央的一个巨大的老橡树桩上。

古希腊思想中最珍贵的价值观，都体现在这样朴素、生动的画面中。奥德修斯重返伊萨卡岛使希腊人民懂得埋藏着祖先尸骨的故土是最神圣的：追根溯源的故土对每个个体来说都有一种发自肺腑的亲密感，历经一代又一代人，就像一棵大树，向着天空长得越高根系就越深，树干也越粗壮。

在讲完所有悲痛的故事后，这部古老史诗中最优秀的部分是这些

---

[1]　该词源自希腊语中的"返回"（nostalgia）。

普通、谦和、朴实而宝贵的民族精神：用方言记载的朴素农民生活。可以说，奥德修斯之所以成为典型的希腊英雄，是因为他具有非凡的意志，总是尽力做到最好而又不逾越命运的边界。奥德修斯着实是个英雄，因为除了他的成就之外，他还能抵制一切对超凡能力和超人认知的妄想。当奥德修斯重夺王位后，他也对生活十分满足，这与曾经的他截然不同。他彻底变成了一个"农夫国王"，过着再平淡不过的生活，在广阔繁杂的地中海上的一个荒凉多山的小岛国上默默耕耘。

荷马留下的结束语，与赫西俄德在《工作与时日》中的表述如出一辙，在后者中，"arete"一词用来表现农民的朴素、隐忍和尊严。学者迈克尔·凯洛格在《古希腊人对智慧的探寻》（*The Greek Search for Wisdom*）一书中认为，在荷马吟唱完英雄时代之后，出现了一种新的道德（arete），它不仅可以在战场上赢得，"农民英雄"们也可以通过默默的劳作获得。

> 快乐和幸福的人全都明白，并且辛勤劳作、不触犯神灵，
> 他们总是观察预言之鸟，他们总是避免逾矩。
>
> （《工作与时日》第二首）

赫西俄德想赞颂的不是无知的安宁，他所赞颂的伟大生命是通过希腊人心中一些最神圣的美德而实现的：谦逊的智慧、努力工作、勇气、忍耐和纪律——换句话说，他所赞颂的是这样一种智慧：能接受命运的安排，而不试图逾越人类生存的边界。

希腊艺术：理性与激情

直到公元前 8 世纪，希腊世界还没有任何文字，也没有任何独特的具象表现体系。那时只有一个专有名词 graphein，用来表达写作、绘画及相关的概念，它仿佛涵盖了所有视觉表达的形式。

花瓶和其他各种日常用品上的几何装饰，早在公元前 9 世纪就发展起来了。直到公元前 6 世纪中叶，希腊才出现了其他重大的艺术创新。随着城邦的迅速崛起，一种与诗歌所表达的价值和意图密切相关且引人注目的新视觉表达形式——雕塑艺术——出现了。第一种独立创作的、真人比例的石雕被希腊人称为 kouroi。

这些充满活力、高矮胖瘦不等的裸体雕塑，它们僵硬的双腿微微分开，双臂伸展，紧握拳头，卷曲的头发好似假发，埃及风格的影响尤为强烈。但是，如果只看主题，这些相似的风格就掩盖了一个重大区别：埃及雕塑总是描绘神圣的法老，而希腊人的雕塑，就像荷马史诗，主要颂扬的是人类主体的尊严。这种选择的意义非同寻

一尊典型的 kouroi 石雕，是最早的真人比例雕塑

常，尤其是考虑到在希腊人之前，还没有其他文化把人类本身作为艺术的中心主题。

kouroi 石雕产生于公元前 6 世纪的贵族和寡头社会（在雅典民主政治建立之前，不到一个世纪），是用来在葬礼上悼念被授予荣誉的上流社会的年轻人的，人们为传奇英雄或竞赛冠军描绘裸体，这是在运动员中流传的习惯。从这个意义上说，"gymnasium"（体育馆）这个词恰如其分，它是运动员准备比赛的地方，是由 "gymnos"（裸体的）一词演变而来的。

kouroi 的表情特征来源于一个事实：这些雕塑不是为了呈现某些特定人物的真实面貌，而是要呈现一个广泛的理想化形象，旨在歌颂青春和力量的极致所凝结成的人类形态与神圣的理想之美的一致性。因此，即使他们是作为对特定个体的葬礼悼念而建造的，为 kouroi 所选择的叙事仍然是神话，而不是历史。艺术不再关注可辨认的特征，而是以一种标准化的模式来反映丧葬活动，旨在突出死者所拥有的美（身体以及道德、公民和军事）的永恒价值。

在选择一种客观的理想主义风格而不是现实主义风格时，希腊人再次表达了他们对名人崇拜的强烈反感，他们认为，名人崇拜可能会严重危及城邦内所保留的基本社群共识。

体育比赛的获胜者获得奖励的方式非常清楚地表明了这一点。即使获胜者受到高度赞扬，他得到的奖励（在大多数城市，是一顶橄榄树或月桂树的树叶冠；在斯巴达，则是被部署在前线的军队）也总是与集体成绩有关：换句话说，不是因为他实现了个人的自我价值，而是因为他提高了城市的整体威望。

对希腊人来说，通过一种客观的体育模式来纪念自己金色的青春年华，这是一种他们向伟大的人类有机实体致敬的方式。当这种有机实体完善得到达顶峰时，人们觉得自己可以与神的天资媲美。kouroi 的微笑，会让观众想起这种联系——卓尔而立，赋予人类一种比拟"幸福之神"的、永恒灿烂的美。

正如学者维尔纳·耶格尔在《派狄亚：希腊文化的理想》（*Paideia*：*The Ideals of Greek Culture*）一书中所写的："通过揭露人本身，希腊人没有发现主观自我，而是认识到了人性的普遍规律。希腊人的思想原则不是个人主义，而是'人文主义'……教育人成为他们真实的样子、完成真实人性的过程。"

选择代表裸体的 kouroi 有一个相同意图：对于埃及人来说，裸体是地位低下的象征，比如奴隶，但是对于希腊人来说，男子裸体是一种提升战士英雄气概的方式，使之上升到一个普遍永恒的层面，摆脱社会等级和地位的影响。

与这种方式完全对立的是埃及人的阶级心态，他们的艺术作品大多被埋藏在坟墓里，只为已故法老创作。而对于希腊人来说，艺术总是带有公共功能，还具备公民意识、道德功能和教育意义。kouroi 象征全体公民都有义务遵守的美丽、完善的理念。艺术属于城邦，而城邦又被视为文明的基本单位。

有一种女性版本的 kouroi，名为 kore（希腊语中的少女），不如男性的常见，也具有类似的纪念功能。与男性形象的不同，这些少女雕塑往往穿着衣服。我们以前讨论过的希腊人思想和心理构成，揭示了这一选择背后的动机：人们认为，男人裸体能激发英雄主义，而女人裸体，只代表纯粹的肉欲。

kouroi 石雕虽具有象征意义，但很快就被淘汰了，原因是，它未能表现出公元前 6—前 5 世纪陶器绘画表现出的那种生动的人体特征。

对人类行为的动态描绘是古希腊陶器绘画的一大特色

　　但是，怎么才能将一种与绘画中的动态相似的活力感，运用于坚硬、沉重的石头上呢？

　　在第一尊 kouroi 出现之后的 150 年，这个问题终于得到解决：一尊名为《克雷提奥斯少年》（*Kritios Boy*）的雕塑，是在公元前480 年被波斯人摧毁的雅典神庙遗址中发现的（我们稍后会提到）。

　　《克雷提奥斯少年》和 kouroi 的细微区别在于躯体的不对称性，体现在微弯的右膝和重新分配重心的不规则臀部。施加在图像中轴上的最小扭量，竟使得整体造型具有了 kouroi 僵硬的躯体无法具备的可塑性。这种技术调整术语名为"均衡构图法"（contrapposto）。均衡构图同时突出了运动和静止，完美地体现了人类的思想和行动中应有的镇定和克制。

　　仅仅两三代人之后，创作就取得了如此巨大的进步，并进一步表现在雕塑家迈伦创作于公元前 460—前 450 年的《掷铁饼者》（*Disbolus*）。

　　膨胀的肌肉，在皮肤的拉伸下凸显的肋骨、悸动的静脉——这尊

雕塑的独创性在于捕捉了一个年轻运动员的活力，在动作展开前的一瞬间，表现了他强健的体魄。

最能引起观众注意的是两种相反力量的精湛平衡：上部躯干剧烈扭曲的动感，与使身体牢固地伫立在地面上右腿的稳定性。右腿支撑所提供的柱状效果，似乎是运动员表情沉稳镇定的必然结果，运动员的面部似乎没有任何紧张和用力的迹象。这一选择表明，使运动员表现出绝对精确度的，是一种集中理性思维的活力，而理性思维不被肆意释放的激情和情绪所干扰。

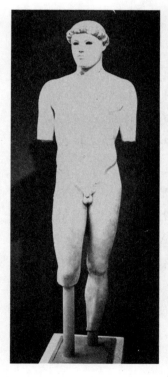
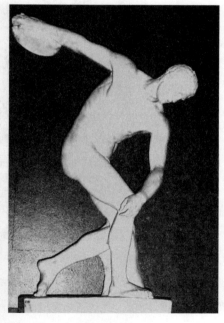

左图：《克雷提奥斯少年》
右图：《掷铁饼者》

《德尔斐车夫》

一尊著名的青铜雕塑《德尔斐车夫》(*The Charioteer of Delphi*，约公元前 470 年)同样突出了理性而不是悲怆。这位男运动员获得的最高认可来自一种泰然自若、沉着、节制的尊严，他没有流露任何悲伤的情绪，是因为他充满理性的严谨和冷静的决心。

古希腊艺术的特征是什么？这回答起来比较复杂。如果考虑到我们对人体的日益精准的描述，我们当然可以答出"现实主义""自然主义"这两个专业名词，但事实上，当时的希腊人身材矮胖(考古人员对其骨骼有确定的研究)，艺术家努力描绘的绝不是对现实的忠实模仿，而是对美和完善的理想化表现。所有古希腊雕塑没有任何人情化的面部表情，进一步强调了一个事实：古典艺术不仅仅具有描述性和审美上的愉悦感，它的目标是具有教育意义和鼓舞人心——展示如何通过人的理性天赋来获得完美的身体和灵魂。

　　　　　　　　　　　　　　　　　　　　　　　　　　认识自我

从神话到哲学的发展

希腊人对人类理性的强调所产生的最重要的结果就是哲学的发展。在黑暗时代的插曲之后，第一个在文化上经历伟大复兴的希腊城邦是与其他文明如埃及、巴比伦、波斯，重新建立商业联系的城邦。公元前 6 世纪，第一个希腊哲学学派诞生在爱奥尼亚（今土耳其西海岸）充满活力的港口米利都，这并非巧合。米利都学派的三位代表哲学家是泰勒斯、阿那克西曼德和阿那克西美尼。这三位"自然学者"（亚里士多德这样称呼他们）设定的一个共同目标，是要找出世界多样性赖以产生的统一根源。泰勒斯是一位数学家和天文学家，他精确地预测了公元前 585 年的一次日食，并根据一座埃及金字塔的影子长度算出了它的高度，他提出水是世界的基本构成元素。与泰勒斯不同，阿那克西美尼认为空气才是最基本的物质元素，而阿那克西曼德的论证更加抽象，他认为宇宙万物的起源是一个无限的、永恒的实体，它既能将自己分化成世界的各种表现形式，又能保持其原有的本质。

根据这些哲学家的观点，这个世界保持了整体的活力，但这个抛弃了早期神话，追求理性和实证结论的天真意愿，预示着西方思想之旅的关键一步。

米利都学派的特点是哲学和科学相统一，后来，哲学家留基伯和他的学生、色雷斯的哲学家德谟克利特再次提出了这一观点：他把现实世界描述为无数看不见的、永恒的粒子不断变化的组合，这些粒子不断碰撞，相互作用，被他命名为"原子"，意为"无法分割之物"。即使这个理论很吸引人，我们也不敢断言德谟克利特发现了原子结构。学者安东尼·戈特利布在《理性之梦》(*The Dream of Reason*) 一书中也强调，德谟克利特的原子论基本只是一个幸运的猜测，没有任何科学观察、测试和实验能够支持。此外，德谟克利特"对与原子有关的大多数重要性质和作用力一无所知"，即原子会受到电磁力的作用，而且与希腊哲学家的想法不同，原子既不是固体，也不是不能分割，更谈不上永恒。戈特利布的论点是，德谟克利特真正的现代价值应该是他的宇宙观念，即一个由纯粹机械规律支配的客观宇宙。这一观点包括否认灵魂不朽，在一个世纪后被伊壁鸠鲁的朴素唯物主义所提炼，又进一步影响了罗马著名唯物哲学家、《物性论》（*On the Nature of Things*）作者卢克莱修。戈特利布解释说，我们对古老哲学思潮所获得的有限认知，是由柏拉图、亚里士多德以及后来基督教思想的主导地位导致的。基督教宣称，在宇宙运行中起作用的是神圣和天意的原则，并排斥一切异端思想，由于其缺乏形而上学的含义，因此未能赋予生命任何精神和宗教意义。从启蒙时代开始，变革的车轮逐渐缓缓滚动。直到 19 世纪，科学才不再被定义为"自然哲学"，最终从宗教和哲学中获得完全的独立。直到 19 世纪，人们才开始将科学细分为更具体详细的专业领域，如生物学、物理学、心理学。

上面提到的哲学家主要集中于对自然世界的研究，而公元前 5 世纪，巴门尼德在意大利半岛南部的埃利亚建立了一所学院，他同时洞察了理性和感性，是最先将新学科的兴趣转向观察主体的思想家。巴门尼德注意到人的感官认知的严重不足，他认为，世界是个无法分割的"整体"，与许多明显的事物不一样，变化只是一种错觉。巴门尼德并不是第一个提出人类感官具有欺骗性的思想家，但他绝对是第一个宣称不凭借任何物质和有形证据的支持，仅凭理性就获得更高真理的人。正如我们所知，接下来，这一点会成为柏拉图哲学的理论基石。

与巴门尼德相反，赫拉克利特（活跃于公元前6—前5世纪）由于其作品高深莫测，被贴上了"晦涩难懂"的标签。他大胆地提出了另一种观点，断言世界是一种对立力量的持续流动。他的"万物皆流"理论宣称"一切事物都是流动的"。尽管赫拉克利特坚持认为世界的本质是不断变化的，但他的学说却越来越流行，他承认了永恒的、绝对客观的存在，并命名为"逻各斯"（logos，意为"交流"或"推论"），它统摄万物，却不受任何影响，凌驾于世间变动的万物之上。赫拉克利特的观点还包括对灵魂的定义："即使你走遍世上的道路，也无法找到灵魂的尽头，它的逻各斯如此深邃。"学者布鲁诺·斯内尔在《心灵的发现》（*The Discovery of the Mind*）一书中写道："在赫拉克利特的作品中，这一深邃的描写旨在揭示灵魂及其所在维度的突出特征——灵魂有其自身的维度，不在物质的空间中延伸。"

尽管巴门尼德和赫拉克利特的哲学假说迥然不同，但他们在一个重要观点上还是达成了一致：他们都摒弃了此前民间传说和诗歌中诸神的拟人特征。正如我们所知，许多世纪以来，人们把吟游诗人的角色等同于接受神谕的先知，诗歌被尊为崇高而无法言喻的真理载体。巴门尼德坚决地挑战了这一传统，他抨击诗人的诗歌，坚定地认为他们就像女妖塞壬引诱水手自沉其船，诗歌都是蒙蔽人心的，使人们产生各种幻想，是一种虚假、危险的幻觉。赫拉克利特同样抱持类似的怀疑态度，他批判诗人创造了诱人的、美好的，但也是彻底虚假和欺骗性的真理。爱奥尼亚的诗人兼哲学家色洛芬尼也有类似的意见，他谴责了荷马和赫西俄德："他们把一切人类的耻辱、偷盗、通奸和互相欺骗，都归咎于诸神……凡人认为神和他们一样是生下来的，穿着一样的衣服，有一样的嗓音与身形。"色洛芬尼将这种古老的神话思维斥为荒谬可笑，并继续嘲讽道:"如果牲畜能像人一样创作艺术,马就会把神画成马,牛就会把神画成牛。"因此,他总结道:"埃塞俄比亚人会把神画成黑皮肤,而色雷斯人则把神画成红头发、蓝眼睛。"像巴门尼德和赫拉克利特一样,色洛芬尼并未试图否定神的存在,而是要否定赋予神拟人化特征的无知倾向。

公元前 490 年前后生于西西里岛的恩培多克勒也抛弃了古老的神话。他坚信如此接近人类的方式来描述神圣不可说的神明是可笑的:"我们无法把神带到我们面前,让我们的双眼审视他们,以我们的双手抓住他们……因为神没有人的头、没有连着身体的四肢,更没有垂在两边的膀臂。他没有脚、没有膝盖,也没有毛发,什么都没有,神只是一种意识,神圣不可描述的意识,以敏捷的思维在整个宇宙中闪现。"恩培多克勒还声称,物质世界的基本元素是火、气、土和水。他引入了"爱"这一概念来定义神的能量,它赋予一切自然元素统一与和谐,反对象征不统一与不和谐的"冲突"的破坏性根源。他强调,爱和冲突,是宇宙的两种基本力量,这表明他接触到了琐罗亚斯德的理论。琐罗亚斯德又名查拉图斯特拉,是古波斯的先知,他把世界描述成善恶二元持续斗争的结果。

在与东方信仰和传统有关的教派中,很多时候也体现出人们希望找到更好的方法来解决生活中遇到的根本问题。这些神秘教派包括祭祀女农神得墨忒耳的艾留西斯秘仪(the Eleusinian Mysteries),还有以基于俄耳甫斯神话的俄耳甫斯秘仪(the Orphic Mysteries),俄耳甫斯这个神奇诗人曾用歌声迷倒世间生灵,他竟敢到冥府去乞求冥王哈迪斯把他的爱人、被蛇咬死的欧律狄刻还给他。我们对这些神秘信仰知之甚少,是因为其参与者严格遵守着"秘仪"(源于希腊语 myo,意为"保持沉默")。

　　　　　　　　　　　　　　　　　　认识自我

学者们已经确定，正是在这些思想运动中，一种观念逐渐在哲学和宗教思想中占据重要的地位——不朽的灵魂被困于物质世界，并渴望回到它完美的理想世界。

俄耳甫斯信仰有一个分支是古老的酒神狄俄尼索斯崇拜。与理性、度量、光明、明晰与和谐之神阿波罗相对应，狄俄尼索斯（罗马人称为巴克斯）是掌管酒、疯狂、黑暗、荒野与狂喜的狂欢之神。他的信仰在色雷斯的起源可能与生殖信仰有关。一到晚上，酒神的崇拜者会聚集在山顶上，随着狂野的鼓、钹和笛子的音乐表演集体狂欢。在这些集会上进入狂热状态，是为了打破一切的约束和禁忌。聚会者们将动物撕成碎片，啃生肉，灌下葡萄酒和其他麻醉品，把自我意识融入酒神所代表的更广大、统一的本能之流中。

伯特兰·罗素写道，随着城邦时代"清醒文明"的发展，祭司们承认真理可通过超出现实所获得的观念被逐步净化，这赋予了酒神崇拜一种更禁欲、更神秘的特质。在这一转变的过程中，醉酒昏迷这种象征性的酒神仪式，被尊为一种抽象的"热情"，象征与酒神的结合。我们将在稍后几章看到，基督教的圣餐仪式中也带有酒神崇拜的影子，葡萄酒也开始与基督之血挂钩，还产生了清醒醉酒的神秘体验。

毕达哥拉斯：神圣理性与灵魂不灭

成功地找到神秘信仰和科学结论的趋同点，并借此提升灵魂不灭论地位的哲学家是毕达哥拉斯，公元前 570 年前后他生于爱琴海东部的萨摩斯岛。从同时代人的叙述中我们得知，在定居意大利南部的克罗顿之前，毕达哥拉斯游历了很多地方，甚至可能去过埃及。他在那里建立了一所学院，不仅是一个文化中心，而且是一个致力于拯救灵魂的神秘学派。这所学院的学生数量不多、精挑细选、充满进取心，其中还有女人。他们过着一种简朴、低调的集体生活，严格遵守单身和素食等规定。

毕达哥拉斯的独创性在于，他精确地指出了无形存在的数字法则，这是一种神秘、神圣的理性，控制着太初混沌的岩浆构成的和谐的宇宙。他将神圣品质归因于希腊人长期以来对理性的认可，毕达哥拉斯确信，由于算术和几何规则是通过独立于经验之外的智力过程获得的，所以头脑必然优于感官。因此人是一种特殊的动物，它与无处不在的理性创造力相协调。

为了解释人类解开宇宙奥秘的这种独一无二的能力，毕达哥拉斯将人类灵魂与神融合的旧时代传说理论化——假如人类智慧能辨别出神圣的数学语言，正是因为它在某种程度上源于曾经属于神的卓越、理性的火花。

通过证明音符的音调取决于琴弦的长度或敲击金属的锤子的重量，毕达哥拉斯还得出结论说：音乐与数字测量有关，而后者是一切自然关系的核心基础，包括天体运动，在宇宙天体的舞蹈中，产生了一种宏大的和谐音乐，但这种声音是人所不能察觉的，因为世俗的束缚严重地阻碍了人的认知。

为了重新唤起对宇宙起源的记忆，人类必须将自己置身于音乐鼓舞人心的影响之中。当这些音符舒缓了俗世激情带来的不和谐束缚时，人们会在灵魂中重新唤醒神在创作宇宙和谐之声中渗透的悦耳的记忆旋律。如同药物治愈了身体，音乐治愈了灵魂，使其重新与天体的舞步协调一致。

毕达哥拉斯的理论可能受到了一些秘仪实践的影响，后者认为希腊七弦竖琴象征了人类宪法：身体代表乐器，而灵魂则是神奇的音乐家，能让一个原本纯物质的、无声的、无生命的物体发出旋律般的声音。

根据毕达哥拉斯的理论，人的存在必须经历一个不断轮回的过程，目的是逐步净化人的本性，使其不受所有物质本能和欲望的污染。毕达哥拉斯把人类描绘成不完美的生物，是为了重新获得一种原始的幸福状态。他推翻了几百年来的核心观念，承认人的本质不存在于肉体，而存在于灵魂，灵魂因与神的神圣联结而不朽。

在毕达哥拉斯的影响下，第一批哲学家所追求的自然主义方法开始走向一个神秘的方向，使理性思维的阐述和结论，越来越远离物质世界的世俗的具体性。与来世相联系的荒凉和阴暗的特性，如今被转移到现实世界中，毕达哥拉斯认为，物质世界是一个无关紧要的、浑浊的、欺骗的空间。

毕达哥拉斯认为，为了与神圣的理性重聚，人类必须重新自我调整，让自己与天堂悦耳的交响乐中的秩序相协调。毕达哥拉斯对如下问题的回答很能说明问题——为什么人类不像其他动物那样低下头，面朝大地，而是笔直地站着？毕达哥拉斯思考了这一令人费解的特征，他当然对达尔文的进化论和自然选择等现代发现一无所知，于是他得出了结论：人类独特的直立姿势反映了灵魂的一种自然倾向，即重新向上，面向浩瀚的星辰运动以及内心的憧憬。

为了达到人性的丰满，人类被教导去观察自然界的合唱秩序，就像宇宙天体的和谐交响乐所表达的那样。一些动词如"欲望"（to desire）和"思考"（to consider）[1]，仍回应着那个古老信条，仿佛在说：所有思考真理的人，都该渴望像夜空繁星中体现的理性秩序那样重新排列。

---

[1] 欲望，源自拉丁语 de sidus，意为"来自星星"。思考，源于拉丁语 cum sidus，意为"与星为伴"。

我们将会看到，在公元前5—前4世纪的古典时代，希腊雕塑和建筑追求对称和比例的法则，正是源自毕达哥拉斯的信念，即人类的意图是在他们的现实中重新创造部分和整体之间的平衡合作，将神圣的心灵强加于统治整个宇宙的和谐之上。宇宙是一位神圣工匠的杰作，就像一首以完美的数学秩序组织起来的交响乐，这种观点在西方思想中一直占据着绝对重要的位置，几乎一直持续到19世纪。

在毕达哥拉斯的笔下，古代那些善变而反复无常的神逐渐被一个遥远而抽象的实体所取代，这个实体与过去完全相反，被认为是完全理性、善良和公正的。为了使现实与高级思维的神圣规则重新对准，人类不得不切断使他与物质世界保持内在联系的脐带。毕达哥拉斯和后来的柏拉图都使用了一个非常生动的隐喻来说明这一点。正如我们在荷马史诗中看到的，奥德修斯在一棵古橄榄树树桩上建造婚床。这个象征的形象，旨在将英雄的身份与土地的具象联系起来，毕达哥拉斯、柏拉图的寓言式描述，从根本上颠覆了这一观点，他们把人描述成一棵倒生的树，树根从头上伸出，象征着灵魂渴望被移植回天堂的家园。

如果要探讨这些概念对古典时期的巨大影响，我们必须先回顾一下其他重大事件，这些事件几乎与哲学的起源一样，与希腊的思维方式有关，这就是希波战争。

理性的西方与"不理性的东方"

随着希腊人逐渐意识到自己文化的独特性，他们也开始称呼所有不认同他们语言和推论的理性之人为野蛮人（barbarous），字面意思是"口

认识自我

齿不清的人"，因为他们说话时会发出类似"bar—bar—bar"的声音。

到公元前6世纪中叶，希腊城邦自由面临的最大威胁来自波斯人，在首领居鲁士一世的率领下，波斯人开始了迅猛的扩张，先后占领了米堤亚王国（伊朗北部和土耳其南部）、吕底亚、安纳托利亚、爱奥尼亚（土耳其西部）和巴比伦帝国。居鲁士死后，其子冈比西斯二世将曾经强大的法老们享有盛誉的土地埃及纳入帝国版图。大流士一世继任后，这个幅员辽阔的多民族王国得到了进一步扩张，其疆域远达东亚和印度北部。即使只存在了200年，但波斯帝国以其惊人的种族、语言和传统的融合，成为世界史上最强大的政权之一。

在国王身边，从帝国的财富和声望中最为受益的是贵族，作为统治者的附庸，他们住在华丽的宫殿里管理着当地总督，宫殿四周环绕着名为"乐园"（基督教用来形容幸福国度的词）的宏伟狩猎场。宦官和精通化妆品、香水的"造型师"在旁服侍他们。

爱奥尼亚城市米利都在波斯人的攻势之下沦陷，波斯人和希腊人的冲突就此产生，他们于公元前499年对波斯人发起反抗。由于担心波斯大军继续向西推进，雅典和其他一些较小的城市决定反攻，向爱奥尼亚反抗军提供军事援助。

大流士以从不容忍任何敢于违抗他的人而闻名，即使庞大的波斯军队在制服爱奥尼亚叛军和他们的希腊盟友时没遇到什么阻碍，但他还是发誓对反叛的希腊人进行严厉的报复。为了应对这一威胁，这些希腊城邦决定将往日恩仇先放在一边，共同对敌。

我们对波斯战争的了解，大多来自公元前5世纪作家希罗多德笔下的历史，他出生在爱奥尼亚的哈利卡尔那索斯（今属土耳其）。他是西方第一个通过口述和笔记记录历史事件的作家，因此被西塞罗尊称为

"历史学之父"。西塞罗的赞誉只有部分正确：尽管希罗多德的贡献很大，但他几乎不能客观地描述历史，因为他有一种偏见：鼓吹希腊人比"野蛮的"波斯人更优越。希罗多德反复将波斯人描述为颓废、无德的民族——这是希腊人宣传的一种陈词滥调，几乎毫无准确性和客观性。

公元前492年，当大流士试图从北方进攻希腊时被一场猛烈的暴风雨所阻挡，暴风雨摧毁了他的大部分舰队。希罗多德描述，大流士对这件事非常愤怒，竟然命令士兵用鞭子抽打海浪以惩罚大海。

公元前490年，由600艘船组成的波斯舰队最终驶过了爱琴海，在马拉松平原附近登陆，在那儿，他们遭遇了雅典军队。希罗多德用他一贯丰富、壮观的描述写道："波斯军队射出的箭矢遮天蔽日，大地仿佛被黑暗笼罩。"除了明确地提到波斯军队的规模之外，这个比喻也可能是一种警告：一旦敌人大军压境，希腊人尊重的自然秩序将无法挽回地被摧毁。其结果是，西方和东方之间的分界线将永远被抹去，进而熄灭希腊人曾渴望的无比辉煌的文明之光。希腊人从未屈服过任何人（即使是自己的神），但如果文明世界重新陷入混乱，他们将被迫跪在国王面前，羞于自称是优越的人类。

在这种可怕前景的压力之下，希腊人一鼓作气，在普拉蒂亚城邦派出的部队协助下勇敢地对抗波斯军队。虽然波斯人多势众，但雅典和普拉蒂亚联军在斯巴达援军抵达之前就已取得了胜利。众所周知，当马拉松战役胜利时，一个信使狂奔到雅典，将胜利的消息带回了家，但他在任务完成的一刻就筋疲力尽地死去了。为了纪念这一时刻，弘扬奥林匹克精神，"马拉松"比赛直到今天仍在举行。

战败后，波斯人从希腊撤退，十年不敢再犯。但薛西斯继承了父亲大流士的王位，决定组织一场惩罚希腊人的行动以恢复波斯的荣誉。战

认识自我

火再次被点燃。薛西斯集结的军队异常强大，根据希罗多德的说法，整支大军花了七天七夜才走完横跨达达尼尔海峡的大桥。这座大桥由薛西斯钦点的波斯建筑师主导建造。

薛西斯深信，一旦得知他的大军规模，希腊人就会立刻跪地求饶。为了证明薛西斯对敌人的勇敢一无所知，希罗多德记录了一段对话，据说对话发生在流亡的斯巴达人德玛拉图斯和波斯统治者开战前夕。薛西斯凭借军事优势傲慢地断言："如果一支军队的统帅在战斗中不能对畏缩不前的士兵施以鞭刑，那这种军队必然失败。"斯巴达人答道："不，先生，法律才是他们希腊人的主人，比起臣民对你的畏惧，他们更害怕这个。无论这个主人命令什么，他们都会执行，而他的命令也始终如一：不许在众人面前逃跑，只要坚守岗位，要么胜利，要么牺牲。"

这句话强调了希腊人对法律所培养的坚定的敬畏之心：他们所服从的"主人"，与一个人的专制（如波斯君主制）相比，能够维持一种更好的、可以信赖的正义，因为它没有人情味，只是客观地适合所有人。

薛西斯不可能理解这句话的真正含意。和所有其他暴君一样，他认为他的臣民都是下人，无法自我管理。在他看来，智慧是国王的特权，任何人都无权质疑他的判断和统治的神圣性。

当波斯人终于要发动进攻时，将大军兵分两路：舰队沿着海岸进军，步兵和骑兵则从陆上进军。薛西斯知道希腊人认为奥运会期间的打仗是不敬神，所以他选择在奥运会期间登陆。尽管不合奥林匹克的规矩，斯巴达人还是派出了 300 名精锐，前往雅典西北 110 千米处的塞莫皮莱狭窄关隘"温泉关"，不惜一切代价拖延敌人的攻势。

如今，这些斯巴达士兵的英勇牺牲仍被人铭记，这是有史以来最英勇也最悲惨的抵抗行动之一。在接到斯巴达人被屠杀的噩耗后，几乎所有的雅典居民都逃离了城市，去附近的萨拉米斯岛避难。当薛西斯的大部队到达雅典时，发现这是一座空城。薛西斯立刻趁此机会指示军队尽可能毁掉雅典的一切，包括焚烧了雅典卫城山上的主要寺庙。

薛西斯这时还不知道，在杰出将领特米斯托克利的鼓励下，雅典人凭借从附近的劳瑞姆山新发现的银矿，建造了一支强大的舰队，每一艘敏捷的战船都有三层船桨。公元前 480 年，当庞大的波斯舰队被引诱到萨拉米斯海峡的狭窄之处追击雅典人时，他们发现自己行动缓慢，几乎无法对希腊的高机动性战船的猛攻做出反应。据记载，薛西斯坐在附近海岬上的宝座上，从远处观看了这场战斗，他目睹了自己舰队的惨重损失。后来，斯巴达人赢得了普拉蒂亚战役，最终在公元前 479 年打败了不可一世的波斯军队。

这场具有传奇色彩的胜利，在后世千百年里仍是一个鼓舞人心的伟大时刻。就连那些美国的建立者也将反抗大英帝国的独立战争与其相提并论，并且，像希腊人一样，他们声称战争的结果证明，任何威胁都不能战胜爱国主义和对自由的热爱。

这场非凡的胜利从何而来？它不仅靠战略布局，而且有赖于希腊士兵之间的紧密协作，举个例子：一种名为"重步兵方阵"的军队编制。这是一种肩并肩行走的步兵编队，就像一台独立的战争机器向前推进，金属盾牌组成的防御墙，使敌人的箭无法穿透；盾牌后面竖立着长矛，锋利无比。当然，胜利的关键因素还是敬神力量，希腊人强烈的理想信念。正如希罗多德在《公民比奴隶更善战》一文中所写的："这场胜利说明，尽管波斯军队规模庞大，但强制征兵招募了来自不同的部落、民族、文化和语言群体的新兵，他们对统治者的忠诚值得怀疑，最终不敌由公民组成的民兵，后者因语言和传统而携手，并受到对自由和独立坚定热爱的鼓舞。

为了强调善良的希腊人和波斯敌人之间的区别，希罗多德采用了许多逸事，其中一段回顾了一群雅典士兵进入一座波斯军队逃亡留下的废弃营地。由于波斯国王和他的贵族随从们习惯在战争中享受在家一样的奢侈生活，军营里摆满了奇珍异宝和舒适的家当，如柔软的地毯、丝质枕头和华丽的床。他们在敌军尸体上发现了项链和手镯，还有金银铠甲和宝剑，就连马鞍也是用纯铜打造的。对于生活简朴的希腊人来说，这种奢侈炫富的行为，恰恰是一个颓废无德的社会令人厌恶的标志。

　　战争结束几年后，作为步兵成员参加马拉松战役的著名悲剧作家埃斯库罗斯再次强调了东西方之间的对比，在当时创作的剧本《波斯人》里，他认为薛西斯过度自负和骄傲，导致他和他的军队注定失败：

> 任何人都不要鄙视眼下的幸福，
> 贪求他人的幸福会更多地肇祸。
> 宙斯是无情的惩罚者、严厉的判官，
> 他无情地惩罚傲慢的人。

　　埃斯库罗斯借此含蓄地劝告他的雅典同胞，永远不忘记："凡人切不可过分地自作聪明。高傲开花会结出灾难的穗子，夏季收获的只能是巨大的悲伤。"正如我们看到的，波斯人被形容为傲慢，受到过度骄傲和奢侈品位的驱使，带来了长期的文化和艺术影响——波斯人始终被描述为肤浅、无德的民族，而希腊人从那时起开始定义自己，与其他野蛮人形成对比，后者总是试图以骄纵之气妨碍希腊阳刚气质的完整性。

古典时期的辉煌与矛盾

波斯帝国是当时最强大的政治实体，它的失败加深了希腊人对自己文明的固有印象——他们的文明，比世界上其他民族优越得多。这种乐观的浪潮强烈地激励了自豪的雅典人，事实证明，他们卓越的军事能力对战胜敌人发挥了关键作用。在这种胜利的氛围之下，促成民主制建立的人文主义思潮得到了有力的发扬。

随着民主制度的建立，每一个在军队服役两年、年满 18 岁的男性公民都可以直接参与雅典的政治生活。正如伯利克里在著名的《葬礼演说》中宣告的：人人皆可参与。为了建立新的民主制度，创始人克里斯提尼在雅典的主要部落中实行了新的行政划分，把部落数量从 4 个增加到 10 个。每个部落都有名为"种群"（demes）的子部落。这次重大改革是为了打破旧氏族忠诚的血缘关系，以便促进所有雅典人之间的团结与合作，使人民的忠诚转向更大的共同利益。对此，亚里士多德描述道："如果你想建立民主政治，就要像克里斯提尼那样：建立部落以取代对所有人开放的宗教仪式，尽力调和人际关系，废除所有旧的联系。"

雅典的民主制度包括三个主要机构：人民法院（在那里，公民们在一群由抽签选出的陪审员面前讨论案件）；五百人议会，又称众议会（Boule）；集会，也叫公民大会（Ekklesia）。众议会的成员从 10 个雅典部落中以同等比例选出，就像现在的地方议会，选择需要提交的事项，呈交给公民大会。每个公民都有权在大会上发言，公开讨论涉及外交、税收、规章制度、官员选举（包括战略官、军事将领）等方面的法律和政策。大会过程中，在场参与者都被视为全体公民的代表。如果众议会提出的一场战争以多数票获得大会批准，那么每个公民都必须立即放下

认识自我

手头工作去参军，将私事交给奴隶来管理。

维持民主制度的是对人类理性的基本信任：人们相信通过在社区生活中获得平等地位，每个公民都会以无私、爱国的奉献精神来履行治理国家所要求的公民和道德责任。那些被指控将自私的目的置于城市利益之上的人，会遭到"流放"（ostracism）。这个词源自希腊语的 ostrakon，最初是一种陶器碎片，公民们会把他们想流放的人的名字刻在上面。我们还不确定这种做法公正与否，但可以肯定的是，即便是雅典最有声望的公民也经常遭到排斥。例如，在马拉松平原上为雅典胜利做出贡献的米太亚德，在这场历史性战役结束后不久，他决定对位于基克拉迪群岛中的出产大理石的帕罗斯岛处以罚款，理由是他们向波斯人投降太快，这使得米太亚德被指控越权。在未经雅典公民大会批准的情况下，他决定独自行动，这导致了同胞们极大的愤怒和不信任，集体决定将他流放。就连说服雅典人建造了保证萨拉米斯海战胜利的两百艘战船的将领特米斯托克利也成了流放对象，他被指控腐败和涉嫌叛国。鉴于希腊人对任何可能表现出的傲慢都抱持一种偏执，雅典在波斯战争结束后几年内采取的帝国主义态度，似乎令人大跌眼镜。这到底是怎么发生的，为什么会发生？要回答这些问题，我们必须关注雅典采取的政治方式，尤其是在杰出将领伯利克里的影响下，他的人格魅力使他在公元前 443—前 429 年成为实际上的政治领袖。

伯利克里生于一个雅典贵族家庭，颇具文化修养，可以和许多艺术家、哲学家轻松打成一片。人们钦佩他，认为他是一个有奉献精神、有教养的公民典范。正是在他本人的塑造下，一种全面的、多重的古典理想在雅典人中受到欢迎。伯利克里的名声还与他富有煽动性的爱国演说有关。在战争结束后，雅典看上去仍是一个街道狭窄、尘土飞扬的破落小镇。伯利克里的主要任务是为雅典塑造一个应有的形象，让它重回希腊最辉煌、最成功的城市地位。

为了实现这一梦想，伯利克里发起了一项共同基金，除了提供船舶和军备，还包括所有城邦为防范外敌入侵筹集的资金。提洛同盟（the Delian League）就此成立，它在其发源地提洛岛经营一段时间后，总部转移到了雅典。通过支持同盟，所有城邦都在表达：雅典在战争中所拥有的英明领导能力，将在战争结束后继续发挥作用。但很不幸，伯利克里提出雅典将被推举为同盟的利益得主，让他们很快大失所望。没有受到批评的丝毫影响，伯利克里继续把大量属于同盟的钱挪用到雅典重建当中，包括大规模重建公元前 480 年在波斯占领中遭到严重破坏的雅典卫城。在公元前 432 年，帕特农神庙的建造终于完成。这座建筑拥有 58 根立柱、500 多个雕塑人物，一夜之间成为希腊古典艺术和建筑中最令人印象深刻的、最成熟的典范。

帕特农神庙由建筑师伊克蒂诺和卡利卡特斯联手设计，建于公元前 447—前 433 年。它由一个矩形主体构成，周围环绕着多利安式立柱。不再采用过去用于神庙建筑的简单的石灰岩块，而是从附近的彭忒利科斯山开采优质大理石，这种大理石颜色透亮，掺入了细小的铁矿纹理——这种组合的材料，一旦风化，就会让建筑发出金色光芒。

因为与犹太教和基督教不同，异教徒的宗教仪式和牺牲总是发生在寺庙外，帕特农神庙内部只有两个房间：一是内殿（naos），其中摆放着守护神雅典娜的雕塑；二是金库，用于存储士兵在战争期间缴获的许多贵重战利品，包括薛西斯那张著名的移动宝座。即使这样，帕特农神庙仍被认为是一座较小的神庙，相对于更庞大的埃及建筑而言，它的建造更多是为了呼应毕达哥拉斯曾设想的宇宙蓝图的测量、平衡、和谐、

雅典帕特农神庙，古希腊传统建筑的巅峰之作

比例和对称原则。为了突出这些关键品质，建造者使用了复杂的解决方案，来抵消神庙整体结构表现出的光学扭曲。在许多例子中可以看出：台阶式平台（柱座）承载了主体巨大的结构，为了避免视觉上的下垂效应，柱座中心设计了轻微弯曲；带有凹槽的立柱向上逐渐变细，中段凸出，在上升过程中微微向内倾斜，以保证它们细长的外形在笨重的屋顶之下显得更加优雅。

正如我们所见，根据毕达哥拉斯的观点，音乐传达的和谐能够净化人类的心灵，因为它们重新唤起了对卓越之美的向往，这种美，曾像交响乐一样组织了有序的宇宙。如果将同样的音乐品质延伸到建筑上（作家歌德在几个世纪后说道："建筑是凝固的乐章。"），就不难推断出构思帕特农神庙的高级建筑师想要传达的艺术理念——在欣赏比例为无形的物质一致性赋予美丽的形状时，观众会被一种敬畏之感所吸引；他们的思想会向无处不在的、宏大的理性真理迈进。这个象征性的信息，将上升到整个城市的精神。正如帕特农神庙从其各部分的对称和平衡中取得了辉煌（对称表示每个部分相对于整体维持着恰当的比例），只有当它的组织与宇宙的和声结构达成一致时，或者说，只有它的公民继续保持神圣理性赋予自然所有方面和功能的一致精神的时候，城邦才会继续繁荣。

为了监督装饰宏伟建筑的雕塑项目，伯利克里聘请了雕塑家好友菲狄亚斯。菲狄亚斯因在奥林匹亚主神庙用象牙和黄金制作了一尊庄严肃穆的 12 米宙斯神像而闻名。他同时还被要求制作两尊雅典娜雕塑作为理性的化身。雅典娜女神象征雅典最杰出的品质：智慧、法律和文明。在雅典娜的两尊雕塑（一尊在神庙外面，一尊在内殿）中，更引人注目的是矗立在神庙内殿的 10 米高的雕塑。覆盖在女神外衣、盾牌、头盔和长矛上的大量黄金与乳白象牙，形成了鲜明的对比。象

帕特农神庙内殿中的雅典娜女神像

牙是专门为她赤裸的手臂和脸庞而选择的，她闪闪发光的双眸是由彩色宝石构成的，照亮了她的脸庞（不幸的是，菲狄亚斯的原作没有在时光侵蚀中幸存下来）。上图是神庙内殿中的复原作品。

在荷马史诗中，众神被描绘成自利、狭隘、自负、争强好胜之徒。而雅典娜是理性与文明之神，她的威严体现了全体雅典人无与伦比的卓越和正直。

在帕特农神庙中，这一点从极具表现力的墙面中可以看出：位于神庙外部圆柱顶端的雕塑般的高浮雕（最初外表色彩鲜艳），象征着希腊人战胜了波斯人。创作者为纪念这一事件而选择的神话主题包括：巨人之战，这是奥林匹亚诸神与泰坦巨神之间的一场传奇战斗；亚马逊之战，这是亚马逊女战士和雅典人的战争；还有半人马之战，这是拉皮人和半人马族的战争。这些浮雕以一种隐喻的方式将波斯人与巨人、亚马逊女战士和半人马等原始、怪异、叛逆的种族混为一谈，这种粗鲁的联系显然隐含着某种宣传目的：波斯帝国代表一种破坏性力量，他们颓废的道德与雅典人形成了鲜明对比，因此，所有非希腊民族都属于"蛮族"。[1]

为了强调波斯人的奢侈虚荣，希腊艺术家、雕塑家、画家总是把波斯士兵穿的五颜六色的裤子、古怪帽子和尖头鞋描绘得十分细致。这着实是一种滑稽的穿搭，尤其是与高尚、严肃的裸体希腊战士放在一起比较时。

事实上，选择用神话来描述与波斯人的战争，却不让一幅希腊军士

---

[1] 学者伊娃·坎塔雷拉在《潘多拉的女儿》（*Pandora's Daughters*）一书中写道："亚马逊女战士在此象征的不是对母系权力的赞美，而是希腊人抵制一种令人厌恶的、由妇女领导的军队或国家的前景。"

的真实画像出现在帕特农神庙的壁画上，这再度表明了希腊人的思想在伦理上的严谨。用一个高辨识度的形象来提升特定个体的价值，并强化他的特点，在他们看来会威胁到道德的完善，而道德的完善，曾使得雅典具有平等的精神。

相似的信息也深深地扎根于帕特农神庙的内部雕带（如今陈列于伦敦大英博物馆）上，那里描绘着一支同样由年轻、健美的希腊骑兵所组成的雄壮的游行队列。这件浮雕的画面采用了复杂的"前缩透视法"，用于表现一个四年一度的节日，期间，雅典的全体公民会游行到帕特农神庙，向守护神雅典娜献上一件新的女式长袍（由雅典少女每四年编织一件）作为感谢。

但是，可能有人会问，希腊骑兵在战胜波斯人的过程中其实没有

帕特农神庙内部的浮雕带，描绘了一支希腊骑兵游行队伍

认识自我

起多大作用，为什么会有那么多骑兵参加游行呢？虽然通常来说，一个人骑在马上一般代表肯定了他杰出的地位，但学者安德鲁·斯图尔特在《古希腊和西方艺术的诞生》（*Classical Greece and the Birth of Western Art*）一书中却认为，这种选择是为了"以某种方式乐观地表明"所有雅典人如今都已获得了古老贵族才配拥有的高贵尊严。帕特农神庙的雕刻，颂扬了全体雅典人都是高尚的（骑着高头大马）杰出典范，这也印证了伯利克里对同胞们的承诺："只要能力允许，我就能让你们永生不朽。"

类似的意图也刺激了许多独立雕塑的创作，这些雕塑开始填补城市大大小小的空间：艺术的目的是培养一种美，而不仅是培养审美，即教育、激励那些处理视觉信息的人。公元前 5 世纪的艺术家波利克里特在其著作中阐述了这一点，他说，通过运用毕达哥拉斯的数学原理，艺术家将可以表达永恒的美。学者肯尼斯·克拉克在《裸体：理想形式的研究》一书中这样描述波利克里特的作品："他的总体目标是清晰、平衡和完整的，唯一的交流媒介是运动员在运动和休息之间保持平衡的裸体。"

为了表现人类的规范之美，雕塑要反映比例、对称的某些普遍规律：身体的每一部分如何与另一部分相连，每一部分如何有助于促进整体的完美。波利克里特说："完美，取决于数字的比例，甚至最细微的变化也起着极其重要的作用。"建筑中的正典（canon）[1] 的基本含义是：尽管比例缩小，但人（人的比例被用作建筑构架的基础）仍含有属于神圣自然秩序的一致比例。波利克里特在著名青铜雕塑《多里普罗斯》上

---

[1] 正典，是一批被公认为神启或默示的经典著作。英语"canon"一词源于希腊语"konon"，原指织工或木匠使用的校准小棒，引申为"量尺"或"量杆"，后来指法律或艺术创作的尺度、规范。——译注

半人马浮雕，表现了一种对波斯衰落的巧妙挖掘

请注意这个波斯骑士的浮夸装束

认识自我

形象地表达了这一思想，他认为，他的正典提供的比例参数不是相对原则，而是一种普遍原则，因为正典不是一种发明，而是一种发现。从这一假设我们可以得出结论：艺术的审美作用，其最终目的是鼓舞人心，包括在人类的现实（微观世界）和宇宙的其他部分（宏观世界）之间产生的一种和谐、对应的敬畏之感。艺术的目的，不是一味地模仿现实，而是唤起神圣的法则，就像指引人间的星斗，赋予人类存在更高的方向和意义。

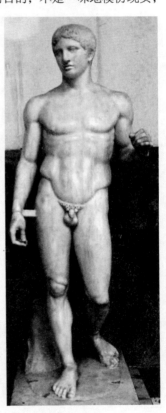

在今天，我们对美的定义趋向于个人化：我们说，美就是人之所爱。为了理解这种陈述与古老的心态如何不一致，只要思考两个古希腊单词kaleo（吸引）和kallos（美）之间的联系便可。在希腊人看来，美是一种拥有无法抗拒吸引力的物质，称为一种心灵回归人类之初的普遍智慧。

修昔底德被誉为"科学史之父"，因为他的著作《伯罗奔尼撒战争史》（*History of the Peloponnesian War*）的准确性远胜于希罗多德的史书。据其记载，在一场为哀悼雅典阵亡将士而举行的活动中，伯利克里吹嘘说，他的雅典同胞们的卓越品质已经为他们的城市赢得了"希腊学校"的称号。

波利克里特的《多里普罗斯》的罗马复制品（又名《荷矛的战士》，公元前450—前440年）

伯利克里还补充道:"在雅典,我们(公民)会养成优雅,抛弃奢侈,培养知识,摈弃阴柔;我们拥有的财富,更多是为了使用而不是炫耀。"伯利克里对雅典人的高度赞扬,与其他城邦的看法大相径庭,因为对雅典民主制度持批评态度的修昔底德在撰写时指出,根据提洛同盟的其他盟友描述,"雅典的宝石、雕塑和神庙耗费千人之资",包括"妓女"身上的珠宝和化妆品。他话里的怨气足以表明,与雅典对立的其他政治对手普遍怀有的感情是怀疑、蔑视和怨恨,而非钦佩。

这种怀疑并非毫无根据。尽管艺术家们用歌颂雅典人正直的画面装饰着帕特农神庙,但这座城市自古保持下来的简朴、自律的生活方式,正慢慢让位于祖辈们眼中自私、不守规则的态度。学者罗宾·莱恩·福克斯在《古典世界》(*The Classical World*)一书中用以下话语描述了希波战争后不久蔓延在雅典人中的奢侈之风:"尽管对波斯人的阴柔、奢侈有过恶意的评论,但在富裕的雅典人中,他们对从敌方缴获的战利品如礼服、金属制品、精美纺织品和珍贵铠甲爱不释手。"柔软舒适的鞋子,甚至被雅典人称为"波斯"拖鞋……其他新的奢侈品来自海外……地毯和坐垫来自迦太基,鱼来自达达尼尔海峡,无花果来自罗德岛。随着美味的产品纷纷到货的,还有大量进口奴隶,用于阿提卡银矿、市民家庭,还有小农场的工作。

雅典那种高高在上的态度,以及它对那些未能缴纳提洛同盟会费的人严惩,只会加剧城邦之间正在酝酿的紧张局势。他们反对的焦点是雅典的霸权主张代表他们违背了道德操守,而遵从道德,正是雅典能够崛起的原因。

为了反驳,伯利克里坚称,同盟缴纳的资金,代表希腊人民在一定程度上认可雅典曾将他们从外国入侵中拯救出来。只要雅典继续充当希

　　　　　　　　　　　　　　　　　　　　　认识自我

腊的保护者，其他任何城邦都无权评判其选择和行动。

　　尽管伯利克里说了这些话，但这座城市对其盟友的专横态度，以及它对试图退出的城市采取的好战策略，在许多人眼里，似乎证明了雅典人正屈从于所有胜利中最令人作呕的恶习——狂妄自大。

　　愤怒和不满，就像暴风雨前的乌云。雅典发生的许多内部斗争，使得紧张的气氛更加恶化。引起斗争的往往是一些鸡毛蒜皮的小事，这似乎表明：雅典人并非是他们的雕塑反映的那种不屈不挠、理性、冷静沉着的人，而是一群好打官司、好胜和冲动之徒，容易被激情和无知所驱使。伯利克里在一篇著名悼词中说："雅典人如此尊重他人的自由，以至于没人去关注邻家琐事。"然而，怀疑和嫉妒情绪的大量受害者完全可以反驳他的说法。这些受害者就包括科学家、哲学家阿那克萨戈拉和雕塑家菲狄亚斯，他们都是伯利克里的朋友。前者因断言"太阳不是神，而是比伯罗奔尼撒还大的白炽石头"而遭到放逐。而菲狄亚斯呕心沥血地建好帕特农神庙之后却被流放。获罪原因据说是，这位艺术家偷了一些用于雅典娜雕塑的黄金。另外，菲狄亚斯的批评者还说，他敢把自己的肖像放在雅典娜的盾牌上，这违反了一切公正的道德规范。这些对阿那克萨哥拉和菲狄亚斯的指控到底是真的，还是伯利克里的政敌捏造的？虽没有明确的答案，却不能改变一个事实：尽管帕特农神庙所传达的艺术信息如此美妙，但雅典所谓的和谐，与其说是现实，不如说是乌托邦式的理想。公元前 450 年，斯巴达和雅典之间爆发了第一次冲突。在接下来的 20 年里，脆弱的和平勉强得以维持，但没有维持太久。修昔底德写道："雅典实力的增长，以及由此引发的斯巴达恐慌，使得战争在所难免。"斯巴达人之所以决定开战，是因为雅典决定践踏盟友的独立性，妄图建立一个真正的帝国。在斯巴达的领导下，伯罗奔尼撒战争在公元前

431 年爆发，在公元前 404 年以雅典的惨败告终。除了政治因素，导致雅典逐渐衰落的还有一场毁灭性的瘟疫（战争的第二年，这场瘟疫夺去了伯利克里等人的生命），许多人认为，这是神明对雅典人不道德态度的惩罚。

戏剧、修辞学、哲学的成就

尽管围绕着如此动荡的气氛，雅典作为一个城邦独立的最后几年，在文化层面上却极其活跃、成就颇多。究其原因，可能与接触其他民族和文化更加频繁有关，这些民族和文化即使被视为野蛮人而遭到排斥，但同时也会导致雅典人面对更多的批判思维，包括批判他们自己的传统、习惯和思想。

戏剧和剧院（雅典人的另一个伟大发明）的发展在城市的伟大成就中占有特殊地位。戏剧的确切起源目前还不清楚，唯一可以肯定的是，从最早开始，雅典每年都会通过一个节日来祭祀酒神狄俄尼索斯。这一活动包括音乐、舞蹈和合唱表演，名为"酒神颂"。"tragedy"（悲剧）一词源于希腊语的 tragos（公羊）和 ode（歌），这说明这些节日是包含动物祭祀的宗教庆典。在公元前 4 世纪之前，剧作家们在节日期间发表悲剧作品，一直是这个城市的流行活动。

根据传统，泰斯庇斯是第一个把自己置身于合唱团之外，以独立演员的身份表演和说话的演员。后来悲剧演员埃斯库罗斯紧随其后，第三个是索福克勒斯。这种变化可让演员和观众面对面对话，而事实表明，这对于戏剧的发展至关重要。演出所用的大型露天剧场是沿着自然倾斜

认识自我

的山坡以半圆形雕刻而成的工程奇迹（从声学角度看也是如此）。显然，一座希腊剧院可以容纳多达 15000 名观众。也许是为了适应剧院的规模，正如学者迈克尔·凯洛格所写的，"演员们摆脱了一切对面部表情或细微手势的依赖"，他们往往戴着面具，上面夸张的面部特征和表情，让观众很容易一眼就能看出他们的情绪。从公元前 5 世纪起，彩绘布景开始出现在舞台装置中，还有"机械降神"装置（deus ex machina），在需要时可把演员举到空中，使其迅速地离开舞台。

除了一些关注当代事件的戏剧（如埃斯库罗斯的戏剧《波斯人》），大多数戏剧作品都是基于古代神话改编的，作者随意地在其中加入个人的变化。作者对待古老神话的漠然态度证明，那些古老的故事被认为是生动的灵感源泉，而不是教条主义的不可触碰的真理宝库。

古希腊三位重要剧作家——埃斯库罗斯、索福克勒斯和欧里庇得斯——所探讨的主题，涉及各种存在主义哲学问题：人是什么？人的生命有什么意义？神话的作用是什么？还有，社会自古以来取得的成就，是如何继续起作用的？如何定义正义？在盲目的、难以捉摸的命运中，人如何能捍卫自己的理性尊严？

正如所见，埃斯库罗斯在《被缚的普罗米修斯》（Prometheus Bound）一剧中象征性地描述了推动人类进步的巨大动力。他还创作了《俄瑞斯忒亚》（Oresteia）三部曲。这个系列故事开始于阿伽门农（海伦的丈夫墨涅拉俄斯的弟弟）之死，他从特洛伊战争归国后，被妻子克吕泰墨斯特拉及其情夫埃癸斯托斯合伙谋杀。克吕泰墨斯特拉有个女儿叫依菲琴尼亚，在希腊舰队离开特洛伊之前，阿伽门农为了安抚女神阿耳特弥斯牺牲了她。克吕泰墨斯特拉还有两个女儿伊莱克特拉和俄瑞斯忒斯，为了给父亲报仇，俄瑞斯忒斯杀死了母亲和她的情人。接着，她被复仇女神追赶以示惩罚。女神雅典娜最终制止了复仇女神，她宣布俄瑞斯忒斯可以接受公正的审判。在《俄瑞斯忒亚》中，那种为故人的罪孽付出血的代价的悲观和强烈的信念，最终被雅典娜的判决所推翻，她决定用一种基于城邦理性规则的新秩序，来取代腐朽过时的神话规则。

在索福克勒斯的剧作《俄狄浦斯王》（*Oedipus Rex*）中，我们发现了截然相反的基调。俄狄浦斯是个乐天之人，直到他发现自己无意中犯下了弑父乱伦的罪行，杀父娶母。俄狄浦斯被羞耻和罪恶压垮了，双目失明。俄狄浦斯必须为他没有直接责任的行为付出如此惨痛的代价，这似乎并不是旧神话背景下关注的问题，在这种背景下，命运的残酷被简单地认为是人类无力改变的事实。

《俄狄浦斯王》能证明索福克勒斯比埃斯库罗斯更保守吗？答案不像我们想的那么明显。问题是，没有一位古典作家能被贴上一个准确的标签，因为他们的作品往往是复杂和矛盾的。例如，在《俄狄浦斯王》中，索福克勒斯遵从了古老的传统，但在他的另一部作品《安提戈涅》中却不是这样，他选择了一个女性作为故事的主角。索福克勒斯讲述俄狄浦斯死后，底比斯的领导权由王子厄忒俄克勒斯和波吕涅刻斯继承。然而，由于厄忒俄克勒斯兄弟阋墙，内战爆发，最终导致二人的死亡。他们的叔叔克瑞翁决定为厄忒俄克勒斯举行葬礼，但拒绝给波吕涅刻斯同等待遇，后者的尸体被扔在城外任其腐烂。波吕涅刻斯的妹妹安提戈涅坚决反抗这个决定，即便必然会面对严厉的惩罚，但她仍决定为哥哥举办一场体面的葬礼。索福克勒斯借由女性角色来衡量公共权力与个人道德自由的价值，反映了作者试图将自身的心理和存在主义追求推向那个时代之前从未被描绘和探索过的领域。

认识自我

埃斯库罗斯和索福克勒斯两人强调命运的随机过程，突出人类的勇气和将苦难转化为同情心和道德成长的高尚才能，而欧里庇得斯在古老神明的野蛮本质和根植于人心的不安矛盾之间反复徘徊。他的剧本《酒神的伴侣》（*The Bacchae*）讲述了底比斯国王彭透斯的故事，他害怕表兄酒神狄俄尼索斯（狄俄尼索斯是宙斯和塞墨勒的儿子，塞墨勒是彭透斯的姨妈）的出现会破坏他城邦的文明秩序，试图阻止狄俄尼索斯进入城市。但是彭透斯毫无胜算，因为狄俄尼索斯是个强大的神，观众很快意识到，彭透斯被引诱到荒郊野岭，在一座山顶上目睹了狄俄尼索斯的一场聚会，然后被一群疯狂的女祭司肢解了。彭透斯试图远离非理性的疯狂影响，而狄俄尼索斯恰恰是这种非理性影响的化身，因此他被自己坚决反对的力量杀死了。

是什么促使欧里庇得斯写了一部像《酒神的伴侣》这样的戏？他的作品是否表达了一种疑问：理想的人类城市能否建立起一堵足够高的理性之墙，来抵御黑暗和不公正的力量？尽管付出了种种努力，但这些力量似乎从未失去对人性的掌控？我们无法肯定。我们只知道，在欧里庇得斯生活的年代，希腊人的思想达到了前所未有的高度。尽管他的作品没有带给我们更多的答案，但确实对生活和人性中固有的潜在矛盾，发起了更敏锐、更富挑战性的探索。

除了戏剧，喜剧在雅典也有展现。阿里斯托芬的喜剧的大胆嘲讽表明，在希腊，经常夹杂着大量讽刺的批评已经变得非常流行，尤其是当它针对政治学家和哲学家时。阿里斯托芬最著名的戏剧之一《云》（*The Clouds*）则是一幅描绘苏格拉底的荒唐漫画。要想理解阿里斯托芬为何丑化苏格拉底，我们要先简单地讨论来自雅典的著名诡辩家、哲学家苏格拉底的基本观点。

诡辩家是一群流浪的知识分子，他们为了赚钱，到处教授不同的科目，包括修辞学。修辞学被他们包装成积极投身城邦政治之人的有力法宝。诡辩家有种论点：只要构思正确，任何论点都有可能被据为己用。为证明观点，诡辩家们沉迷于用华丽的辞藻进行论证；当听众不服时，他们就与对方展开辩论，直到双方再次达成共识。

诡辩家还有一种理论：诗人和哲学家所提倡的普遍真理不过是一种幻觉。为了捍卫这个观点，诡辩家普罗泰戈拉写道："至于神，我无法认识到他们是否存在，或者，他们到底以何种形式存在。因为知识所限、主题的模糊、人生短暂，这都是我们认识的障碍。"

为了将这种相对主义方法推向极端，诡辩家甚至声称，由于我们无法判断绝对真理，人类唯一要做的就是让自己成为唯一的判断标准，而且应该自私地追求最符合自己的利益，普罗泰戈拉用一句格言总结说："人是万物之尺。"这种放弃了普遍真理、投身单一观点和偏好的危险，为一种冒险的放纵行为留下了空间。这种放纵行为，在他们看来是种公平的博弈，只要能确保胜利，一切手段都是公平的，哪怕过程中充斥着各种谎言，以及夸张、有说服力但违背真理的修辞。在一个将公民合作视为最高美德的社会，这种不容于世的自私态度，必然是一种危害甚广的主张。

泥瓦匠和产婆的儿子苏格拉底严厉地谴责了诡辩家的奸诈行径。他宣称，诡辩家通过不正当的手段，把教育变成了一门赚钱的生意，毫不关心他们的教导所带来的负面道德后果。苏格拉底和毕达哥拉斯一样深受俄耳甫斯秘仪的影响，对他来说，诡辩家的相对主义十分危险。苏格拉底认为，如果正义、秩序、诚实、道德这些真理被斥为毫无意义的空话，那么，如何才能建立一个公正的道德社会呢？

为了反驳诡辩家的观点，苏格拉底说，知识不是一种能通过货币交换的商品，而是一种通过对自我的艰辛探索才能追求到的卓越天赋。要做到这一点，自然要秉持道德操守。苏格拉底认为，如果没有对道德生活的实际践行，那么仅仅了解道德是不够的。他补充说，这在修辞学上也是一样的道理，不道德的诡辩家曾严重地歪曲和滥用修辞学，尤其是当他们用语言技巧、谎言和谬论来歪曲逻辑和理性的合法性时。

与诡辩家相反，苏格拉底在雅典街头和集市上散步时，经常与市民们进行一对一的讨论，但他从不接受钱。对他来说，修辞学不是一种娱乐，也不是什么买卖，而是一种对理性作出的庄严承诺。除了要思路清晰，还必须诚实地思考和交谈。正如"哲学家"[1]一词本身所暗示的，要想成为哲学家，善良是必不可少的。哲学的价值，不仅是掌握更多知识，而且是获得更多善良的智慧，这是一种质变，使得人的心灵上升到神圣智慧的更高层次。

因此，对苏格拉底来说，最重要的事就是每天反复用一连串问题，来刺激人们的一般假设和信念，这些问题旨在以逐渐精确的方式引导他们获得真知。可以肯定，苏格拉底的主要兴趣点是伦理和道德，因为他"知道自己一无所知"，他所热衷的对话，绝不是为了追求教条的概念，而仅仅是为了激发越来越高级的思维和理解形式提出的生动问题，"不经思辨的人生，不值得度过。"苏格拉底运用对话，是为了逐步引导出人类潜在拥有的智慧，就像把婴儿从子宫里接出来（他常把自己比作"灵魂的助产士"）。苏格拉底认为哲学具有救赎的性质，这让人想起毕达哥拉

---

[1] "philospopher"（哲学家）一词，由希腊语 philo（爱人）和 sohpia（智慧）构成，意为"爱智慧的人"。

斯的理论：因为灵魂一旦与上帝结合，真正的知识就等同于记忆。

为了更好地理解美德，苏格拉底举了一些具体的例子：就像木匠按一个理想的模子来制作桌子一样，人在行动之前，要尽可能地接近优秀思想所代表的善和美的原型。尽管如此强调理性的意识，苏格拉底还是明确地指出，只要灵魂被禁锢在肉体里，哲学所提供的知识永远是接近真理和不完整的。但这一点没有削弱美德的重要性：即使绝对真理在最终形式上注定难以把握，可对它的追求，足以赋予我们一种兼具道德和存在的力量。

众所周知，苏格拉底在公元前 399 年因为自己的主张被雅典宣判死刑。他主张保留雅典城中心集会的选择，怎么会为言论和思想的自由交流，而招致如此严厉的惩罚呢？法官们指控苏格拉底"不敬神"。他们声称苏格拉底的危言耸听，正在毒害雅典青年的思想。如果真像苏格拉底所说的，他"只知道自己一无所知"，那么如此谦逊、自嘲的一个人，怎么会引起这种恐慌呢？

正如我们所见，在苏格拉底死前五年，伯罗奔尼撒战争爆发，由于雅典战败受辱，政治紧张态势升级，这确实对法官们的裁决起到了推波助澜的作用，他们断定苏格拉底正在颠覆雅典社会赖以为系的传统。事实上，苏格拉底从来不忘向城邦致以最深切的敬意。当他被判刑时，他本可以在流放和死刑之间二选一，然而苏格拉底毫不犹豫地选择赴死，因为他坚定地认为，离开城邦生活会剥夺他的公民身份，这比死更糟。

正如前面提到的，喜剧作家阿里斯托芬选择苏格拉底作为他讽刺幽默的主角，从剧名《云》就能看出，在阿里斯托芬眼里，苏格拉底的抽象辩论与诡辩家如出一辙，而后者是用空洞的语言侃得听者云里雾里。

有趣的是，阿里斯托芬自己也是一个道德家，跟苏格拉底一样，肯定公民义务的价值，每个公民都应该对整个社会负责。尽管在这一点上一致，但两人的宇宙观却大相径庭：苏格拉底相信宇宙被神所支配，而阿里斯托芬作为德谟克利特的忠实追随者，则从纯世俗和纯物质的角度来解释世界。对阿里斯托芬来说，苏格拉底的危险之处在于他将理性与不可测的、抽象的形而上学理论联系起来，而不是通过理性进行逻辑和实用上的证明。

从柏拉图到亚里士多德

柏拉图无比坚定地选择苏格拉底作为自己的导师。由于苏格拉底没有留下任何著作，柏拉图将他作为自己作品中的虚构人物，用对话来表达他的哲学本质。公元前 427 年，柏拉图生于一个贵族家庭，在伯罗奔尼撒战争的第五年，柏拉图目睹了敬爱的老师苏格拉底惨死，那时他 28 岁。可能是害怕老师的门徒会遭到更多报复，柏拉图逃离雅典十多年。在漫长的自我放逐期间，他去过的地方包括埃及、吕底亚和意大利南部的大希腊地区。公元前 380 年，晚年的柏拉图回到雅典，在郊外的一片橄榄林中建立了著名的"学院"。在其入口处立有一块牌子，上面写着："不懂几何者，勿入。"

柏拉图将他的哲学建立在一个假设之上：现实世界的真正本体，被包含在他称为"理念"（idea）的卓越、永恒的万物原型之中。柏拉图所说的"理念"，不带有我们今天赋予该词的主观心理特质，而是一切现实事物的一种无形、非物质的原型，时刻处在神圣完美的维度当中，超越了俗世所在的不完美维度。

因为其代表着更高级的现实，柏拉图与巴门尼德所说的理念，只有在不通过感官经验的情况下才能被人的心灵所触及。与毕达哥拉斯一样，柏拉图也声称，灵魂曾居住在一个神性理念的水晶王国，也是人类智慧的最高表达形式。但是，当灵魂开始进入肉体的樊笼，关于最初优美状态的记忆就消失了。在对话录《理想国》(*The Republic*)中，柏拉图用"洞穴隐喻"来描述人类在尘世生活中的局限。他写道："想象一下，一群囚犯被人关在一座漆黑的洞穴里，他们的腿和脖子都被五花大绑，还被逼着注视面前的岩壁。在他们身后，有一个火堆正在熊熊燃烧。在火堆和囚犯之间，有人搬运着不同的东西走来走去，比如用木头、石头和其他材料制成的动物雕塑和人像。"

囚犯们看到了什么？他们只能看到投射在面前墙上的物体影子。这个隐喻的喻义是：人类感官的认识，就像那些被缚的囚犯，是存在于一个世界上的不完美工具，只是完美而永恒的理念的模糊复本。

是什么使得人性落入如此悲惨的境地？出于典型的希腊作风，柏拉图从未深究过这一点：即使他能认识到人性的荒谬，也从未将"负罪"的概念与人的局限性挂钩，更从未想过以渎神的罪名来惩罚人类。

柏拉图唯一关心的是：人的灵魂如何才能向着神圣的智慧火光不断上升？对他来说，唯一可行的办法就是抛开感官体验的昏暗无知[1]，转而依靠一种屏蔽了一切物质影响的理智。柏拉图继续说：为获得真知，人类必须经过一场激烈的视觉转换，从外在的肉眼转向内在的精神之眼，在俗世表象欺骗性之外允许我们感知万物起源的深层光辉。

---

[1] 对柏拉图来说，感觉是虚幻的，就像隐喻中投射在洞穴墙壁上的影子。

柏拉图特别挑选了长期以来被视为美的象征的价值，用以进一步解释灵魂是如何重新觉醒，回到一种更高级的视觉和认识的。柏拉图解释说，当人被美所吸引而坠入爱河时，会产生两种截然相反的动力——如果灵魂追随感官欲望，人就会被拉向物质世界的黑暗尽头；如果灵魂跟随理性的指引，人就会上升回到起源的光辉之中。

　　另一篇对话录《会饮》的标题，说明了对话发生在一场传统希腊宴会（会饮）上，苏格拉底和他的朋友正在描绘、讨论爱情在爱人身上产生的强大效果，尤其是希腊人公开培养的同性关系（重点讲述了一个青年与导师之间的感情）。苏格拉底和他的友人们认为，因女性而起的爱情是低级庸俗的肉欲；相反，同性之情被赋予了更高的价值，具备点燃对更高级认识的渴望所需的一切特质。当爱人注视着对方的眼睛，就像在照镜子，一眼就能认出曾属于他自己的超然原始的自我之美和真理的反映，这时，理智的光芒就出现了。对柏拉图来说，爱与美一样，是一种强力的召唤，它强烈地重新唤起了人们渴望与自己的起源重聚的怀旧之情。

　　其实，苏格拉底一般被描述成一个壮汉，但没有战士般的英俊特征——据说他长着水泡眼、厚嘴唇、矮鼻梁，这更像一个猥琐大汉而非翩翩少年。柏拉图正好借他来举例说明：关于如何获得知识和美德，最重要的不是肉体的外在美，而是精神的内在美。苏格拉底的美是他智慧的一种体现，也配得上他的哲学才能，能够激发他人对善与美同样的爱，这种爱从卓越思想的超越和完美中散发出来。

　　因为他肯定，真正的知识，只能是一种逻辑上无法验证、无法传达的体验，柏拉图最后以神秘的语调支持着他的论点，这种语调与他所倡导的纯粹理性主义相差甚远，似乎把哲学推向了天启和神秘主义的幻境。为了跟随这种跃升，并将话语转变成供精神成长的有机土壤，柏拉图选择用对话来表达他的哲学思想。而这一选择，是由一种信念决定的：由对话产生的不断推进的精神运动，是激活语言中包含的信息的唯一途径，而不是像坟墓般冰冷、僵硬的文字，即我们前面讨论过的"sema"或"语言文字的坟墓"问题（下一章将讨论书面语言的弊端）。

有趣的是，一谈到神圣的概念时，柏拉图又回到了希腊传统，对"创世"这类概念几乎不感兴趣：对他来说，神不是犹太教和基督教那样的创世神，而是一个造物主，一个巧夺天工的匠人，通过数学精确的几何，制服混乱的原始岩浆，实现宇宙的美妙秩序。由于造物主的工作是如此完善，柏拉图得出结论：美、公正、善是神的三大品质。这些品质，确保自然总是会产生积极的结果，也可以指导人类尽力去创造一个美丽、公正和善良的社会。

对柏拉图来说，为了实现这一目标，教育必不可少：一个好的国家必然会使人们准备好成为社会上优秀的人才。在柏拉图看来，这样的社会，不是一个民主、平等的体系，而是一种等级结构，在这个结构中，全体公民都为城邦各尽所能，各展所长。柏拉图在《理想国》《法律》两篇对话录中提到：这一责任链条的最前端是哲学家，他们是唯一能掌握最高智慧的人，也是唯一能通过由神的观念所建立的正义、秩序来治理社会的人。

柏拉图对雅典平等主义制度的拒绝是由历史事件所塑造的：这座不公正地判处苏格拉底死刑的城市，对哲学家来说，也是在建立民主制度的过程中，不明智地将政治权利赋予了一群好诉讼、情感化、愚昧无知的暴徒，这些人由粗俗、无教养的人组成，完全不适合控制城邦。对柏拉图来说，政治是一项要求很高的活动，只有哲学家，作为社会上智力和道德都最成熟的成员，才有足够的能力去担任。为了确保统治者和哲学家保持无私和公民精神，柏拉图建议国家为他们提供免费住房和食物，这样，无论是在物质上还是情感上，个人利益都不会影响那些优秀人士的道德操守（此外，真正的哲学家也不能成家，因为家庭琐事也会分散注意力）。柏拉图可能是受到与生俱来的贵族心态的影响，也强调了休闲和自由对心智的培养必不可少，普通人永远不可能成为哲学王，因为他们要靠工作谋生。

柏拉图最不待见的是诗人和艺术家，他们误入歧途的行为，在城邦中应当被严厉禁止。柏拉图为证明这种极端态度，提出两个理由：第一，必须抵制艺术，因为作为一种虚假的模仿，现实的"复本"，它是一种二次复制，会让真理从神圣的思想中流失；第二，艺术是危险的，因为它在诉诸情感的过程中妨碍了理性的道路，使其偏向俗世的幻想和非理性的激情，让灵魂偏离了形而上学之路。

柏拉图对他的理想社会能够带来的和平与稳定，发表了热情洋溢的演讲，但他缺少严格的角色分工（社会底层的工匠、中间的军人、上层的哲学家），使得他的固定等级结构看起来更像蜂巢或蚁群，而非人类的集合。

公元前367年前后，一个名叫亚里士多德的17岁少年来到雅典，进入了柏拉图学院。公元前384年，他生于希腊北部的斯塔吉拉。据史料记载，他的父亲曾在马其顿当过宫廷医生。亚里士多德晚年回到马其顿后，被国王腓力二世召去辅导王子亚历山大。

尽管亚里士多德对柏拉图表现出极大的尊重，但他却无法像导师那样鄙视凡尘。亚里士多德在公元前335年或前334年建立了自己的"学院"。与柏拉图的观点相反，他彻底恢复了经验世界的重要性，认为没有感性的支持，理性认识就无法运作，而经验对于理解宇宙规律至关重要。亚里士多德将现实的物理维度重新确立为研究对象，变成一个不知疲倦的世界观察者。广泛的兴趣和对动植物的详细分类，使他成为生物学、植物学和动物学等多个学科的鼻祖。除了在物理学和天文学上的重要论述外，他还对政治和伦理学做出了重大贡献，而且被认为是形式逻辑的发明者，而形式逻辑本身是一种清晰、系统的思维艺术。

对亚里士多德来说，世界是一个等级系统，最终由一个完全非物质的抽象实体所控制，他称之为"第一推动力"（First Cause）或"不动的动者"（Unmoved Mover）。于他而言，"不动的动者"是推动不断构成宇宙生命的旺盛过程的源泉。一切存在的事物——植物、动物和人类——都通过响应内在冲动而促成这种令人敬畏的动力，借以实现它们内在性中所包含的"目的"或终极目标。人是唯一具有理性和语言天赋的生物，对内在的认识，与他对社会的认识是一致的。这一观点是说：一个人不是由他出生时是什么样决定的，而是由他出生的目的决定的。因此，只有当人将自己奉献给社会公共利益，实现本性中预设的目的时，幸福才得以实现。成为社会的一员，是人类生存的终极目标和意义。

与柏拉图不同，亚里士多德把他的政治分析集中在三种主要政体上——君主政体（一人统治）、寡头政体（少数人统治）和民主政体（多数人统治）。对柏拉图来说，民主之所以应当被谴责，是因为人们错误地认为，公正等同于所有公民彻底平等。相反，亚里士多德认为，城邦应该被设想成一种等级结构，就像自然界的其他表现形式一样。在《政治学》（Politics）一书中，亚里士多德根据才华和能力分配给公民不同的角色，与柏拉图"水手隐喻"中确保航行安全的各种职能进行比较。亚里士多德使用了类似逻辑，把"自然"和"理性"（男性公民相比于奴隶和女人拥有的优越感）一道视为"有益之物"。这并不是说亚里士多德更喜欢民主以外的两种整体。正好相反，尽管亚里士多德认识到有些人确实优越，却从未鼓吹一人统治（如君主政体）或少数特权精英统治（如寡头政体）。这些思考影响了一些后世的政治思想家如波里比阿和西塞罗，他们得出结论：最好的政府形式就是一种混合的宪政——部分君主政体、部分寡头政体、部分民主政体——就像罗马共和国那样。这一点将在后面进一步探讨。

与柏拉图相反，亚里士多德并不担心艺术对人的引导，他说，如果运用得当，艺术提供的情感宣泄或强烈的情感释放，可以产生积极的效果。他还用类似的实践方法推翻了柏拉图反对修辞学的消极论点。亚里士多德认为，修辞学和辩证法一样，能够说服他人，因此非常重要。亚里士多德深知修辞学的力量，因此他肯定地补充道：那些使用这一夺人眼球的工具的人，必须谨慎、尊重，而且，最重要的是要有高尚的意图——这是不讲道德、不择手段的诡辩家忽视的地方。与诡辩家的欺骗相反，亚里士多德认为，唯一有价值的修辞学能将情感说服的情绪与伦理、正直、理性的特征稳定地结合起来。

亚历山大与希腊化时代

正当亚里士多德在思考政府如何才能更好地服务于城邦的利益时，古希腊世界正在走向残酷的终点。亚里士多德去世前十六年，才华横溢的马其顿国王腓力二世将他的旧军队改造成一支训练有素的铁军。腓力向南扩张的计划遭到雅典政治家德摩斯梯尼的奋力抵抗，德摩斯梯尼用他雄辩的修辞鼓励雅典同胞进行反抗。德摩斯梯尼本人也参军了，在公元前338年影响深远的喀罗尼亚战役中击败了由雅典和底比斯率领的希腊联军时，他亲身领教了马其顿人的恐怖。在腓力死后不久，其子亚历山大在短短十年的战争中就扩展了马其顿的版图，不仅囊括了希腊全境，还征服了色雷斯、小亚细亚、叙利亚、埃及、巴比伦尼亚、巴克特里亚和旁遮普。他仅用三场战役就击溃了庞大的波斯帝国，并摧毁了其首都波斯波利斯，这正是对150年前薛西斯及其军队在雅典所犯野蛮罪行的报复。当抵达印度次大陆时，亚历山大疲惫不堪的军队拒绝前进，这位年轻的领袖被迫承诺迅速收兵回国。军队返程中在巴比伦停了下来，因为亚历山大突然病倒，几天后死于疟疾，年仅33岁。

亚历山大总是对希腊文化价值观流露出敬仰之情，他在征服亚洲的整个过程中都把《伊利亚特》当作枕边书。然而，他却违反了希腊民族精神的基本原则。当时，为了在庞大帝国中的所有民族面前宣示权威，他将自己赋予了神话色彩，就像埃及法老或波斯国王那样。这一选择似乎透露出一种陈腐的观念。然而，令人惊讶的是，当人们将亚历山大的多元帝国愿景与过去描述希腊人的仇外心态进行比较时，前者总会受到贬斥，就像亚里士多德所说的："只有希腊人才能像自由民一样生活，而野蛮人卑微、低贱，注定只能被暴君统治。"亚历山大不信导师的警告，执意统一东西方，意图在一个帝国内调和两个针锋相对的世界。他娶了三个东方妻子（第一个来自巴克特里亚，即今阿富汗和乌兹别克斯坦之间的地区，后面两个是波斯的公主），这足以说明他心胸开阔。有些作家认识到亚历山大的多元文化帝国带来的积极影响，比如普鲁塔克写道：亚历山大是"被众神派遣担任宇宙的调解者和仲裁者的人"。亚历山大促成的这种巨变是有意为之的吗？没人能确定。学者安东尼·派格登在《人民与帝国》（*Peoples and Empires*）一书中指出，他是不是众神的使者并不重要，因为历史就是由事实和神话组成的，"亚历山大的伟大之处在于他渴望实现的最终目标，而不是他所认为的成就"。

帕格登的话传达了一个深刻的道理：亚历山大伟大的一生来去匆匆，如流星般短暂，然而他的事迹留在世人心中的钦佩之情仍继续存在，并最终转变成一种传说和神话。在这一过程中，亚历山大既是一个伟大的征服者，也是一个永远好奇的探险家。据说亚历山大曾坐着潜水钟到达深海底，还乘坐由两头狮鹫（一种神话动物，狮身鹰首，生有双翼）拖拽的篮子飞上天空。

在亚历山大的许多事迹中，包括70座城市（其中亚历山大城最终取代雅典成为城邦文化的主要中心）的建立，以及建立了一张巨大的贸易路网，除了富裕和繁荣的市场，还能让人民接触到丰富的异域文化，在那之前，世界上的人彼此间还知之甚少。在这座巨大的熔炉中，希腊语言和文化被输出到了亚洲西南部，而东方的文化遗产则获得了新的身份——补充西方的文化宝库。

对西方来说，更重要的是与犹太教、佛教、印度教、琐罗亚斯德教和其他秘仪的接触，例如波斯的密特拉信仰和埃及的伊希斯信仰，它们崇拜的是自然从死亡到复活的轮回。

亚历山大死后不久，帝国被他最信任的三位将军西流基、托勒密和安提哥那所瓜分。这三人建立的王朝分别是统治中亚的塞琉西王朝、马其顿的安提哥那王朝和埃及的托勒密王朝[1]。

比起古典时代所崇尚的节俭，希腊化时代的君主们似乎更愿意效

---

[1] 正因托勒密王朝的存在，亚历山大港才能成为重要的贸易和文化中心，城中有一座名为"缪斯埃姆"（Musaeum）的机构，其名称来自艺术女神缪斯（Muse），古典时代的许多思想家会聚在那里共同学习。著名的亚历山大图书馆就是缪斯埃姆的一部分，其鼎盛期藏有近40万卷卷轴。

仿亚历山大，沉溺于炫耀财富。正是在这个时期，希腊的国王们和许多富庶贵族成为艺术创作的主要赞助者。因为这一时代流行的是追求一种美学和装饰上的原创，而不带任何特定的宣传说教或意识形态目的，希腊艺术家所关注的是风格而非艺术的内容。尤其是在雕塑方面，令人钦佩的是他们掌握了日渐复杂的雕刻技术，能够完美忠实地再现实物。著名大理石雕塑《拉奥孔》就是这种创新技术的例子，它是由一位公元前200年前后的无名雕塑家创作的。雕塑的场景表现的是拉奥孔之死，他曾试图阻止特洛伊人把木马带进城市。作为惩罚，支持希腊人的诸神让拉奥孔和他的孩子们被海中浮出的巨蛇绞死。痛苦导致的夸张表情、动态扭曲的身体，以及各种精湛的解剖细节刻画，都反映了希腊艺术的悲怆，这种悲怆有多么深刻，取决于古典时代艺术为了道德和意识形态目的，在追求冷静、克制的道路上走了多远。

这尊《拉奥孔》雕塑（约公元前200年）集中体现了希腊艺术的特质

在希腊化时代，女性裸体也首次出现在艺术创作中。第一个大胆尝试的艺术家是普拉克西特利斯，他在公元前 4 世纪时创作了爱神阿佛洛狄忒（维纳斯）的裸体像。

因希腊化时代的世界边界扩张而来的思想和知识交流中，受益最多的明显是自然科学，比如像天文学家托勒密，他对学科的贡献是建立在 800 多年前古巴比伦的知识基础上的。数学家如欧几里得、阿基米德，地理学家如斯特拉波，医学家如盖伦，都是值得一书的大人物。

尽管希腊君主制能确保生活幸福和相对稳定，但很多民众在政治现实中感受到的失落和疑惑，已经积累得相当巨大，难以预测而且无法控制，加之由于城邦缩小，血缘关系过于复杂和分散，导致人们的思想和心态发生了剧烈的转变。在希腊化时代诞生的主要哲学流派——怀疑学派（Skeptics）、伊壁鸠鲁派（Epicureans）和斯多葛派（Stoics）——在面临生活中日益混乱的挑战时，纷纷带有一种孤立和逆来顺受的感觉。怀疑论派与旧思想形成鲜明的对比，他们说社会是纯粹的一种契约协议，而不像亚里士多德所说的，是人类理性自我的天然产物，而伊壁鸠鲁派认为，由于生命是纯粹偶然的结果，人类需要的是追求个人化的简单满足，远离政治公共事务。哲学家伊壁鸠鲁和他的追随者（包括前面提到的卢克莱修）没有像今天的"享乐主义者"（Epicurean）一词描述的那样贪图享乐，他们从未背叛希腊人思想中一贯重要的中庸原则。伊壁鸠鲁派用"ataraxia"一词定义快乐，本意是"排除干扰，心平气和"，这种生活不像宗教传播那样充斥着恐惧和迷信。

斯多葛派也强调了个人和内省的方法。与唯物的伊壁鸠鲁派不同，斯多葛派认为，世界是一个充满活力的和神性的现实，没有任何事情是偶然的，一切都是由一种上天赋予的伟大智慧预先建立的。今天，这一观点被现代的"存在即为合理"这类哲学命题所呼应，意思是：一件事情即使不合逻辑，难以理解，也必定有它存在的意义。斯多葛派也持有类似的态度，他们声称，当人类学会接受生活中一切令人困惑的挫折时，幸福就从中而来。斯多葛派认为，万物都是大自然的一部分，正如学者理查德·塔纳斯所说的，"每个人都天生具备神圣的理性"，这让他们得出了以下结论：同一个宇宙之下，全体人类都是骨肉兄弟。我们将会看到，这种说法在西方文化中产生了巨大的共鸣，包括后来基督教中表达的观点。

希腊化时代持续了近 300 年：从公元前 323 年亚历山大去世，到公元前 31 年希腊西海岸的亚克兴战役。屋大维（后来的皇帝奥古斯都）战胜了安东尼及其情人克利奥帕特拉，结束了罗马共和国的统治，建立了罗马帝国。

第二部分　古罗马

PART TWO　|　ANCIENT ROME

罗马共和国的历史与神话

在公元前 31 年的亚克兴战役中，安东尼和他的爱人、埃及艳后克利奥帕特拉被屋大维打败，这也开启了屋大维生命中的一个重要阶段，作为恺撒的侄孙，在为叔祖父的刺杀案复仇之后，在元老院的同意下成为罗马元首。元老院授予他一个至高无上的称号"奥古斯都"，意为"最受尊敬的人"，这个形容词从此变成名词。同时，罗马崛起为世界超级大国，也标志着共和国的终结（约建立于公元前 509 年）和帝国时代的开端。罗马在奥古斯都帝国的统治下，经历了一段长时间的和平与繁荣，史称"罗马和平"（Pax Romana）时期，持续了近 200 年。

罗马帝国，就像一个令人敬畏的太阳系，围绕着罗马的辉煌成就而运行，在西方文化的神话领域中始终保持着非常特殊的地位。然而，当人们想到那些对帝国持谨慎态度、为统治这座城市近 500 年的正直的共和主义精神的逝去而哀悼的批评声时，这种光辉就变得更加令人怀疑了。

罗马共和国最著名的支持者之一是马库斯·图留斯·西塞罗，一个道德哲学家、律师兼演说家。他生于罗马南部的小镇阿比努姆的一个富裕家庭。人们认为他的祖先是靠种植鹰嘴豆发家的，因为 Cicer 是拉丁语中的"鹰嘴豆"，西塞罗（Cicero）这个绰号或姓氏可能就由此而来。西塞罗是个很有野心的人，他不知疲倦地为在罗马政坛获得声望而努力。他与图利亚的婚姻也是一种投机行为，因为后者的家产对他的政治活动大有裨益。图利亚是一个富婆，西塞罗的真爱其实是她的女儿。这个姑娘早年夭折，这让西塞罗伤心欲绝。为了克服悲伤，他转而研究希腊哲学家的作品，但他也不得不承认"悲伤还是战胜了一切慰藉"。

纵观西塞罗的一生，虽然长期经历罗马的内乱，但始终没有放弃对共和制度的信仰，因此他也从未接受过恺撒的大权独揽。这位将军解散了元老院，之后击败了他的对手庞培并成为独裁者。在恺撒的傲慢和野心中，道德哲学家西塞罗察觉到了他长期警告同胞们要提防的一种社会潜在威胁。西塞罗如此严厉地指控恺撒的原因是，后者无情地解雇了在共和时期为罗马的伟大命运无私奉献，却不要求任何权力和认可的人们。

和他同时代的多数受过教育者一样，西塞罗在年幼时就学会了希腊语。在接触了大量希腊知识之后（我们后面会深入地讨论罗马在征服希腊时获得的这些知识），他尤其喜欢斯多葛派的理论，他将斯多葛派的智慧融入自己的政治思想当中。值得强调的是：西塞罗的斯多葛派是在公元前3世纪早期由基提翁的芝诺[1]创立的希腊化哲学学派的一个罗马衍生品。正如我们所知，根据斯多葛派的描述，宇宙是一个由神圣的智慧组成的有生命的实体。因为人被赋予了理性，所以有能力认识到维持宇宙完美组织的高级秩序。为了与这种内在的和谐相一致，人类必须将自己从各种情感（如野心、贪婪、嫉妒和恐惧）的混乱的干扰中解放出来，以达到一种平静超然的心态，这种状态被称为"apatheia"，意思是"没有痛苦"。与我们对"冷漠"（apathy）一词的现代解释相反，斯多葛学派的"apatheia"，表明了那些成功地净化了被激情奴役和误导的心灵的人的稳定、冷静的态度。他们相信，除了世界上常见的混乱和矛盾之外，还存在一种神圣的理性，它预先决定了所有生物的命运，这种信念赋予了斯多葛派极大的耐心和恢复能力。即使所爱之人的死

---

[1]　这个芝诺不是"芝诺悖论"的创立者"埃里亚的芝诺"。——译注

亡也不会使真正的斯多葛派学者感到心烦意乱，对他们来说，"tragic"（悲剧的）这个形容词只适用于没有以高尚的勇气接受神圣的智慧所建立的一切，不管这个神圣的主题可能以多么不符合人类理性的方式出现。

西塞罗深刻地修正了芝诺的内向态度，和他过于逆来顺受的倾向，他赋予斯多葛学派一种更外显、更吸引人的公众和政治诠释。西塞罗最关心的是如何保卫罗马共和国。带着这一目的，西塞罗利用斯多葛学派强调勇气、忍耐和自律这一点来肯定当人类按照宇宙有序规律，选择理性作为生活和社会的驱动力时，美德就从中产生了。西塞罗在《论法律》一书中写道："既然世间没有比理性更好的东西，且理性同时存在于人和神性当中，那么人与神就有着一种原始的理性伙伴关系。"作为一种神圣的天赋，理性的发展代表人类最伟大的成就和最高形式的美德："最高级的美德，正是充分发展后的理性。"

如我们所见，亚里士多德乐观地认为自然把一切都安排妥当了，他觉得这一事实真切地体现在人类的理性天赋上，这种天赋使得人类本能地渴望与他人共通。西塞罗在《论责任》（*On Duties*）一文中也同意此观点，他认为，真正的人性是在一个人充分发挥他所创造的社会作用时产生的。"我们不只为自己而生……我们的国家宣称它是我们出生的一部分目的。"

因为理性是人类最高贵的特征，所以营造一个良好有序的社会，是符合伦理原则的最佳方式，而伦理原则正是神圣的智慧在自然的和谐运行中形成的。这一思想培养了一种由来已久的信念，其关注的是固定、永恒、自明、对人类普遍适用的自然法则。正如西塞罗在《论共和国》中所说："真正的法律，就是与自然和谐相处的正当理性。"它是通过整个人类社会传播的，是永恒、不变的……这一法律无法被反驳，也无法被修改，也无法完全废除。我们不能因元老院或人民的任何判决而从中豁免；我们也不需任何人来解释它。罗马和雅典都没有这样的法律，现在不会有，将来也不会有，但是，所有的人民在任何时候，都在一个单一的、永恒的、不可改变的法律管理之下……凡是拒绝服从它的人，都将会背弃自我。"

因为，对西塞罗来说，能够激发罗马"公共秩序"（res publica）的政治合作，最能代表一种充分发展的理性的智慧，他经常说，罗马是"所有国家中最虔诚的"。西塞罗所用的"宗教"一词，并不是精神上、形而上学的脱离现实，而是维系信任、纪律和责任的纽带，而这正是古罗马人民爱国精神的体现。西塞罗认为，若要说罗马共和国是一种宗教狂热，这是因为它激发公民精神的合法一致性忠实地反映了统摄整个自然界方方面面的和谐、一致性。

尽管西塞罗心中设想的共和国最终没能经受住时间的考验，但他的思想在未来几千年仍是西方文化的有力参照物。关于这一问题，学者尼尔·伍德在《西塞罗的社会和政治思想》（*Cicero's Social and Political Thought*）一书中写道："美国早期立宪派及其十年后的法国革命者，都自诩古罗马共和党人的继承人，而最佳继承方式，就是向他们最伟大的政治思想家（如西塞罗）、文化政治家、开国领袖寻求指引，完成建立新秩序的艰巨任务。"为了更好地理解这些观点，我们需要简单回顾罗马的历史。

罗马于公元前 753 年建立于台伯河畔。最初这块地方被伊特鲁里亚国王统治，但在公元前 6 世纪，其被叛乱的拉丁人部落打败，改为共和国，由两个执政官（任期都是一年）领导，还有成员终身任职的元老院。

这一系统旨在保障的权力分配，尽可能地降低独裁君主复辟的风险——罗马人强烈地反对这种可能性，就像亚历山大大帝结束城邦时代之前古希腊人所做的那样。

尽管成为"贵族"（城市建立之初的元老部族后裔）是在罗马从政的基本条件，但家世显赫还不足以获得公职。正如一长串"晋升体系"中的官职所表明的，实际的功绩同样重要，一个人必须履行义务，才有资格担任"执政官"这一颇具声望的职位，总揽行政和军事权力。晋升体系从十年兵役开始，接着就是一长串晋升列表：财务官（负责行政）、行政官（监理公共工程、组织游戏和节庆）、审查员（监督公民的光荣职位，包括纳税和服役状况）、裁判官（司法职位），最后才是执政官。

为了防止权力过度集中，每个执政官除了任职期限为一年外，还能行使否决权，如有必要，他还可阻止或推翻另一个执政官的决定。只有在危机时刻，在元老院的批准下才能修改这一规则，即授予一个人特别的军事权力（一种临时而绝对的独裁权力，名为统治权），而这种权力将在危机结束后当即撤销。

元老院最初有300名成员，它直接由曾经为国王出谋献策的长老委员会演变而来，正如"元老/参议员"（senator）一词显示的，它源自"senior"（长者）。最终，元老院成为政府最重要的机构——它控制着地方法官选举、监督国家财政状况、制定外交政策，并在法律通过上拥有最终决定权。

参议员所享有的崇高敬意是基于这样一种假设，即只有高尚、富有、受过良好教育并且经验丰富的人，才具有处理公共和政治事务的必要智慧，在某种程度上不受个人和私人野心的小心思所影响。因此，所有参议员都应保持模范行为，尊重构成共和国精神的诚实、忠诚、节俭和谦虚的理想。

贵族，作为最古老的地主家庭的代表，在较低的阶级（平民）中所保持的优越地位，体现了罗马的宗法社会。古罗马的上流贵族（patrician）之所以受尊重，是因为他们被视为"国父"[1]，他们聪明博学，为国家的成就和繁荣做出了独有的贡献。这里再次强调，这种心态的核心来自一种对理性的陈旧信念：贵族之所以拥有更大的政治权力，是因为比起那些容易被冲动和激情左右的、缺乏体面和教育的平民，他们更加理性。

政治地位无法得到补偿，进一步确保了只有富裕贵族才有时间和财力来参与竞选，他们能从其巨额财产中进一步获益。而贵族对宗教祭司职能的垄断，也进一步暗示他们的权力得到了众神的承认和祝福。罗马的最高宗教职务是大祭司，负责维护众神的尊严，通过国家举行的祭祀仪式抚慰众神。为了解释神的情绪和愿望，大祭司研究出了各种启示征兆，比如鸟儿的飞翔姿态或牺牲的动物内脏纹理。大祭司管理着一批维斯塔贞女（vestal virgins），她们都是年轻的处女祭司，被分派到不同的仪式当中，其中包括照看象征国家存亡的不灭火炬。她们如果失去贞操，将会被判活埋。

参议员的服饰也体现着贵族的地位，其中包括带有紫色绶带的白色托加长袍，旨在表达他们的道德纯洁——这一概念如今仍体现在英语"candidate"（候选）一词的含义中[2]，它旨在呼唤纯洁无垢的坦诚正直，据说，这是当时公共政治参与者的普遍特征。直到 19 世纪，西方的政治

---

[1] "patrician"一词源于拉丁语的"pater"（父亲）一词。
[2] 源于拉丁语的"candidus"一词，意为"坦诚、天真"。

家和政客，在雕塑和绘画中都经常被描绘成身着罗马长袍的形象，以象征他们的道德品质。

后人为了阐述共和初期广泛的崇高行为，讲述了许多模范故事，其中最令人印象深刻的是罗马贵族辛辛纳图斯的故事：在国家危急时刻，他回应了元老院的召唤，毫不犹豫地扔下手中耕地的犁，继承了罗马的绝对军事权，以对抗邻国入侵。辛辛纳图斯是正直、谦虚的楷模，危机一过，他再次毫不犹豫地放弃了大权，回到默默无闻的耕耘生活中。辛辛纳图斯拒绝滥用自己的地位，抛弃赞誉和谄媚，转而追求谦逊、正直的尊严，这正是传统对他的教化，这使得他迅速加入共和国最受尊敬爱戴的英雄之列。在俄亥俄州的辛辛那提（Cincinnati），有一座以他的名字命名的雕塑，表现了这位罗马领袖将代表权力的束棒（fasces，最初象征王权，后来被用作法西斯主义短命独裁的象征）奉还元老院，而另一只手还拿着犁，准备回乡务农。人像简单的姿态，强烈地传达了共和精神的精髓——如果没有辛辛纳图斯这样先天下之忧而忧的爱国主义精神，罗马就不可能统治西方世界，也永远不会成为文明的典范。

对辛辛纳图斯的追捧是随着美国独立战争流行起来的，当时的乔治·华盛顿和罗马公民典范一样，代表国家履行职责，最后谦卑地回到了他在弗吉尼亚的庄园务农。美国人也强调了华盛顿和辛辛纳图斯的相似点，以赞美他的正直、朴实，贬低英国殖民者的傲慢。

对罗马人来说，辛辛纳图斯高尚的故事，代表了他们所谓的"祖宗之法"（mos maiorum）——一种祖辈们表达对家庭、对国家无私奉献的"古老守则"。对缺少成文宪法的罗马人来说，"祖宗之法"代表了一种基本的行为参考：一种不成文的行为准则，以公民和道德规范为基础，

左：美国辛辛那提市的辛辛纳图斯雕塑，它集中体现了早期罗马共和国的精神
右：深谙罗马史的美国人借用辛辛纳图斯的"国父"概念来形容乔治·华盛顿

这些规范又推动了共和制的发展。传统（mos）与"道德"之间的关系，仍然会唤起古老、传统的道德价值。

　　随着时间推移，贵族面临的最大挑战来自商人阶层，即"特权市民"或"骑士"阶层（equites，最初指能买马去打仗的人）。这个阶层通过贸易积累了大量的财富，而法律禁止参议员从事贸易，因为商业被认为会滋生庸俗、私利，而这种追求不符合贵族应有的道德标准。这种偏见最终以意想不到的方式威胁到了贵族。当来自越来越富裕的商人阶层无法再被忽视时，贵族精英们只能被迫地接受这些暴发户在政府职务上的地位平等。"贵族党"（optimates）一词概括了这一新崛起的政府中的上层阶级。

问题更大的是平民的境遇，他们被剥夺了参政议政的可能。罗马的军事组织以罗马公民的物资贡献和财政贡献为基础，使得问题雪上加霜。这种制度的不公平随处可见：买得起最好装备的贵族出任军队指挥，而小农场主、工匠只能充当步兵。军队对低层的需求量大，再加上如果一个人欠下无法偿还的债务，就有可能沦为农奴（这种情况十分普遍，特别是在农奴服役过程中，被迫离开土地数月，最后导致田地荒废），将局势推向不可避免的爆发点。在公元前494年，平民百姓对上层阶级的暴行感到愤怒，他们退到罗马附近的一座小山上脱离了联邦。军队缺兵的威胁迫使贵族做出两个重大让步：第一，设立两个平民法庭，以保护普通公民的利益；第二，颁布了《十二铜表法》（*The Twelve Tables*），这是罗马法关于基本法律权利的第一部成文法典。但事实证明，他们设想的所有政治制度都有缺陷，包括雅典的民主制。西塞罗在反思这一问题时说道，只有早期罗马人提出了一个真正持久的解决方案，他们的共和制，是由不同形式的政府组成的，能在和谐中平衡各个阶层的利益。西塞罗的观点来自希腊历史学家波利比乌斯，他曾将罗马宪法描述为由三种政体完美融合的理想宪法——君主政体（由执政官代表）、贵族政体（由元老院代表）和民主政体（由人民议会代表）。

　　对波利比乌斯和西塞罗等人来说，罗马混合宪法最重要的一点是：它可以预防君主专制、少数寡头专制（本质上由富有精英阶层组成）和多人暴政，在他们看来，希腊民主是一群未受过教育、易激动、不理智的暴民的统治。

　　尽管备受赞美，但"阶层和谐"（concordia ordinum），即西塞罗眼中的不同社会阶层之间的协作，似乎更像是一种美好理想，尤其是当我们考虑到下层的不满时，他们多次试图争取更大的权利，却经常被富人的操纵所阻碍，后者千方百计地让体制偏向自己的利益。

这种存在于公民之间的普遍差异，赋予了罗马共和国一种特殊内涵，与我们今天理解的大不相同。今天，"共和"与"民主"几乎被画上等号。这两个词对罗马共和国来说既相似也有不同：其并非建立在所有人绝对平等的基础上，而是根据财富、性别所赋予的不同特权（女性也属于公民，但她们比不上男性，在社会上不享有平等），男人内部也有着一种根本差异——即使全体公民都享有自由，但在政府中享有的份额，并不是人人相等，因为政治参与度取决于出生的家庭背景。

西塞罗与亚里士多德都提出过一个重要假设："自然公正不是普遍平等，而是一种比例上的平等。"学者尼尔·伍德在《西塞罗的社会政治思想》一书中写道："比例上的平等，发生在这样一个国家：公民按照其价值（尊严）从最低级划分到最高级，形成法律的等级秩序。每个公民在等级制度中，属于不同的地位或等级（身份）。"这种地位差异，在罗马共和国的混合宪法中被制度化，始终用来"偏袒少数特权阶层，损害弱势群体的利益"。出身和财富，为个人带来了更高的价值，使他生而优于那些没钱、没财产，只能通过养育子女来为社会做贡献的人。就像"无产阶级"（proletarius）一词暗示的那样，它在拉丁语中的意思是"后代"。

从这个意义上说，与"罗马元老院与人民"（缩写为SPQR）这一术语暗含的意思恰恰相反，在罗马共和国内部，真正有地位的是由旧贵族和富人阶层组成的有限寡头政治。在这一前提下，一个不富裕的平民，几乎无法登上政治金字塔的顶端。成功地登上政治顶峰的平民，会被授予"novus homo"这一称号，意为"新人"（西塞罗在担任财务官、行政

认识自我

官和裁判官之后，在公元前 63 年被授予这一职务，这说明他祖上从未担任过公职）。

罗马自古以来以其军事力量而闻名。除了在公元前 390 年遭到北方高卢人的进攻而受挫之外几乎未尝败绩。从公元前 4 世纪开始，罗马就取得了一系列胜利，确保了它在整个亚平宁半岛的快速扩张。一个新阶段，出现在它将掠夺兴趣转向富裕、强大的北非城市迦太基，这座城市从公元前 8 世纪开始一直统治着伊比利亚半岛的地中海盆地。"布匿战争"是指罗马和迦太基之间长达百年的军事冲突，也是迦太基[1] 这座非洲城市的起源。第一次布匿战争持续了 20 年，罗马首先占领西西里岛，后又占领了撒丁岛、科西嘉岛（以前都属于腓尼基领土）。第二次布匿战争，罗马人却不太顺利，公元前 216 年在意大利南部的坎尼遭受了毁灭性战败。给罗马军团造成如此耻辱的是迦太基将军汉尼拔，他率领 5 万军队和 40 头大象翻越阿尔卑斯山进入意大利，这是一场关键之战。公元前 202 年，在胜利的扎玛会战中，罗马将军大西庇阿以其卓越的领导力为坎尼之败一雪前耻。罗马对地中海全境的控制于公元前 146 年最终实现，终于粉碎了宿敌迦太基，并将其夷为平地。随后罗马人举行了胜利仪式，在敌人的土地上撒盐，象征着迦太基被罗马彻底判处死刑，永无未来。罗马最严厉的政治家之一老加图提出的一句激烈口号"迦太基必须灭亡"，反映了罗马人对迦太基无情彻骨的仇恨。

随着迦太基的威胁被消除，罗马扩张之势变得几乎不可阻挡。在几年内，它的统治范围扩大到除了迦太基曾占据的伊比利亚半岛以外，还

---

[1]　腓尼基人被罗马人称为"布匿人"（punicus），迦太基是其建立的城邦。

包括了整个北非。随后，罗马在公元前148年征服马其顿，公元前133年征服了希腊的其他领土。接下来罗马人接管了包括安纳托利亚、美索不达米亚、波斯和今巴基斯坦的部分地区，还有今黎巴嫩、叙利亚、以色列和巴勒斯坦的黎凡特等国家和地区。

强大的军事力量缔造了罗马帝国，但如果少了他们有组织扩张领土的杰出政治管理技巧，这种军力也无从谈起。部署在各省的省长和军官，确保了帝国的和平以及政治凝聚力，同时派往各地的收税人员，负责筹集维持这个庞大体系所需的资金。

罗马权力的崛起着实惊人，但这种成功同样具有挑战性和复杂性。尤其值得关注的是那些贫困的小农，极富戏剧性的是，他们在摆脱了军事负担后，人数最终超过了战争中被俘虏的奴隶，而奴隶都在日渐富裕的上层阶级控制的大片土地（大庄园）的控制下，任其剥削。农民的权利被剥夺，结果导致罗马社会日益两极分化，富人无耻地滥用特权，而被剥夺权利的农民无法竞争过大庄园，他们被迫出售或放弃土地，和帝国内其他被剥削者一起占领城市。格拉古兄弟提比略和盖约抓住这一历史机遇，领导了一场改革，他们代表人民要求重新分配土地，以缓解下层人民的绝望。

格拉古兄弟的惨死，使人们受到了极大的冲击，改革运动终于在公元前107年取得了重大胜利。当时，一个名叫马吕斯的将军提出了一种新的征兵制。由于小农场主已十分稀少，马吕斯便鼓励失去土地的人充当志愿兵。除了为这些志愿兵提供训练和武器外，他还向他们保证服役后将获得土地红利。马吕斯的改革很诱人，但当军队更忠于将军而非国家时，他们的领袖公然违抗元老院以维护个人权威，这种附带后果的影响也是巨大的。

　　　　　　　　　　　　　　　　　　　　　　认识自我

当一些通过战争掠夺而积累财富的将军开始彼此竞争，形势终于恶化了。他们纷纷向士兵和出资者赠送财物，希望扩大自己在罗马政界的影响力。

对胜利将军的追捧，体现在凯旋仪式——在战争后举行的热闹游行中。这也体现在罗马建筑上，人们用安置在城市入口不同位置的凯旋拱门来纪念胜利游行。斩首5000人以上的将军，可以申请元老院让他的军队穿过神圣的城市大门进行游行（杀敌较少的将军只会举行较小的欢迎仪式，接受热烈的掌声，宰几只山羊和绵羊作为庆祝）。当骄傲的士兵向欢呼的人群展示战利品和战俘时，头戴桂冠的将军会站在战车上，骄傲地接受公众的崇拜，为了显得慷慨高尚，他会象征性地拒绝市民丰厚的赠礼。在凯旋门前，12名侍从扛着一捆束棒，象征着这位将军掌握了生杀大权。

涂满将军脸上的红色颜料，是为了象征大神朱庇特的降临。这些细节很重要，就像古希腊英雄一样，胜利者周围的光环会为他赋予一层神话色彩。但是这种骄傲的表现，不可能持续太久：当游行队伍到达朱庇特神庙时，将军会摘下他的桂冠，低头将它安放在神像脚下。一个奴隶会被安排在他耳边不断低语提示："记住，你只是一个凡人。"并贯穿仪式全程。这一警告，意在遏止任何傲慢的过激行为——哪怕被歌颂为神，但这位将军必须记住：胜利只会持续一天。

最令人难忘的胜利发生在卢修斯·埃米利乌斯·保卢斯将军从马其顿战役（公元前168年）凯旋时。这场战役也标志着希腊人在地中海东部霸权的终结。普鲁塔克在为其所作的传记《埃米利乌斯·保卢斯传》（*Aemilius Paullus*）中，描述了前来见证这一时刻的大批人群。为了欢迎归国的军队，全部神庙同时开放，空气中充斥着鲜花的色彩和香水的味道，与此同时，250 辆满载着雕塑和绘画战利品的货车上，都有小号手吹奏。紧随其后的是更多战车，车上满载铠甲、头盔、盾牌、宝剑——所有金、银、青铜装备都来自俘虏的手下败将。在罗马人群中还有被铐着的大量俘虏，蒙羞的马其顿国王也在其中。为了描述国王震惊的神情，普鲁塔克写道：由于"太过不幸"，他似乎"丧失了理智"。

当人们一想到俘虏为胜利者提供的伟大文化馈赠时，罗马人对希腊人表现出的蔑视，似乎不再令人信服。当他们刚刚登上历史舞台时，罗马人证明自己具备了勇气、耐力和纪律——这些品质正是强壮、粗犷的军人特征，他们既不天资聪颖，也不追求更高的智慧。在征服了希腊化世界后，罗马的掠夺本能受到其掠夺对象丰富文化的影响，开始发生意料之外的转变。正如诗人贺拉斯的一句名言所说："希腊在被征服的同时，也反过来奴役了野蛮的征服者。"

希腊的影响最初通过近邻伊特鲁里亚人渗透到罗马，他们与希腊人在亚平宁半岛南部和西西里岛建立的殖民地有过接触。但在公元前 2 世纪，希腊化世界是被罗马统治的，这条最初的传播细流被彻底淹没了。正如西塞罗在《论共和国》一文中所言："从希腊流入这座城市的，不是涓涓细流，而是道德和艺术教育的洪流。"

西塞罗说得不错：无论公元前 200 年以后罗马产生了什么，在其最深处都包含着希腊天才和创造力的肥沃颗粒。在这场巨大的同化过程中，其信仰也演变成希腊罗马诸神的混合体：宙斯与朱庇特、雅典娜与密涅瓦、阿芙罗狄蒂与维纳斯、狄俄尼索斯与巴克斯，等等。

除了宗教，罗马人还大量借鉴了希腊哲学，通过实用主义的方法，探索如何将抽象概念——如柏拉图式的正义、美丽和善良的理想——

转化为实际的规则和法律。神话学者伊迪丝·汉密尔顿在《罗马之路》（*The Roman Way*）一书中对希腊人和罗马人之间的差异做出了正确的评价，她总结道："希腊人理论化了，而罗马人把他们的理论化为行动。"

但不是所有罗马人都沉溺于希腊文化。老加图是著名的元老院议员、执政官和审查员，西塞罗称他为"美德领袖"，他无情地蔑视希腊人，认为他们是可怜、轻浮、浮夸的民族，沉浸于热爱裸体和抽象无用的精神活动中。老加图坚持认为，如果罗马的纪律和美德长期沉沦于这些腐朽特征的流沙中，就会让这座城市走向毁灭。

他在给儿子小加图的一封信中写道："吾儿马尔库斯，在适当的时候我会跟你解释我在雅典发现的希腊人的事情，告诉你研究他们的著作甚无益处（同时，不要把它们想得太严肃）。他们是毫无价值、不守规矩的民族。你可以把我这话当成一种预言。那些人若把自己的著作传给我们，必定会败坏一切。"

老加图最忌恨的是女性化的特征，他说这些特征专属于希腊人，他们以爱美和性自由著称。他似乎要暗示一点：过多接触希腊人的品位和思维方式，可能会削弱罗马人最宝贵的品质——传奇般的男子气概。

这些负面观点，主要受到亚历山大征服后的希腊文化的变化所影响。众所周知，亚历山大是希腊传统和价值观的著名粉丝。他崇敬荷马，经常把自己看作阿喀琉斯第二。但是，随着他在军事上的成功，他年轻的头脑未能记住他的偶像荷马的谦逊教诲，最终他却违反了希腊人最尊重的中庸原则，掌握了绝对权力，自诩具有神性。

为了仿效亚历山大的骄奢淫逸，所有追随他的希腊君主都公开地背叛了古老的古典精神，即节制和克制，养成了奢侈、浮夸的习惯。罗马人认为，同时代的希腊人是情绪化的、颓废的、"娘子气"的情人，喜好各种奢侈挥霍，这主要是托勒密树立的坏榜样。托勒密是亚历山大手下的将军，被赋予了埃及的控制权，在当地建立了一种效仿法老的个人崇拜。我们将看到，当埃及女王克利奥帕特拉登上罗马的历史舞台，扮演两个恺撒和安东尼的情人时，这种偏见就愈演愈烈了。

在早期，用罗马人那种简朴的、斯巴达式的眼光来看，没有什么比这更糟的了——如果人类的精神和肉体的坚忍，被颓废和奢侈所腐蚀，强大的罗马必然会崩溃瓦解。

尽管老加图这样的道德家发出警告，但希腊文化、风格、品位在罗马人脑海中产生的魅力，就像海上生明月的画卷一样，具有磁性和不可抗拒的魅力。随之产生了文化融合，其契机是许多希腊人作为奴隶来到罗马。其中一些希腊奴隶做着低贱的工作，但许多人，尤其是那些有文化、有创造力的人，被安排在颇有尊严的职位上，比如被富人聘为子女的家教。

正是在这一时期，许多罗马人开始违反传统行为准则，从公共事务中抽时间来追求个人私事。最明显的标志就是上流贵族们纷纷在城外乡村建起豪华别墅，这些乡野曾是保卫城市的神圣边疆。别墅所代表的休闲生活，与城市赋予的责任之间的关系，集中体现在"天人合一"和"无为"的新概念上。别墅是这样一种地方：在这里，个人可以利用"空闲"或"闲暇"时间表达私人的兴趣，而非城市所规定的"谈判"或"工作"时间。与过去形成鲜明对比的是：个人曾经认为自己的身份与国家不可分离，如今却变成了一种只对个人私事感兴趣的私人实体，而这些私事，往往违背社会整体福祉。

最初的几代人强烈谴责对奢侈品的追求，很快就转变这种心态的最明显例证是，比如在意大利领土上拔地而起的宽敞、优雅的别墅。这些富丽堂皇的豪宅，弥漫着希腊风格和时尚的气息：从被称为中庭的开放式庭院到装饰着成排美丽的大理石石柱的门廊和凉廊，再到内部陈列的大量奢侈品和镶嵌着金、银、象牙的家具。一个人的地位要被社会认可，就一定要花钱打通门路。对丝绸、亚麻制品、珠宝、香水和化妆品的需求，在富家太太中激增，而她们的男人参加着豪华的晚宴，雇用来自帝国各地的名厨。最奢华的菜单包括野猪头、母猪乳房、烤全孔雀、炖驴肉，还有各种各样的鸣禽。

因为希腊的一切代表着优雅、精致，也因为富人渴望展露自身品位，所以艺术品的进口数量急剧增长。当战利品不足以满足这种巨大需求时，大批才华横溢的希腊奴隶被带到罗马，负责装饰富人的豪宅。成千上万的希腊式雕塑被纷纷制造出来（大多数是古典时代或希腊名作的复制品），还有色彩丰富的壁画。壁画的主题也五花八门：一些包含神话和寓言的装饰，表现了希腊的习俗和信仰；另一些则描绘着田园风光，画中现实的界限在幻想中被打破，充满了梦幻和童话的魔力。

这些画作经常带有感性甚至情色的暗示，尤其是在婚房里，人们相信，属于父系天才的生殖能力就在那里。拉丁语中的"住宅"（domus）[1] 一词，也会让人联想到父辈说一不二的权力，在希腊传统中，父权在家族内部中具有绝对权威。

别墅中其他房间的名称也突出了罗马人对一切希腊事物的赞美：图书室（lyceum）是藏书的地方，旁边摆放着诗人、哲学家和演说家的半身像；美术室（pinacotheca）是专门用来收藏家庭艺术品的地方；

---

[1] 与拉丁语"主权"（dominium）一词有关。

这幅精美的彩色壁画，发现于博斯科莱尔的 P. 梵尼乌斯·塞尼斯特别墅的小隔间或者"卧室"里，现陈列于纽约大都会艺术博物馆

餐厅中的布局（triclinium）是一张餐桌周围环绕着三张躺椅，通常还供奉着酒神狄俄尼索斯的神像；礼堂（lararium）是专门供奉家族神的场所。

　　为了自抬身价，许多富豪养成了私人定制胸像的习惯：一些胸像陈列在私人住宅里；其他的则出现在名门望族的宏伟陵墓中。著名的"罗马写实主义"艺术，在很大程度上要归功于那些富有、自大之人的虚荣。年轻、年老、肥胖、瘦削、美丽、丑陋、牙齿缺失、满脸皱纹、秃顶——除了要带有罗马庄严的尊贵气质外，那些富有的罗马人还要求艺术家创作的肖像能被他们竭力讨好的嘉宾们一眼认出来。

　　最初，肖像艺术仅用于祖先崇拜，祖先的蜡质面具被供奉在私人住

　　　　　　　　　　　　　　　　　　　　　　　　　　认识自我

宅的入口处。这种面具只属于在罗马国内至少获得一种相关头衔的大人物。一个大人物的送葬队伍，会有戴着其祖先面具的演员陪同，演员们会重复朗诵其祖先的名言。

在共和国后期日渐盛行的浮夸风气下，富人的半身像和画像甚至在活人当中也成了家常便饭。一些富有的出资人克服了最初对希腊裸体的反感，甚至要求公开展示自己的裸体作品。律师和官员们露着肌肉，炫耀着自己完美的理想身材，试图让人联想起古希腊的英雄理想。

罗马雕塑中的肖像更偏向写实主义而非理想主义

在这种开放、直率的新野心之下，政治也未能幸免。由于获得显赫的政治地位，已成为富裕家庭的一种追求，因此贿赂、腐败和钩心斗角成为帝国首都的日常。西塞罗在评论金钱对罗马同胞的毒害时，悲伤地总结道：在罗马，一切东西都可以"待价而沽"。

当罗马还是一个较小的城邦时，元老院的权力足以保证政府正常运作。然而，随着它成长为一个庞大、富庶的帝国，元老院失去了在更大社会中维持安定团结的能力，它越来越被不同阶层利益的对立和政治派别的竞争所困扰。政治上的不稳定，让几个铁腕人物先后崛起，他们狡猾地利用混乱获得影响力。在自封独裁者的苏拉和试图推翻共和国的喀提林之后，接着在公元前60年出现了史称"前三头同盟"的三位著名军事指挥官。

他们分别是雄心勃勃的恺撒、腰缠万贯的克拉苏（在与帕提亚人的战争中早早死去）和实力强大的庞培，后者在西班牙、叙利亚、巴勒斯坦和地中海的战役中获得了巨大的声望，并从海盗侵袭中解放了整片地中海。三巨头中，最初的核心是庞培，他在征服非洲后被授予了"马格努斯"（Magnus，大帝）的称号，和亚历山大大帝一样。为了证明庞培是罗马的亚历山大，他的雕塑被设计成和亚历山大一样的狮鬃发型（如下图，雕塑家利西普斯创作于公元前4世纪的大理石胸像）。细节赋予的巨大威望几乎是我们无法理解的：这些鬓发在中间散开，像狮子的鬃毛一样勾勒出他的脸庞，这不仅是一种独特的发型，也是象征他命运的标志，许多人认为他是亚历山大大帝当之无愧的继承人。

这尊庞培胸像的发型与亚历山大大帝的发型相似是有意为之，也暗示了他们相似的命运

庞培有很多事迹受到了罗马人民的喜爱，其中之一是他赐予市民一座巨大的剧院——最初是用石头而非木头建成的。为了确保罗马人永远不会忘记他的遗产和慷慨，庞培在剧院的入口处摆放了一座他自己的宏伟雕塑，周围环绕着其他雕塑，这些雕塑象征着他为罗马征服的各个国家。

庞培虽然伟大，但很快就被恺撒的名声盖过了。恺撒成为意大利北部和法国南部的统治者后，率

认识自我

军战胜高卢（法国的前身），这代表罗马征服了比意大利大一倍的领土。这场征服将罗马的疆界扩展至英吉利海峡，这是一个历史转折点：这不仅是对凶猛的高卢部落取得的惊人胜利，而且，帝国的重心自此永远地从地中海转移到了欧洲大陆（恺撒最先入侵英格兰，短短一百年后，在克劳迪乌斯皇帝统治时期，英国被彻底纳入帝国版图）。

在高卢战争期间，恺撒始终认为，对他而言，罗马的胜利高于一切，但元老院仍然怀疑他的真实意图。这种不信任也是理所当然的——元老院命令恺撒在到达罗马之前解散军队，作为回应，后者在公元前49年大胆地跨过卢比孔河，而这条小河是他统治疆域的南边界。元老院立即宣布国家进入紧急状态。庞培在元老院的命令下反击恺撒，他立即前往希腊招募了更多军队。庞培和恺撒之间的矛盾冲突——两个不可一世、渴望成为罗马最高统帅的将军——在公元前48年的法萨罗战役达到顶峰，恺撒最终获胜。庞培侥幸逃脱，去亚历山大港寻求庇护，当时年仅13岁的法老托勒密十三世及其妹妹兼妻子克利奥帕特拉（兄妹通婚是埃及王室的传统）正在共治埃及。

托勒密十三世答应庇护庞培的承诺瞬间被打破，为取悦恺撒，他杀死庞培并将其斩首，希望换取同盟地位。令这位法老大为惊讶的是，恺撒的反应和他预料的完全相反：一个外国首领胆敢杀害一位罗马将军，这让恺撒勃然大怒，立刻出兵占领了埃及。克利奥帕特拉当时正渴望摆脱哥哥，于是当她成为恺撒的情妇并给他生了个儿子时，时机已经成熟。托勒密在尼罗河战役中溺水而亡，克利奥帕特拉成为埃及唯一的女王。

当恺撒回到罗马时，因为惊人的胜利而变得更加嚣张，他打破了共和的底线，选举自己为军队最高指挥官兼终身独裁者。为庆祝他的竞选胜利，特意准备了一场盛大的凯旋庆典，这正是一个强力的宣传工具——这场胜利的庆典暗示着：如果有一个强力的领袖掌控国家，罗马长期分裂的混乱局面将彻底结束。

恺撒镇压反对派的能力，还有他获取民众尊重的阴谋，充分体现了他的个人魅力和政治手腕。想想这个男人的能力，他调拨整个军团到身边是如此简单，就像用手指捋一捋头发。历史学家普鲁塔克想起了西塞罗的话语，他写道："当我看到他的发型梳得如此精致，并用一根手指整理头发时，我无法想象它会进入这样一个人的思想中，从而颠覆整个罗马帝国。"

恺撒掌管罗马后，就开始了一项社会和政治改革计划，其中还包括创立了儒略历（Julian calendar）——一年有 365 天的太阳历，取代了原本的月亮历[1]。英语中的七月（July）一词，就来自当月出生的儒略·恺撒（Julius Caesar）的名字；同样，八月（August）一词来自他的继承人奥古斯都（Augustus）。

恺撒为巩固自己的地位所做的第一件事，就是用东方领袖特有的神秘光环来巩固自己的权威。带着这一目的，恺撒重拾了亚历山大风格，逐渐暗示他的领导力直接源于众神，众神已经钦定他成为与罗马传奇命运相称的领袖。自那时起，他的形象开始出现在罗马硬币上——从前，这种荣誉只属于众神。

恺撒为了巩固他的新权威，其中最具象征意义的举措就是建一座新广场，紧挨着自罗马建城以来唯一的商业、行政和宗教中心广场。恺撒在他的新广场上建造的主神殿供奉的是维纳斯女神，他声称维纳斯直

---

[1] 1582 年，罗马教皇格里高利十三世颁布的《格里高利历》又取代了儒略历，并沿用至今。

认识自我

接从中降临。据记载，在被暗杀前不久，恺撒要求元老院在维纳斯神庙（维纳斯母神像）前与他会面。当德高望重的元老走近他时，恺撒蛮横地坐着，拒绝按照传统站起身来——这一行为令人难以接受，挑衅着一种神圣的政体，几百年来，这种政体受到罗马公民无比的尊重。

一切都在公元前44年结束，当时，一群以布鲁图和卡西乌斯为首的阴谋家，以"自由"之名义刺杀了恺撒，因为当恺撒独裁统治结束共和国时，让这座城市失去了自由。尽管暗杀者的意图昭然若揭，但其行为并没有在民众中激起预期的反应。在描述恺撒的火葬柴堆时，艺术史学者乔治娜·梅森写道："在那场大火中，共和国彻底灭亡，而恺撒浴火重生，不再是凡人。"民众在广场上竖起了一根立柱，这是在此神圣的区域内为凡人建造的第一座纪念碑，在奥古斯都统治时期又被恺撒的祭坛和神庙所取代，他终于被正式神化。

在为恺撒举行的葬礼上，一颗彗星在天空中出现，持续了七天。这一征兆被解释为恺撒已经进入天堂，居于不朽的众神之间。自那时起，恺撒的肖像几乎总是包括那颗象征他神化的彗星——"恺撒之星"。

奥古斯都和罗马帝国：权力与政治大戏

接下来的十三年，是马克·安东尼和年轻的屋大维之间的冲突，安东尼曾是恺撒的好友和门徒，而屋大维是恺撒的侄孙，他们都尽力希望被承认为恺撒的合法继承人。这两人还拉拢了雷必达，组成了"后三头同盟"。"后三头同盟"的第一步行动是追捕行刺恺撒的同谋。公元前42年，布鲁图和卡西乌斯在腓利比之战中战败后双双自杀。接着，三人以为恺撒复仇之名，发起了一场大规模的清洗运动。在这场暴力运动中，至少有 300 名参议员和 2000 名骑士死于非命。其中也包括西塞罗，他曾讽刺安东尼是"国家公敌"。可能是为了耀武扬威，也是为了杀鸡儆猴，安东尼命人把西塞罗的头和双手砍下放在祭坛上示众——捍卫共和国的雄辩之声，最终落得一个悲惨的结局。

在接下来的几年里，后三头同盟的两个主要成员（雷必达后来被排挤）将国家一分为二：屋大维控制西部，安东尼控制东部。普鲁塔克记录了安东尼抵达以弗所（今属土耳其）后的庆祝活动，当时，他被尊称为"狄俄尼索斯"。姑娘们扮成女祭司欢迎他，男人和孩子也打扮成森林之神和农牧之神，随着竖琴和笛子的乐声载歌载舞。安东尼立刻沉迷于这种浮夸的崇拜方式，"致命一击"发生在他与埃及女王克利奥帕特拉会面时。按普鲁塔克的描述，克利奥帕特拉正式会见安东尼时，采用了十分夸张的出场方式："她乘坐一艘船驶过塞德纳斯河，镀金的船尾和展开的紫色船帆，银色的船桨则随着长笛、鼓笛和竖琴的乐声拍打着水面。她本人始终躺在金色的华盖下，打扮得像画中的维纳斯，几个标致的男孩仿佛丘比特，站在她的两边为她扇风。女仆们打扮得像海仙女……香味从船上弥漫到岸上。"

安东尼被这迷人的景象迷住了，当即爱上了克利奥帕特拉。这段恋情的消息一传到罗马，屋大维就开始召集人民反对安东尼。屋大维说，安东尼不仅抛弃了他的罗马妻子福尔维亚，去追求埃及艳后，而且还高调地自诩狄俄尼索斯，而他的情妇则自诩伊希斯女神的化身。一想到罗马将军被东方女王的魔力腐化，并开始变得"娘娘腔"，罗马人目瞪口呆、惊恐万分。当安东尼计划把罗马交给克利奥帕特拉，并将政府迁往亚历山大的惊人谣言传开时，罗马人民的怀疑变成了彻底的愤怒。他们害怕这对情人策划政变，因此发起了一场讨伐战争。公元前31年，屋大维肩负使命，迅速在亚克兴与这对恋人及其军队对峙，并击败了他们。安东尼和克利奥帕特拉因为害怕被当成叛徒和囚犯游街示众而双双自杀。

屋大维获胜后的盛大庆典持续了三天，这是前所未有的纪录。盛大的庆祝活动使民众兴奋不已，他们收到了许多免费食物和葡萄酒，还举办了各种各样的体育活动。其中，最重要的是战车竞赛和狩猎活动，来自帝国不同地区的大量外来动物被带到罗马，如老虎、狮子、犀牛和河马，这些动物残忍地被屠杀以取悦嗜血狂热的罗马人。为了进一步提升公众形象，他还为士兵授田，并向市民发放金钱和礼物。

为避免被人指指点点，屋大维还在进城前迅速解散了军队。他打的算盘是，在勇敢地捍卫了罗马荣光后要立刻交权，效法谦虚的罗马人辛辛纳图斯归隐田园。当然，他心里很清楚，他的退位永远不会被人民接受。他是对的：每个罗马人都在担心如果少了一个铁腕人物的掌控，这座城市将立即陷入骚乱，元老院请求屋大维延长执政期。他一向具有表演天赋，起初表现出犹豫和推辞，但后来还是大方地接受了元老院的提议，这仿佛是要证明一点，在他眼里国家的安全和福祉高于一切，包括打扰他安稳的退休生活。每次任命到期时，元老院都会主动延长任期，这使得屋大维缓慢而坚实地走上了权力顶峰。

尽管屋大维对自己巩固权力的独裁统治负有直接责任，但他具有敏锐的战略头脑，总是能成功地遵守共和国的规则。与他粗鲁、急躁、政治头脑不那么敏锐的叔祖父不同，他谨慎地变成了一个独裁者，没有惹怒任何人：换句话说，尽管他的行为具有不合法的性质，但他从未失去合法性的标志。屋大维聪明就聪明在，他能认识到尽管元老院已名存实亡，但公开地搞一人独裁制，会使罗马人民自古养成的反君主情绪彻底失控。因此，屋大维选择戴上救世主和保护者的仁慈面具作为幌子，而非直接篡夺旧共和国的权力。

随之而来的自负情绪，也容易理解了——精疲力竭的罗马人疲于应付长年的内忧外患，选择将掌握庞大帝国的责任转交给皇帝，而心存感激的皇帝作为回报，也采用了"元首制"（principate，全称是 princeps senatus，意为"首席元老"）这个不具威胁性的名词来描述他的帝国统治，以缓和罗马同胞的不安情绪。他宣称自己不是一夫独裁，而仅是元老院推举的领袖，让他的同胞们合理地相信自己仍是自由、自主社会的代表。在这出虚构的戏剧中，屋大维扮演了一个光辉的领袖——元首，是通过与国家机构合作来治理国家，领导了一个继承发展旧共和体制的政府，而非推翻政府。那些殷勤的元老继续争论着，地方法官们也在商量着，但在这一精明诡计的背后隐藏着露骨的真相：在一切政治事务中，屋大维的声音仍是唯一响亮的声音。除此之外的现实，都经过了虚构和歪曲——他是一个精明能干的野心家，一个对自己政治宣传能力心知肚明的人以编织心计之网笼络人心。

当元老院满怀感激地将"奥古斯都"的称号授予屋大维时，其实他的精明能干还是配得上的。但他依然有所推脱，似乎暗示自己态度谦逊，更喜欢被称为"第一公民"或"首席元老"。

尽管屋大维·奥古斯都表面上态度谦逊，但也从不放过任何强调自己的家族出身奥林匹斯山的机会——他和恺撒一样都是维纳斯女神的直系后裔。为了巩固这种个人崇拜，奥古斯都经常跟人提到恺撒死后被神化这件事，人们直接尊称他为"神圣儒略之子"。

但这一尖锐的称号，也被一种民粹主义态度慢慢磨平了，这种态度

　　　　　　　　　　　　　　　　　　　认识自我

属于全体罗马公民，无论来自哪一个阶级。在粮食短缺的年代，奥古斯都为穷人免费提供粮食，同时修建桥梁和惊人的道路网络以促进贸易和商业，造福日益壮大的中产阶级。人们开始担心他对中产阶级的支持会抹杀旧贵族体制最后的尊严，为缓和这种恐惧，奥古斯都继续向旧精英贵族放低姿态，他深知：对他们最有效的拉拢，就是继续穿着最完美的伪装——恭维和奉承。

在这种全国上下一心的基础上，奥古斯都推动了多项改革，包括建立一支帝国军队，这是第一支由金钱而非土地雇佣的职业军人组成的军队。为了稳定国家，奥古斯都还劝说他的追随者们，为了修复社会结构，一场道德改革势在必行。奥古斯都认为，为实现这一目标，必须采纳塞勒斯特、李维和西塞罗等罗马作家的观点，复兴古老的道德规范。这个时代，民众对财富和权力的崇拜，已大大削弱了旧共和时代的礼节、谦逊和庄重，尤其是对公民义务的忠诚。为了扭转这种危险的趋势，奥古斯都授意元老院通过一些法律，以要求富人和贵族们遵守礼貌，行事谦逊，用法律约束这些人的粗俗和炫富行为。为了确保庄严的礼节，他规定所有参加会议的人都必须穿长袍。奥古斯都还利用他的权力来恢复和保护罗马家族的神圣，他试图把罗马家族重新变成纪律的堡垒，在共和国的早期，罗马家族曾是纪律的代表。他在公元 17 年或 18 年通过的《朱利安法》，包括对那些未婚生子的人，以及那些离婚或沉迷于通奸、卖淫和淫乱的人的各种法律后果。奥古斯都一定感到震惊和非常尴尬，他的女儿和孙女都叫朱莉娅，由于她们秽乱宫廷，奥古斯都被迫将其流放。甚至连著名的《变形记》作者、诗人奥维德也因为写了一本《爱的艺术》（*Ars Amatoria*）而被迫流放——这本书被认为公开挑战道德，因为主题是教人追求真爱。

为了重新点燃爱国主义的火焰，奥古斯都还决定投入大量资金来美化城市的外观。为此，他投入了大量的个人财富，然后是该市很容易通过商业和贸易活动中积累的财富中获得的公共资金——由于庞大的道路网连接着越来越多的帝国的土地，这些商业活动变得异常活跃。

　　奥古斯都努力改善城市外观的原因源自他的信念，即市民最需要的是一种高度生动的视觉叙事——这种叙事在美化罗马作为世界首都的角色时，将重新点燃人们对国家的热爱，并借此将人们的兴趣、激情和金钱贡献导向公民目标的愿望。许多世纪后，另一位非常崇拜奥古斯都的著名独裁者拿破仑也提出了同样的概念。他说："当你想唤起群众的热情时，你必须吸引他们的眼睛。"换句话说，耀眼炫目是为了影响思想。

　　埃及人有着宏伟的建筑和令人叹为观止的雕塑，他们很早就明白了这个道理，早在公元前 5 世纪，伯利克里巧妙地将艺术作为政治宣传的重要工具，这一选择开启了雅典的黄金时代，而罗马也正以类似的方式再现了奥古斯都的黄金时代。根据《恺撒大帝传》作者、历史学家苏维托尼乌斯的记载，奥古斯都死前留下一句遗言："我发现罗马是用砖砌成的，于是用大理石覆盖了它。"

　　恺撒去世时，罗马已经是一个相对发达的城市中心。但是，多年的内乱造成的伤亡，加上总体上缺乏城市规划以及许多贫穷的平民居住的肮脏住宅区，使罗马的生活条件远远低于许多东部城市的标准。为了解决这个问题并赋予罗马应有的外观，奥古斯都采取了很多重要的措施。首先是投入大量资金升级和修复城市的基础设施，比如道路、运河、桥梁和下水道。他在强盗猖獗的地区部署了武装警察，甚至组建了第一支在夜里为城市提供服务的消防队。此外，奥古斯都还通过修葺或建造新的渡槽，大大地提高了罗马的供水水平。这个工程对富人有利，富人们现在能在他们的私人住宅里买高档的加热浴室，但也有更多的人，他们第一次可以享受到许多点缀在城市中的令人耳目一新的喷泉所带来的舒适感，以及公共浴池或温泉浴场的乐趣——气势宏伟的建筑装饰着大量雕塑、大理石覆盖的墙壁，游泳池、按摩室和汗蒸房里铺满马赛克的地板。

奥古斯都声称众神对众多神殿的衰颓感到愤怒，他还推动了大量神庙的修复。因为他们对国家的尊重日益增加，他的目标是重新点燃公民的宗教信仰。因此，正如恺撒大帝以前所做的那样，公元 12 年奥古斯都被封为罗马最高祭司，他的角色就像罗马人家庭里的父亲，负责执行仪式，以确保守护神平安地保佑国家。奥古斯都利用最高祭司所代表的崇高威望，使他的同胞们相信，他的领导是由众神直接选择的，众神就像家族中的父亲一样，把城市的监护权交给了他。

为了赐予罗马一副体面的外表，奥古斯都的建筑师严格遵循希腊古典时期制定的指导方针：从使用的圆柱 [1]，到设计优雅的神庙和大教堂——由侧面柱廊构成的细长大厅，用作法律和商业法庭。

为了给这种伟大的场景增色，还配置了各种彩色的石头和大理石（这也被用作提醒惊人的地理扩张的帝国）：努米底亚的黄色和赭色大理石、埃及的深红色斑岩、近东的晶莹剔透的雪花石膏、希腊的波罗斯岛或意大利的露娜采石场的纯白大理石，以及来自不同类型的花岗岩的各种粉红色、灰色或红色的色调。

为了进一步巩固罗马的声誉，奥古斯都的宣传活动把这座城市作

---

[1]　结合了科林斯式（Corinthian）、爱奥尼亚式、多利安式（Doric）的大写字母，罗马人给它加上了一个混合形式，称为复合式（Composite）。

为展示战争中最负盛名战利品的橱窗——例如那些从埃及掠夺而来的战利品。埃及总是以其古老而传奇的文明的神秘之美激发罗马人的想象力。最引人注目的战利品之一是赫利奥波利斯的宏伟方尖碑，这是一个巨大的阳具形象，象征光明和生育之神奥西里斯。到达罗马后，方尖碑被重新献给阿波罗，并被放置在旧竞技场的中心石柱上，这座巨型竞技场被命名为"马克西穆斯大赛场"，用于流行的体育项目，尤其是战车比赛。

让阿波罗成为这个广场的守护者是一个合适的选择，因为在神话中，太阳神每天驾着他的四匹马牵引的战车划过天空。赞美阿波罗也是一种间接赞美帝国领袖的方式，因为他选阿波罗作为他的守护神。值得注意的是，放置在奥古斯都凯旋门（还有他巨大的陵墓）上的帝国形象是太阳神阿波罗骄傲地驾着他的金色战车。与神的联系也被用来强化一个流行的谣言，声称奥古斯都的母亲是阿波罗使她怀上的，她在阿波罗的神庙里睡觉时，阿波罗以蛇的形象出现。奥古斯都从未谈及这段往事，但也从未公开否认，这似乎是一种间接承认。神秘和魔法帮他收拾了烂摊子：皇帝很快就被高度敏感的罗马人民奉为神明。

尽管充满了希腊式样的影响，但奥古斯都时代盛行的建筑风格，遵循的是罗马人对庞大和宏伟的偏好（而非古希腊简朴、雅致的特征）表现出更拘谨的平衡感和尺度——这一趋势在罗马工程师的指挥下得到了长足发展，他们同时完善了拱门和拱顶的用法。

即使罗马建筑更高大、更宏伟、更华丽，但它所散发出的质朴和坚实感，同样在某种程度上反映了希腊所流行的那种追求清晰、比例和理性的倾向。维特鲁威是奥古斯都时代的著名建筑师和工程师，他在西方最早的建筑学著作《建筑十书》（*On Architecture*）中写道："建筑师应该是受过教育的人，具有算术、几何、哲学、历史、法律、天文学和音乐的知识。"维特鲁威对全面素养的强调，与古希腊的"派代亚"（paideia）教育理念密不可分。根据这一概念，教育不仅是简单的知识积累，也是精神成长、成熟的整个过程。

维特鲁威说，如果建筑师想表达美，首先要理解美的永恒品质，它体现在对称和比例中，对罗马人和希腊人来说，这种对称和比例呈现于一切自然事物。维特鲁威遵循一种根深蒂固的哲学传统，将道德和教育的意图归于艺术之美——这种美就像修辞学的精炼，能点燃观众的心灵和思想，让他们产生更伟大、更高尚的思想和理想（罗马的城市规划成了帝国其他所有城市的典范，除了一座核心中央广场，还有许多剧院、神庙和公共浴场）。

在奥古斯都的营造事业中，核心项目是以他的名字命名的一座新广场，就建在城市的中心，紧挨着恺撒广场，两侧带有两排长长的柱廊。

在立柱之间的许多壁龛里摆放着最著名的共和党人物的雕塑——这些英雄和传奇人物（如辛辛纳图斯），以坚忍无私的奉献为共和国早期历史撒下了永恒、荣耀的金尘。"国父"奥古斯都自然是矗立在美德金字塔顶端的完美典范，他那座高达 14 米的大理石像被保存在柱廊尽头的豪华大厅里。这种与共和国开国元勋建立的联系，含蓄地表明罗马的历史在奥古斯都的带领下到达顶峰。奥古斯都是罗马伟大的终极守护者。

在这座公开议论的广场里还有一座奥古斯都为了纪念他曾许诺要为之复仇的叔祖父恺撒而建造的战神马尔斯神庙。学者保罗·赞克在一本书中写到了奥古斯都的这一愿景，他解释说，这一选择也是为了回顾罗马的神话起源。传说中，战神在他多次私自下凡的过程中，让阿尔巴隆

奥古斯都建造的新广场以各种方式将皇帝与善良英勇的旧共和国联系起来

加国王努米托的女儿、维斯塔贞女雷亚·西尔维亚怀了孕，因此她的哥哥阿穆利乌斯取得王位。当西尔维亚生下双胞胎兄弟罗慕路斯和雷姆斯时，为了消除潜在的威胁，阿穆利乌斯试图把他们扔进台伯河淹死，但孩子们最终幸存，先是被一只母狼喂养大，后被一个牧羊人收养，视如己出。当这对双胞胎兄弟长大后，决定在台伯河岸边建造一座新城市。正当他们为城市选址时，两兄弟之间发生了争执。罗慕路斯按照传统挖了一道深沟，以标记城市边界。当雷姆斯越过边界时，罗慕路斯果断地杀了他，以兄弟的鲜血为罗马城奠基。这种对神话的复杂运用的底线是，如果说战神马尔斯养成了罗马的尚武气概，维纳斯女神（恺撒自称的先祖）则保证了罗马的强大、繁荣。

　　为了庆祝公开讨论的广场的成立，皇帝资助了许多热门活动：体育竞赛、杂技表演、战车比赛，还有大量的动物狩猎活动（据说仅仅为了

　　　　　　　　　　　　　　　　　　　　　　　认识自我

庆祝广场开幕，他们就屠杀了 260 头狮子来取悦市民）。

为了避免与希腊君主们所追求的浮夸自负作任何不必要的比较，奥古斯都在日常生活中始终保持着非常低调的举止。他住在一所简朴的房子里，用朴素的家具装饰，吃粗粮，穿一件据说是他妻子和侄女而不是奴隶织的土布羊毛外衣。把这种谦逊的行为巧妙地表现出来，旨在把皇帝描绘成一个冷静的领导者，他通过道德威望而不是野心、狡猾和阴谋来获得权威。奥古斯都的房子紧挨着阿波罗神庙，具有重要的象征意义：马克·安东尼被道德上的软弱所驱使，把自己比作酒神狄俄尼索斯，而奥古斯都总将自己描绘成阿波罗的忠实追随者——理性、节制、平衡和克制之神。

广场上最重要的皇帝雕塑是《第一门的奥古斯都》。奥古斯都坚毅、冷静、自信的举止，表明了帝王的伟岸是通过神性之美表现出来的，这与波利克里特的雕塑"荷矛的战士"惊人类似，它也做出了一种引起特殊感受的动作——象征演说家的单手抬起。为什么这一细节如此重要？为回答这个问题，我们要再次回到希腊。自荷马时代起，希腊人一直认为演讲在政治中至关重要，尤其是军事领导人，为了鼓舞士气，他们必须提醒士兵，他们的牺牲将使他们获得永恒的荣耀。后来，正如我们所知，诡辩家们对演讲艺术进行了危险的曲解，他们认为一场精心设计的演讲是在政治舞台上获得影响力的理想工具。诡辩家的立场遭到了苏格拉底、柏拉图、亚里士多德的强烈反对，亚里士多德在其《修辞学》（*Rhetoric*）中认为：为了使语言脱离煽动者的蛊惑，演说家必须将理性的雄辩与道德紧密地结合在一起。亚里士多德的教诲引起了巨大的共鸣，这使得奥古斯都的宣传形象变得严肃起来——他正义的行为和公正的言辞同样值得信赖。为了支持这一说法，奥古斯都总是用他在个人生

著名的《第一门的奥古斯都》，表现了一位自诩接近神的领袖形象

活中的简朴来支撑自己的观点。苏维托尼乌斯说，皇帝极度避免任何强迫和做作的语言修饰，他称之为"牵强附会的臭味"。他的目标不是用洪亮的演讲打动听众，而是通过几句诚恳的话，透明地赢得人民的信任（美国人眼中的林肯也有着出色的语言能力）。

奥古斯都的雕塑所传达出的冷静、沉着的明确信念，同样表达了皇帝作为一种安抚者的角色，他的职责是为构成罗马联邦的伟大种族、文化和宗教多样性带来法律、和平和统一。那些反抗罗马政权的人则会被描述为奸诈小人，就像他雕塑胸甲上描绘的蛮族帕提亚人。这一事件意味着罗马收复了曾在帝国东部边境的战争中被帕提亚人夺走的失地（帕提亚人占领的地区与今天的伊朗大致重合，他们是罗马在东方最可怕的敌人）。这一场面被选来展示野蛮的东方人是如何被罗马高级贵族羞辱的。

有趣的是，为了增加围绕奥古斯都的神话光环，他的形象与罗马人

认识自我

普遍粗鲁的现实主义态度和动作形成鲜明对比，总是带有一个英俊、强壮、永远年轻的理想化特征。事实上，对于一个凡人来说，这是一幅极尽谄媚的肖像，据说他本人身体虚弱（据苏维托尼乌斯说，皇帝经常患有感冒、腹泻、膀胱病和风湿），而且毫无吸引力（为了掩盖他的中等身材，奥古斯都会穿一双高跟鞋）。时间改变着每个人的外表，除了永远年轻美丽的皇帝，这是一种将他提升到神圣地位的方法——雕塑上的一个丘比特骑着海豚的形象足以证明这一点，这暗示着他流着维纳斯后裔神圣的血液（丘比特是维纳斯的儿子）。这一细节，也是为了证实奥古斯都的权力提升绝非偶然，而是女神的安排。

奥古斯都打扮成最高祭司的雕塑

为了表现出"虔敬"（pietas，本意为"献身家园"），皇帝也常常被描绘成最高祭司的形象。在奥古斯都的理想化形象中，所有的美德汇于他一身——刚毅、勇气、卓越的军事才能和完备的道德智慧。在某种程度上，奥古斯都会让人联想到柏拉图理想中的哲学王，他被描绘成理念的化身——一个充满正义、美德和法律的帝国的理想基石。

在罗马的雕塑和硬币上，这些标准化、理想化的皇帝像被复制了千万次，散布到整个帝国。皇帝的无所不在和无所不能提醒着人们：对帝国的崇拜也是对祖先传统的崇拜。作为美德的典范，皇帝作为古罗马精神最伟大的实例而受到尊敬和效仿。

这种精心培养的皇帝崇拜，还附带了对皇帝家族成员的崇拜，他们的大理石雕塑被放在广场上，旁边是描绘罗马历史上历代伟人的雕塑。为了突出他的王朝血统，奥古斯都将他建造的许多著名建筑赠予亲属，比如为他妻子建造的利维亚门廊，以及为他姐姐设计的屋大维娅门廊。其他的建筑还包括献给四个年轻后辈的——侄子马塞洛、继子德鲁索、孙子盖乌斯和卢修斯——奥古斯都选择他们作为继任者，但是命运一再打断他的计划，因为四个人很早就夭折了。这些孩子的大理石肖像，与皇帝本人也非常相似，这表明，他们有意将自己塑造成奥古斯都的复制品。据报道，为了尽可能地模仿"政治舞台上"的人物，奥古斯都试图教他们模仿自己的笔迹。

奥古斯都想要确保他的遗产能够延续，这是一种保持他精心设计的神话的方式，他不仅为自己，也为罗马人民创造了神话，他的管理赋予了他们高度传奇化的身份。早期的罗马人是野蛮的民族，他们被征服的欲望驱使着去掠夺和抢劫，让自己变得富足。奥古斯都的聪明之处就在于他知道，如果想达成一致的政治共识，把那些粗鄙的征服者变成纪律严明的臣民，就必须创造一种宏大叙事，使得罗马历史带有鼓舞人心的意义。为实现这一目标，奥古斯都的宣传工作表明罗马人之所以能征服世界，不仅仅是因为他们的武力，也因为他们作为美德典范被神选中成为自己的子民。出于同样的目的，那些被征服的民族被说服，认为自己被囚禁在罗马帝国不是一种失败，而是一种幸运，

　　　　　　　　　　　　　　　　　　　认识自我

能让他们有机会成为由理性、法律、道德准则塑造的卓越民族所创造的伟大文明的一部分。

为了强化这种令人敬畏的宏大叙事，奥古斯都的宣传工作不仅使用了视觉艺术，还使用了作家和诗人的作品，他们没完没了地讲述早期罗马的光荣品质。其中一位是史诗巨著《罗马史》的作者李维，这是一本关于共和初期伟人们故事集，旨在敦促罗马人效仿这些伟人以维护城市的运势。在这些传教士式的故事中，李维回忆起罗马的创始人罗慕路斯在阅兵时突然消失，被一阵猛烈的旋风卷上天空。过了一会儿，哀悼领袖的人群听到他从天上发出雷鸣般的声音："去告诉罗马人，我的罗马应该成为世界首都，这是神的旨意。让他们致力于战争的艺术，让他们了解这一点，并传递给他们的子孙后代——无人能抵抗罗马军队。"

这些预言使罗马人相信：罗慕路斯的消失是一种神谕——罗马的缔造者活着升上天堂，位列奥林匹斯诸神。对于这位罗马的创始人来说，这无疑是一个应得的命运，他注定要把文明的崇高品质传播到全世界。建筑家阿古利巴是奥古斯都亲密的工作伙伴，他受委托建造的"万神殿"就建在传说中罗慕路斯消失的地方。这个位于巨大穹顶上的圆形大洞被称为"眼洞"或"眼睛"（oculus），最初就是为了暗示罗慕路斯登天的。

在贺拉斯和维吉尔的帮助下，李维散文的预言性语调变成了奥古斯都开创的和平与繁荣的黄金时代的赞美诗歌。从这一意义上来说，最著名的是维吉尔的《牧歌集》（*Eclogues*）卷四中的一首预言诗（也是一首赞美农民生活的诗），作者在赞美新的黄金时代到来时如此写道：

我们的时代是预言书里预言的至高时代：

时间的诞生，一个新世纪的伟大循环

开始了。正义回到地球，黄金时代

回来了，它的长子从天而降。

那个从天而降拯救世界的神秘孩子是谁？一些学者认为，诗人可能暗示了奥古斯都是一个孩子。但更有可而能的是，诗人说的仅是一种简单宣布世界复兴的方式，而奥古斯都作为一个神话般的变革者（罗马的第二个创始人），已经使之实现了。我们将会看到，到了基督教中世纪，当但丁笔下的维吉尔遇到的神秘孩子被认为象征耶稣时，这些诗句又被赋予了新的含义。但丁之所以选择维吉尔为《神曲》（*Divine Comedy*）中的向导，是出于基督教徒的信仰，即使维吉尔身为异教徒，但这位被上帝启发的拉丁诗人，也被赋予了预言的能力。

从赫西俄德开始，希腊人就悲观地认为历史必然会走向衰落，并使用"黄金、白银、青铜"来依次描述不同的时代，而善良、幸福的传统信仰只是一种遥远的存在。这一观念被奥古斯都时代的诗人们推翻了，他们声称自己所生活的时代是一个新的开端，与以往不同，它将建立美好的现在和辉煌的未来，使衰落和腐败难以入侵。

在奥古斯都时代的所有神话作者中，最伟大的就是维吉尔，他的《埃涅阿斯纪》（*Aeneid*）巧妙地将奥古斯都时代与最传奇的史诗开端——荷马传唱的特洛伊战争——联系在一起，这场战争赋予了罗马高贵的过去，并由此发展出辉煌的未来。罗马和特洛伊之间的联系，也被他巧妙地构造，以使罗马人摆脱让他们无比敬仰又无比忌恨的希腊人的自卑感。

维吉尔的史诗《埃涅阿斯纪》的主角，是特洛伊贵族安喀塞斯和女神维纳斯的儿子埃涅阿斯。《埃涅阿斯纪》中的第一则神谕，来自大神朱庇特，他告诉维纳斯的儿子埃涅阿斯注定要开创一座城市的历史，因为众神赐予了他无限荣耀和独特天赋："至于罗慕路斯的子民，我没有设定任何既定的目标……我已赐予他们无限的权力。"

埃涅阿斯之所以被选为令人惊讶的先驱，从这位冷静的英雄能正直地接纳他所承担的职责就能看出来。在故事的开头，埃涅阿斯和他的手下逃过了特洛伊城的毁灭，又在海上遇到了可怕的暴风雨。被迫上岸后，他们来到了北非的迦太基，受到了女王狄多的热烈欢迎。在宫廷里，埃涅阿斯向狄多讲述了一些他经历的特洛伊灭亡过程中的戏剧性事件：从决定特洛伊人命运的木马，到他带着幼子阿斯卡尼俄斯和老父亲安喀塞斯（登陆迦太基之前去世了）逃离燃烧之城。

埃涅阿斯和狄多很快擦出了爱的火花，在迦太基度过了一个完整的冬天。但是春天一来，埃涅阿斯决定服从命运的召唤，离开在爱人狄多身边享受的悠闲生活。狄多因爱人离去的悲痛而自杀，但这依然不能阻止英雄的决心，当安葬爱人的火堆照亮了遥远的海岸，英雄却扬帆远航。

那时的罗马人，一定会暗自将埃涅阿斯和安东尼进行对比。安东尼因与东方女王私通而抛弃了罗马妻子，但事实证明，他根本不配继承埃涅阿斯的品质——虔诚、尽职尽责、意志坚定的罗马先驱。像奥古斯都一样，他毫不犹豫地放弃个人生活，勇敢地履行众神赋予他的命运。

当到达意大利海岸时，埃涅阿斯在库迈附近登陆。著名的库迈女巫允许埃涅阿斯通灵去冥界拜访父亲安喀塞斯之魂。在这次来世之旅中，埃涅阿斯遇到了许多故人，包括爱人狄多。当他最终与父亲重聚时，父亲告诉埃涅阿斯，有一天"伟大的灵魂"将继承"特洛伊的名号"。安喀塞斯在此描述的，正是众神赋予罗马的普世、救赎和天赐的命运：

> 别人（我完全相信）会锻造出比我们的呼吸还要精致的青铜，
>
> 从大理石上勾勒出生动的特征：更好地解释原因，用仪器追踪
>
> 天空的运动，告诉你星宿的崛起：记住，罗马人，用你的力量统治列国，
>
> （那将是你的技能）用法律为和平加冕，宽恕被征服的人，征服骄傲的人。

（《埃涅阿斯纪》卷六）

安喀塞斯的话赋予希腊人在艺术、音乐、修辞和天文学上的卓越才能，其他希腊人则是他的密友，个个才华横溢，但不如罗马人。罗马人最终被神明选中，是为了确保整个世界的正义、法律和和平。

《埃涅阿斯纪》的写作目的是向罗马人灌输一种信念——帝国不仅是残酷暴力的产物，而且是代表了众神的认可，没有其他民族能像善良、勇敢的罗马人这样值得称赞。

随着奥古斯都的出现，罗马的地位得到了大幅提升，正如学者莉迪亚·斯托罗尼·马佐拉尼在《罗马思想中的城市观念》(*The Idea of the City in Roman Thought*)一书中所写的："人间之城、文明灯塔、万国之母——最伟大、最自豪、最永恒、不可征服的、关切庇护的、神圣的城市。"

当然，这种神话所蕴含的伟大之处，不应使我们忽视一些丑陋的历

史事实。正如历史学家 J. M. 罗伯茨所写的："在许多省份，叛乱是地方性的，很可能总是由某届特别严厉或糟糕的政府引发的。"另一个普遍存在的问题是，贫困压迫着许多下层阶级的人们，他们居住在城市和农村（尽管强调城市化，实际上罗马社会基本上仍是农业和农村社会）。

奥古斯都所宣扬的神话在著名的和平祭坛（Ara Pacis）上得到了视觉上的呈现。环绕在祭坛外部的大理石嵌板的装饰性浮雕，是为了庆祝奥古斯都功勋的，人们会看到他在传说中的埃涅阿斯身边向众神供奉祭品。埃涅阿斯和奥古斯都之间的和解，意在强调这两个人具有共同血统（同为维纳斯后裔），以及他们作为国父的相同角色。

奥古斯都和他的家人，包括直系孙辈和养女，在画面中走向和平祭坛。

在祭坛入口处，皇帝母亲的形象被孩子、动物和大自然的生机所围绕，寓意着当时那个幸福的新时代的和平成果。

奥维德是奥古斯都时代的另一个著名诗人，他在其诗集《岁时记》（Fasti）中，用以下诗句赞美了罗马人缔造的伟大和平：

让士兵携带武器只为了压制武器。
让号角只为仪式而吹响。
让世界的尽头都敬畏罗马人。
若没有恐惧，就让爱存在。
祭司们为和平的火焰添香，
屠宰白色的牲祭。
愿那保证平安的屋宇，在和平中永存。
愿你向那愿意怜悯的神祈祷。

奥古斯都为了宣传自己而建造的和平祭坛

罗马的先后两位创始人：埃涅阿斯和奥古斯都

　　　　　　　　　　　　　　　　　　认识自我

祭祀队伍中的奥古斯都家族

这块浮雕以寓言的形式描绘了奥古斯都时代的和平与繁荣

诗人认为，在经历了几千年战争之后，和平终会在一个由罗马人领导的世界上取得胜利。

奥古斯都的政治宣传旨在缓和罗马帝国主义的尖锐性，用马佐拉尼的话说，就是把罗马对其他国家的控制定义为一个仁慈的"保护者"，而非严酷的"统治者"。然而，尽管奥古斯都表面上能开放包容，但却从未放弃将罗马人视为优等民族。苏维托尼乌斯也认为，奥古斯都不想让罗马人的血液受外国血统的污染："他认为，最重要的是不能让本国血统沾上外国血统或奴隶血统，因此不愿产生新罗马人。"根据奥古斯都的政策，公民身份仍是住在意大利领土外的非罗马人无法享有的特权。直到 212 年卡拉卡拉皇帝执政，帝国中的所有自由人才获得了完整公民身份。

据说伯利克里临终时说，他希望人们记住他一辈子未曾公器私用。苏维托尼乌斯也写道，奥古斯都临终时说："我在人生闹剧中扮演的角色足够可信吗？"接着又说："如果我取悦了你，请你以热情的道别对我表示感激。"这番景象会让人想起一个在谢幕时接受观众掌声的演员。这似乎尤其适合这个在政治舞台操弄着现实与虚构的皇帝。

奥古斯都的继任者

奥古斯都死于公元 14 年，共在位 44 年，这种政治体制的危害性很快显露出来，当时的政治体制不需要元老院所代表的集体智慧的帮助，仅仅依赖于一个人的任性而为。奥古斯都是个野心勃勃的人，但是他改善同胞生活的愿望毋庸置疑。为了避免人民税负过重，他经常用自己的

认识自我

财产来添补政府开支，这一细节证明，他对城市福祉具有奉献精神。但这种善良的专制，绝不会出现在后来的胡里奥 - 克劳迪安王朝皇帝们身上——阴郁的提比略和残疾的克劳狄乌斯勉强算是称职的统治者，但卡利古拉和尼禄是两个彻头彻尾的暴君，他们把国家权力当作一种肆意滥用的私人特权。

卡利古拉于 37—41 年统治埃及，他是一个自大狂，常把自己比作法老，要求臣民跪拜自己。苏维托尼乌斯写道，卡利古拉常穿着镶满宝石的披风出现在公众面前。偶尔会随身带一把三叉戟，这会让人联想到海神尼普顿或者手握神杖的墨丘利，有时他甚至打扮成女神维纳斯。当然，他最喜欢的还是大神朱庇特，自诩朱庇特下凡。正因如此，卡利古拉把很多神像的头砍下换成自己的头像。他还与他的三个姐妹乱伦，并享受观看折磨他人的场面。他命令士兵毒打囚犯，割下他们的肉，但会保留重要器官。他最爱的一句话"让他慢慢感受自己的死亡"，体现出他乐意目睹一个人被缓慢折磨致死。尽管如此残忍，但他又是一个胆小鬼——据苏维托尼乌斯说，一听到远处的雷声，这位皇帝就会跑到床上一头扎进被窝里。卡利古拉以沉迷于各种堕落的习惯而闻名，比如用冷的、热的香水泡澡，把醋泡珍珠当成饮料，以及以大量时间、金钱投入各种奢侈项目，包括建造一艘带厨房的豪华游轮，带有镶宝石的甲板、五彩斑斓的船帆、柱廊和宴会大厅，仅仅供他一天的航行；或者，他会用大理石和象牙为爱马修建马厩，这完全是执政官的待遇。当卡利古拉需要更多的钱财资助他奢侈的娱乐时，他会毫不犹豫地对臣民横征暴敛。

有了这种腐败和无原则的领袖，奥古斯都当初在社会上强力推行的道德准则，很快就腐朽变质了。随着邪恶和腐败的蔓延，许多人转向某些宗教寻求安慰，尤其是来自东方的神秘教派，他们承诺了死后的救赎，例如从埃及传入的伊希斯教和从波斯传入的密特拉教。密特拉教认为，太阳神密特拉领导了自先知琐罗亚斯德时代起存在于波斯人心中的一场善恶之战，他的形象出现在一幅名为《巴贝里尼·密特拉宫》的罗马壁画中。画面中的密特拉神披着一件七星斗篷，正在杀死一头巨大的公牛。人们相信，天空的旋转运行最初从动物血液流动中开始，随之而来的是十二星座有节奏的舞蹈，而这划分出了四季，并在很大程度上决定了每个人的命运。

基督教则源于犹太教，诞生于奥古斯都统治末期，在提比略统治期间于巴勒斯坦传教并消逝，最初它一定也被当作一种神秘的宗教，因为信众会进行一种神秘入会仪式——受洗。

整体而言，罗马对它征服的民族神总是十分宽容，吸收外来的神祇加入拥挤不堪的奥林匹斯山，并没有多大问题。这种放松的心态是因为，唯一值得罗马人崇拜的是那些曾帮助他们提升罗马辉煌历史的神像。关于信仰，罗马对其臣民的唯一要求就是对创造这座城市运势的慷慨众神的全身心地奉献（否则他们不能自由地选择任何宗教）。正如许多学者所指出的，罗马对其所征服的地区宗教表现出的仁慈，有助于增强帝国整体的凝聚力，并产生了一些积极结果。

但是，当基督教被卷入其中时，事情就变得复杂了——他们坚信只有他们的上帝才值得奉献，坚决拒绝向皇帝和罗马守护神俯首称臣，基督徒很快就成为罗马官方的眼中钉，坊间流传着许多敌视基督教徒的谣言，包括指责他们不道德和乱伦（因为他们互称"兄弟姐妹"），甚至还说他们吃人肉——明显是误解了圣餐的意思，说基督教徒在吃喝他们救世主的血肉。

在皇帝尼禄统治时期（54—68年），发生了一场可怕的政治迫害。许多学者推测，尼禄对基督徒所表现出的残忍，是他日益严重的病态表现，其神志越来越不稳定。他的行为也证实了这种怀疑：他残忍地杀害了自己的母亲和妻子，而且，和卡利古拉一样，他毫不犹豫地挪用国库以满足自己各种挥霍无度的嗜好。虽然他曾接受了斯多葛派哲学家塞涅卡的良好教育，但美德绝不包含在性格特征里。他热爱音乐、诗歌和戏剧，身边都是作家和艺术家。因为他爱出风头，渴望得到奉承和关注，所以常在公开场合举行盛大演出，在演出中，他单独演戏、唱歌、弹竖琴，朗诵自己创作的诗歌。他的表演常常伴随着卑微观众夸张的掌声，长达几个小时。他不允许任何人露出无聊或冷漠的神情，也不准任何人离开。人们常常会昏倒或假装昏倒，仅仅为了结束这种无休止的虚荣。尼禄把自己描绘成伟大的文化赞助者，发明了一个名叫"尼禄尼亚节"的新节日，用以弘扬希腊艺术和传统。在节日期间，他强迫许多参议员以演员、舞者、音乐家和运动员的身份参加，以此嘲笑他们的庄重，这让法院的许多官员感到震惊。

当罗马突发一场毁灭性的火灾时，尼禄立即指控基督徒是罪魁祸首，将他们集体处死。苏维托尼乌斯怀疑火是尼禄自己放的，他略带夸张地说：当这座城市正被大火包围时，尼禄弹奏着七弦竖琴，唱着《伊利昂之袋》（*Sack of Ilium*）。历史学家塔西佗也描述了尼禄对基督徒的迫害，他在《编年史》（*Annals*）中写道，一些受害者"被兽皮随便裹着""被狗吃掉"，另一些则被浸满油脂钉在十字架上，然后被点燃，"当作夜里的火把"。

尽管遭受了巨大的痛苦和羞辱，基督徒仍然锲而不舍，死亡并没有吓倒他们。相反，他们认为能如此殉道是上帝赐予的特权，也是通往永恒救赎的必经之路。殉道者查士丁尼这样说："因为我们关心的不是现世，所以当有人处死我们，我们并不在意。无论如何，死亡是我们必须偿还的债务。"

一个国家怎么才能镇压如此平静地面对死亡的人？罗马从未经历过这种事。尽管这些基督徒放下了武器，但他们是罗马人前所未有的强敌之一。

许多罗马人认为是尼禄点燃了大火，其实是为了清理土地，以便建造名为"金宫"（Domus Aurea）的奢华别墅。据说金宫是一个微缩的世界，是一座为了满足喜欢自称宇宙主人的幼稚皇帝而建造的巨型玩具房，仿佛他就是一个神。

据说当尼禄为这座巨大的宫殿举行落成典礼时，突然叹了口气说："我终于能像你们凡人一样生活了！"根据苏维托尼乌斯的记载，一座巨型裸体太阳神像被安置在金宫入口，虽然太阳神的头顶射出光芒，但脸显然是尼禄的脸。

为了安抚人们，让他们不要关注他毫无节制的生活，尼禄赞助了许多血腥的竞技，还新建了一座巨大的圆形剧场，据说圣徒彼得就是在那里倒着被钉死在十字架上的——这是他自己的要求，因为他觉得比不上基督的牺牲。

尼禄的异常行为所产生的绝望气氛，使许多人相信罗马世界已经踏上了不可挽回的灭亡之路。历史学家塔西佗在其著作《编年史》《历史》中描述了提比略、克劳狄乌斯和尼禄的统治时期，他描写了绝对权力的腐败和错误的共谋影响了社会的各阶层：上层阶级为了保护自己的利益而对皇帝虚伪地顺从，而无知盲目的平民很容易满足于免费食物和免费观看血腥的马戏表演。诗人尤维纳利的一句名言证明了这种堕落："那些曾经赐予执政官、军团和其他一切的人民，如今都不再关心政治，他们只渴望两样东西——面包和马戏。"

事实证明，在罗马，邪恶战胜了美德，它比善良更加普遍。像其他将共和国的历史理想化的道德家一样，塔西佗批判帝国权力，否定希腊文化，在他看来，这些极大地软化了罗马人的强硬。他对尼禄戏剧化的做派感到反感，谴责他对诗歌和音乐的迷恋过于放纵。他用能想到的最糟糕的名词来称呼那些受希腊品位和潮流影响的人，比如"演员、妓女、太监、芭蕾舞演员、歌手、占星家和同性恋者"。他还严厉地谴责犹太人和基督徒，因为他们拒绝向传统罗马众神致敬，这导致了罗马时代的衰落。

评论家罗纳德·梅勒认为：维吉尔和塔西佗是两种截然相反的神话的创造者。维吉尔把奥古斯都时代当作和平繁荣的时代开端加以歌颂，塔西佗则哀悼城市昔日的辉煌，在他看来，这座城市已经被邪恶和腐败永久玷污了。奥古斯都的宣传，旨在用善的面具掩盖统治罗马的帝国主义制度。塔西佗则揭露了这一假象，他声称罗马所谓的文明其实只是压迫、剥削和虐待。可悲的是，他意识到了这一事实，于是他在其著作《阿格里科拉》（*Agricola*）中通过一个野蛮人之口，说出了对罗马的严厉控诉："他们大肆掠夺、杀戮，用虚假的借口攫取，所有这些都美其名曰建设帝国。当他们醒来时，除了沙漠一无所有，而他们称之为和平。"

尼禄被元老院谴责为国家公敌，在他被暗杀后，几个满怀野心的继任者之间展开了激烈斗争。最终成为继任的皇帝是苇斯巴芗，他生于弗拉维安的一个非贵族家庭，通过商业和政治婚姻积累了财富，后在军队中获得了声望和名衔。苇斯巴芗意识到，他的家族缺乏胡里奥 - 克劳迪安家族所吹嘘的那种光彩夺目的家世，因此大力赞助一些项目以赢得民众的认可。其中最具代表性和最重要的行动是他拆毁了尼禄的金宫，抽干了曾装点别墅花园的湖水。为了将自己和前任区别开，苇斯巴芗选择了在尼禄的金宫旧址上赠予罗马人一份礼物——一座崭新、宏伟的圆形竞技场，即后来所说的"罗马斗兽场"。

罗马斗兽场这个名字，源于上面提到的最初矗立在金宫旁边的巨型太阳神像。尼禄死后，它被安上了一个具有太阳神原本特征的新头雕，安置在弗拉维安竞技场附近。罗马斗兽场就是因这个巨像的存在而得名的。在 8 世纪最终消失之前，这尊雄伟的雕塑被用作罗马的国家象征，在它脚下，每个公民都必须用祭品和祈祷来表明自己的忠诚。

令人不安的是，为了建造罗马斗兽场，苇斯巴芗和他的两个儿子提图斯和图密善利用在罗马积累的大量财富镇压犹太人起义，占领耶路撒冷，并在 70 年摧毁了犹太圣殿。这些如今都是能在提图斯拱门上的浮雕壁画上看到，我们还能看到画中的军队把从耶路撒冷圣殿掠夺来的烛台和其他贵重物品带回罗马。

提图斯拱门上的浮雕壁画，描绘了罗马士兵对耶路撒冷圣殿的掠夺

认识自我

在经历了前几任皇帝的挥霍无度之后，苇斯巴芗的才干和温和领导受到了人民的高度赞誉，尤其是他稳定了帝国财政收入。然而，与奥古斯都不同，苇斯巴芗从未被描述为一个理想的虔敬者和道德楷模。从这种意义上说，他那尊粗糙的半身像流露出的自然、朴实的特征非常明显：在开国皇帝死后仅仅半个世纪，罗马社会就变得过于愤世嫉俗，只相信皇帝必须出自强壮、熟练

苇斯巴芗是比奥古斯都更务实的皇帝，但仍被自己的儿子提图斯神化了

和身经百战的将军。尽管态度上务实，但为权力套上神话外衣，仍是罗马人的惯性思维。

据苏维托尼乌斯记载，苇斯巴芗临死时幽默地说："哦，亲爱的儿子，我想我要成神了。"他说得没错——他刚一撒手人寰，他的儿子提图斯就把他神化了，这在所有对罗马人民表现出一丝礼貌的皇帝中再常见不过了。

后来，在提图斯和兄弟图密善的领导下，罗马斗兽场终于落成。这座可以容纳 5 万多观众的巨大竞技场的落成庆典持续了 100 天。其间，各种血腥的娱乐活动陆续上演：角斗士的斗殴，人与狮子、老虎、大象等野兽的斗殴。最骇人听闻的事件发生在竞技场被水淹没变成人工湖的时候。在这片小型人造海面上，发生了模拟海战，大量的人要么被剑砍死，要么被水淹死。罗马著名的纳沃纳广场（**Piazza Navona**）的名称源

于"nave"一词，即意大利语的"船"，因为它曾是一座圆形剧场，经常举行模拟海战。

当代历史学家玛丽·比尔德写道："尝试理解罗马人的心态，难度堪比走钢丝。"它的一面是我们今天仍能欣赏的东西，比如罗马人对艺术、建筑、工程和法律的贡献。但当我们看到另一面时，会发现惊人的反差——那些自诩文明的人，怎么能一边对恐怖的奴隶制无动于衷，一边还能欣赏残忍的斗兽场表演呢？这会让我们想起希腊人将外国人视为野蛮人的偏见。同样地，那些粗鲁的罗马人认为，所有不符合他们文化模式的人，如外国人、战俘、奴隶、死刑犯和基督徒，都是下等人，不值得尊重和同情。这些血腥游戏在他们的潜意识里是战争的重演，旨在维持偏见和蔑视的情绪，而正是这些偏见和蔑视，支撑了罗马帝国扩张的侵略性本能。

弗拉维安王朝的末代皇帝图密善，是一个狂热、残忍和偏执的诡异混合体。他相信自己非贵族的血统是一个政治软肋，因此通过鼓吹自己拥有神圣的血统来自抬声望。他的父亲苇斯巴芗和兄弟提图斯都知道，对元老院表达一些尊重，关系到君主政体的存续，即使如奥古斯都所教导的，这只是做做样子。图密善还是拒绝了这种传统，公开地表示讨厌元老院，傲慢地拒绝了他们的提议。为了加强个人崇拜，他要求人民称他为"我们的主和神"（dominus et deus noster）。

当图密善被一个由法院官员组织的密谋谋杀时，元老院通过一项名为"除忆诅咒"的法案，包括熔化一切带有他特征的硬币和雕塑，并摧毁一切与其相关的纪念建筑物，从而把他从人民的记忆中彻底抹去。

图密善之后的五位皇帝——涅尔瓦、图拉真、哈德良、安东尼·庇护和马可·奥勒留——被 18 世纪著名的历史学家爱德华·吉本誉为

"五贤帝"，他在《罗马帝国衰亡史》中称赞这五人统治的时代是史上最幸福的时代："如果你找一个人让他讲出罗马史上最幸福、繁荣的时代，他会毫不犹豫地脱口而出'从图密善死亡到康茂德登基前的时期'。"

即使吉本所赞扬的那个时代确实拥有健全的经济政策和稳定的政局，但他的评价也有些言过其实了。尤其是，当我们想到奴隶制的恐怖仍旧肆虐，妇女仍被剥夺公共话语权，普遍的贫困困扰着社会，一种深不可及的残忍仍在逐渐腐蚀罗马社会，就像一种顽固的癌症。

在五位"贤帝"中，受到最多赞扬的是西班牙人图拉真，他是第一位非意大利人皇帝（98—117 年在位）。之所以受到如此敬重，是因为他是第一个建造大量福利设施的皇帝，旨在为孤儿提供食物和住所。一些历史学家声称，图拉真的动机与其说是人道主义，不如说是需要增加因疾病和瘟疫急剧锐减的人口。无论他的动机如何，他给予非公民人群的救助，足以让他成为其后几百年的一个传奇人物。

后来中世纪有一种谣传，说教皇格里高利一世（590—604 年在位）施法复活了图拉真，只为给曾皈依基督教的他补办施洗，仪式完成后，图拉真立刻再次死亡。在但丁《神曲》中，图拉真也被赋予了一个重要角色。当诗人登上炼狱山时，他看到了一些刻在岩石上的小故事。根据但丁的说法，这些小故事是神圣的寓言，用以教育那些正在赎罪的灵魂保持谦卑。这些故事包括"圣母马利亚和天使报喜""大卫在方舟前跳舞""图拉真和寡妇"，就像故事里说的：图拉真在一次打仗的路上，有个寡妇拦住了他，要求他为自己儿子的死负责。但丁写道，图拉真这时表现出了极大的仁慈，皇帝被可怜寡妇的话打动，决定暂时停下脚步，允许她为儿子报仇——但这可能会导致杀害她儿子的真凶逍遥法外。

为什么这一时刻会被但丁列为谦逊的典范？这很难理解，至少在现代人看来是这样。我们唯一能得出结论的是，在但丁的时代，"好"（good）这个词的用法与现在大不一样。不是说我们要否定图拉真的成就，他当然比卡利古拉、尼禄之流好很多。但这不会改变一个事实——他以慈悲闻名，但同时也是握有生杀大权的主宰。只有通过这些概念，我们才能理解为什么一个简单表示关心的动作，可能会被穷人们描述得如此热情洋溢，但皇帝其实并没有那么关注他们。

图拉真可能不是他传说中所暗示的那种谦卑的人，当我们得知这位被认为是谦卑的皇帝无法抵挡诱惑，为了他自己的荣誉建立了一个巨大的新广场时，这一怀疑似乎得到了证实。在这个广场的开幕式上，人们进行了长达 120 天的娱乐活动，在这些游戏中，角斗士、囚犯和动物血流成河，以此娱乐罗马民众。

图拉真还在他的广场附近建造了一座巨型市场，并为罗马人民修建了一座大型浴场，其入口处有一座他本人的宏伟雕塑。图拉真最著名的纪念性地标，是广场中央的一根庄严宏伟的圆柱（这是少数保留至今的伟大古代遗产），上面的浮雕画面描述的是罗马人与达契亚（后来的罗马尼亚）的战争。这根柱子由产自希腊波罗斯岛的纯白大理石雕刻而成，其美丽和创新之处是柱身周围的一系列大型浮雕，随着螺旋状的延伸，将关于这位杰出领袖及其军队的事迹一步步引向顶端。图拉真死后，他的骨灰被放在圆柱底部的金匣子里；他的青铜像则被安置于柱顶，用来纪念这位神格化的伟大领袖，通过给罗马带来繁荣，他在不朽的众神中为自己赢得了一席之地。

后来，当罗马成为基督教首都和教皇居住地后，许多异教纪念碑被基督教化。1588 年，为了抹去异教历史，也为了炫耀权力，教会决定移

　　　　　　　　　　　　　　　　　　　　　　　认识自我

图拉真圆柱，"他"至今仍立于其上，俯视着自己的军事成就

走图拉真圆柱顶上的皇帝像，换成圣彼得的雕塑。其后的400多年，圣彼得一直站在刻满军队和战争场景的柱子上俯视这座城市，这种画面似乎很不协调。然而，罗马这座城市最有趣的地方之一，或许正是神圣与渎神元素之间天马行空般的交融——在罗马，这种鲜明的对比总是设法以一种诡异、易变却又完美的方式共存。

随着图拉真征服罗马尼亚，罗马帝国终于走进了鼎盛期。加强帝国边界防御，成为图拉真的堂兄和继任者哈德良的首要任务，他在北部边境修建了一堵巨大的防御城墙。哈德良是个文质彬彬、有教养的人，对美和艺术抱有极大热情。出于这种热情，他在21年的执政生涯中有12年不在罗马，他游历了帝国四方，最终在离罗马几千米远的蒂沃利建造了一座别墅，他将其设想成一座私人博物馆，其中带有浴室、图书馆、剧院和风格各异的神庙，灵感来自哈德良在周游世界期间欣赏过的美景。

哈德良把别墅安置在城外，正是遵循了共和国末期以来流行的模式，之前提到，当时的精英贵族开始把自己的乡村庄园看作专门从事娱乐活动的休闲（otium）场所，远离城市的繁忙或谈判的公务（negotium）。当然，这一选择也可能是哈德良保持他对艺术的奢华和昂贵的热情，与其他公民的审查保持安全距离的一种方式，从而避免可能出现的批评反对。

在罗马，哈德良的名字永远与两个非常特殊的建筑项目联系在一起：万神殿的完工和宏伟的陵墓建设，陵墓是为他和他的家人建造的。这座建筑的巨大规模堪比奥古斯都的陵墓，在后来的几年里，它巨大到足以被改造成教皇的堡垒，从那时起改名为圣天使堡。

哈德良奢华的陵墓，后来变成了教皇的堡垒——圣天使堡

认识自我

作为哈德良统治特点的优秀管理，在他的继任者马可·奥勒留身上得以延续，他因践行斯多葛派哲学而获得"哲学皇帝"的美誉。自塞涅卡以来，斯多葛派哲学已经从西塞罗推崇的公共政治哲学，蜕变成一种逆来顺受的人生哲学。用伯特兰·罗素的话讲，在这个幻灭的时代，斯多葛派关心的不是"人如何才能创造一个好国家"，而是"人如何才在邪恶世界里成为有德之人，在苦难的世界寻找幸福"。作为尼禄的导师，塞涅卡目睹了人性所犯下的暴行，对他来说，在这个充满暴力、黑暗的世界里，坚持逆来顺受，似乎是唯一可行的救赎方法。

当塞涅卡对在尼禄宫廷里所见的一切感到沮丧时，他要求告老还乡，皇帝答应了。但是，塞涅卡退休后藏身的和平绿洲并未能幸免于尼禄的残暴，尼禄不久就指控老师密谋行刺，逼他自杀。

塞涅卡一生中经常被指责是虚伪之徒，因为他与皇帝的关系亲密而活得滋润安稳。但他面对死亡时的尊严，使他获得了一种荣耀，抵消了他以往一切的奢侈。"尽管有很多缺点，"学者威尔·杜兰特以一贯的智慧文笔写道，"但（塞涅卡）仍是最伟大的罗马哲学家……是仅次于西塞罗的第二可爱的伪君子。"

按照塞涅卡的斯多葛派原则，马可·奥勒留声称：获得内心平静的唯一途径是有尊严地接受生活中无谓的苦难。这种宿命论，说明奥勒留是个内心极其复杂的人，他可能很想离开这个世界，献身于灵魂的培养，但作为皇帝又不得不履行与自己的主张完全相悖的现实义务。事实上，他在与野蛮的马科曼尼人作战之余，写下了《沉思录》（*Meditations*），这对他而言至关重要。每天夜里，他会在帐篷中记录美德、坚持顺从和纯洁的精神，但天一亮，他又立刻弃笔从戎，率军杀入敌阵，敦促士兵尽量砍掉敌人首级来换取功勋。

一想到这种矛盾性，再次读到《沉思录》中优美的句子，也能品出一丝别样的意味："要经常思考宇宙万物相互之间的关系。因为事物在某种程度上是彼此联系的，而且是以一种友好的方式彼此联系的。"

不可否认，这句话确实优美，但我们也要记住，在马可·奥勒留的时代，斯多葛派所主张的"天下皆手足"的理想仍带着一种强烈的偏见——排斥了所有奴隶和不够文明的人，比如生活在罗马帝国之外的所谓"蛮族"。

吊诡的是，接替这位忧郁的马可·奥勒留的人，是他的儿子康茂德，罗马历史上最堕落的皇帝之一。康茂德在帝国史上留下的印象，是常把自己描绘成披着狮皮的大力神。为了模仿大力神，康茂德经常在罗马斗兽场亲自表演。他最爱的表演是骑在马背上追赶一群受惊的鸵鸟，这些鸵鸟被放进斗兽场中，他把它们的头一个个地砍下来。当选择角斗对手时，他会专挑那些受过伤甚至被截肢的囚犯。

堕落的康茂德头戴狮皮的雕塑，他把自己想象成大力神，并将这一形象散布于整个帝国

认识自我

帝国的衰落

随着时间流逝，维系这个庞大的帝国变得越来越困难。在公元 3 世纪，几场重大的灾难进一步加剧了本已危险的局势——包括严重的经济危机、饥荒和瘟疫，以及在帝国边界虎视眈眈的外族之侵扰。针对后一个问题，罗马人尝试了不同的解决办法：从签订和平条约到招募友善的野蛮人作为雇佣军。为了强化这一制度，皇帝戴克里先（284—305 年在位）建立了一个专制政权，为士兵分配政治职务。为了巩固国防，戴克里先还决定与一位心腹将军马克西米安共享"奥古斯都"头衔。马克西米安控制西部，戴克里先控制东部。因为比起罗马，戴克里先更喜欢自己的家乡达尔马提亚。为了协助两位奥古斯都，又增设了两位共同执政官，都被授予了"恺撒"称号。如此高昂的统治成本，迫使罗马建立了复杂的官僚机构来确保更高效的全国征税。

为了加强自身权威，戴克里先自诩为朱庇特的化身，自封了"Dominus"头衔，意思是"主人"或"上帝"。戴克里先还重新启用了王冠——一种被祖辈们视为东方皇室的象征而厌恶的头饰。历史学家爱德华·吉本写道，随着时间推移，宫殿里的生活变得"越来越困难，因为冒出大量的新仪式制度。宫殿内的主通道由内务官员严防死守。宦官们负责戒备内室，他们的人数增加和影响力的扩大，足以成为专制主义抬头的有力象征。如果一个罗马人被允许进入皇宫，无论出身高低，都必须跪倒在地，按照东方传统膜拜他的君主和主宰的神性"。

基督教迅速传播到帝国的每一个省份，由于他们宣称只信奉唯一的神，图密善发起了一场暴力镇压和宗教迫害运动。根据帝国的敕令，基督徒的财产被没收，教堂被摧毁，集会被禁止，许多基督徒被折磨和杀害。人们常说"文字是最有力的武器"，而帕特摩斯岛的约翰为罗马人写下的文字，正是这一谚语的最佳例证。早期的基督徒相信，约翰是福音作者（Evangelist）之一，但现代学者否定了这一观点。现在普遍认为，真正的约翰是在图密善时期逃避了罗马人在巴勒斯坦的迫害，他在帕特摩斯岛（在今土耳其海岸附近）登陆。约翰说，他在那里遇到了一位天使，天使赐予他的一篇预言名为《启示录》（Apocalypse）。这篇预言是专门为安慰受迫害的基督徒而写的，书中把救世主弥赛亚描述成一名复仇者，身骑白马践踏敌人，带来正义的胜利，最后开启一个新的时代。在约翰的叙述中，他谴责罗马帝国是万恶之首，罪恶的罗马城就是堕落的巴比伦，是一个吸吮圣徒鲜血的妖女。

基督教的历史，在君士坦丁皇帝的统治时期发生了巨变。君士坦丁在其父死后继承了西罗马的皇位，与东罗马皇帝马克森提乌斯两相对峙。决战前夕，君士坦丁做了个梦，梦见一个十字架上面写着预言："你必在这标志之下取得胜利。"君士坦丁把这个梦解释为上帝的直接启示，他把基督的象征十字架画在所有军旗上。最终的胜利使心存感激的皇帝废止了前任的政策，宣布迫害基督徒为非法行为。随着313年《米兰敕令》的颁布，君士坦丁授予所有臣民平等的宗教自由权。

除了归还基督徒被没收的财产，君士坦丁还挪用了建设基督教教堂的主要资金。其中最重要的一座是献给圣彼得的，它建在尼禄的旧圆形广场旁边，据说圣人就是在那里被钉死在十字架上的。为了容纳参加基督教仪式的广大会众，君士坦丁的建筑师们采用了旧大教堂的模型：细长的矩形结构，尽头是罗马人用作法庭的后殿。

4世纪的作家欧瑟比在《赞美君士坦丁的演讲词》（Oration in Praise of Constantine）中写道，上帝直接选择君士坦丁作为地上的使者和代言人，是因为他的英勇和虔诚堪称楷模，"我们的皇帝像灿烂的太阳，照亮了帝国中最遥远的臣民……他被赋予了象征神圣主权的外表，抬头仰望，依照神圣本源的模式来构建他的世俗政府，感受与上帝的君主政体相匹配的力量"。

欧瑟比的言辞过分夸大了皇帝的宗教品质，许多学者纷纷指出君士坦丁直到337年的晚年时才皈依了基督教。这似乎表明，君士坦丁接受基督教的背后，绝不是出于信仰，而更像是一种精确的政治算计——他站在基督教上帝的立场上，希望与更强大的宗教信仰结盟，以巩固自身的权威，同时凝聚帝国臣民的向心力。

君士坦丁或许没有意识到，基督徒并非他最初以为的那种温顺平和之徒。他可能一开始就意识到了——一旦他允许基督教存在，就要面对不同教派之间的残酷斗争，他们都要把自己的宗教强加于人。在这些教派中，最激进的是阿里乌及其追随者，他挑战了"圣三位一体"的教条，不接受基督与上帝具有相同的神性。为了结束阿里乌派引发的激烈争论，325年，君士坦丁作为帝国政治和宗教领袖在尼西亚召开了一次会议。会议后达成的决议明确宣布基督与上帝等同，阿里乌派被判定为异端。

与自己大力推行的宗教合法化所倡导的贫穷、谦卑的理想正相反，君士坦丁继续过着许多罗马皇帝钟爱的奢华生活。他也像异教徒一样，同时信奉多个神明，比如大力神、阿波罗，尤其是当时广受欢迎的"无敌太阳神"（Sol Invictus）。他选择周日作为基督教的神圣日，而非犹太人的安息日周六，并将12月25日（太阳神信仰的主要节日）定为圣诞日。这表明他遵循了罗马人信仰混杂的习俗，认为将基督教传统与他最爱的异教节日结合起来完全合理、合法。

东方蛮族带来的国防压力，要求帝国首都选址应该比罗马更具战略防御性。330 年，君士坦丁大帝在博斯普鲁斯（今伊斯坦布尔）建立了新首都。尽管这座城市被称为"新罗马"，但它一开始就以创始人的名字被命名为"君士坦丁堡"。君士坦丁招募了大批建筑师、工程师和工人来改善城市的外观和功能，使这座城市成为史上最引人注目的首都之一。君士坦丁堡拥有巨大的防御城墙、宏伟的宫殿、铺满石块的大街、古典柱廊式的门廊、开阔的广场，还有著名的赛马竞技场。在君士坦丁下令禁止角斗之后，君士坦丁堡在接下来的 1200 年里一直享有盛誉。

和往日的罗马一样，在君士坦丁堡，艺术家们被规定的创作主题是纪念这位带有传奇色彩的皇帝，他希望被人民视为帝国所代表的伟大多样性的化身。学者玛丽莲·斯托克斯塔德在《中世纪的艺术》(*Medieval Art*) 一书中写道，阿波罗的青铜神像具有皇帝本人的容貌，矗立在一根由斑岩雕刻而成的柱子上，来自不同宗教的珍贵文物装饰于其上："在犹太人看来，这是诺亚建造方舟用的扁斧……在犹太人看来，这是一块基督奇迹般喂饱五千信徒的面饼碎屑……在骄傲的罗马人看来，这是由其神话缔造者埃涅阿斯王子带到罗马的量尺。"

君士坦丁过分地尊崇自我意识和他对基督教的粗浅理解，直接反映了他选择在君士坦丁建立一座豪华教堂，这座教堂用以纪念十二使徒，名为"圣徒教堂"；他还提议自己死后就安葬于此，暗示自己会成为第十三使徒。这一提议，即使对看惯了统治者铺张浪费的罗马人民来说，也太过浮夸，因此最终被否决，最终，他的遗体被葬在教堂附近的陵墓里。

君士坦丁的继任者狄奥多西一世在位时，所有的异教都被宣布为非法，基督教在 379 年成为帝国的唯一国教。但事实证明，平衡政治利益

　　　　　　　　　　　　　　　　　　　　　　　　认识自我

与基督教教条，远比君士坦丁和狄奥多西预料的困难得多。狄奥多西是在被米兰主教圣安布罗斯严厉批评时意识到这一点的。在帖撒罗尼迦发生的一场暴乱中，一名罗马军官被杀，作为报复，狄奥多西下令屠杀了7000名平民。圣安布罗斯被这件事彻底激怒，严厉地斥责皇帝，并要求他忏悔。圣安布罗斯坚信教会的精神力量高于国家的世俗力量，他一遭拒绝就把狄奥多西逐出了教会。狄奥多西心急如焚，害怕自己死后被报复，或者因反驳严厉的主教产生不利的政治影响，最终还是被迫屈从于主教的意志。

另一个著名的例子是罗马执政官叙马库斯，他要求元老院重建在382年被皇帝格拉提安下令拆除的异教徒胜利祭坛，并恢复该教特权。得知此事后，主教圣安布罗斯立即致信瓦伦蒂尼安二世，敦促他谴责叙马库斯的亵渎行为。后者回答："我们每个人凭借哪一种智慧获得真理，又有何妨？通往崇高神性的道路肯定不止一条。"叙马库斯对宗教自由的热情辩护，并没有打动保守的圣安布罗斯，这位主教再次获胜。

狄奥多西死于395年，他将东西罗马的统治权分别留给了两个稚嫩的儿子——18岁的阿卡迪乌斯和11岁的霍诺里乌斯（由于后者年纪尚小，由斯蒂利科辅佐）。

4世纪初，来自中亚的匈奴人开始向西迁移，大约在350年前后进入俄罗斯南部。暴戾的匈奴人的扩张所带来的阴影，使许多生活在罗马边界以外的蛮族部落纷纷大举西迁。

几个世纪的缓慢衰落，蚕食着日薄西山的帝国，对它而言，致命一击发生在410年8月，当时西哥特人首领亚拉里克越过帝国边界突袭意大利，随后进攻罗马。即使罗马早已不再是帝国行政中心，但这座传奇城市所遭受的屈辱，也在世界上激起了一股恐怖沮丧的冲击波。

为了凸显帝国的普遍堕落，历史学家普罗柯比讲述了一件关于西罗马皇帝霍诺里乌斯的离奇逸事。有一天，一个信使前来禀报："罗马城灭亡了！"皇帝一脸难以置信地喊道："怎么可能？！早上我还在亲手喂它吃饭呢！"皇帝说的是他的宠物大公鸡，名叫"罗马"。当信使明白了以后，解释说他指的是罗马城时，皇帝这才松了口气说："哦，天哪！有那么一会儿我还以为是我的鸡死了呢！"

在 410 年被洗劫一空后，455 年，罗马城又遭到汪达尔人的入侵。此后，西罗马又苦苦挣扎了十几年，最终于 476 年瓦解，末代皇帝罗莫洛·奥古斯托洛被一个名叫奥多亚塞的蛮族酋长赶下了台。在罗马建立七百年后，这座荣耀之城，连同罗莫洛这个仿佛嘲弄往日辉煌的小人物一起，彻底走向灭亡。

圣奥古斯丁的双城

尽管罗马的声望自 3 世纪初开始每况愈下，但这座城市的神话一直在世界各地广为流传。因此，当罗马被蛮族攻陷时，引起了世界各地的同情和关注。是什么导致了这座曾以权力掌控大多数人的辉煌之城最终沦陷？异教的思想家们异口同声——罗马的衰落，肯定是因为基督教徒不崇拜异教众神，罗马众神自古确保这座城市的历史发扬光大。要不是最有影响力、思想最活跃的基督教学者圣奥古斯丁对其提出强力的反驳，这一论点可能会导致基督教面临一场劫难。

354 年，圣奥古斯丁生于北非的塔加斯特镇，17 岁前往迦太基学习修辞学。迦太基在布匿战争中被摧毁，后被重建为一座罗马城市。在

《忏悔录》中，圣奥古斯丁表达了对自己早年生活的羞愧，他说，那时他过着放荡纵欲的生活，和一个情妇长期保持关系，还有了一个私生子。即使他的行为让他虔诚的基督徒母亲莫妮卡觉得反感，他也未曾改变。奥古斯丁那句对上帝的著名祈求"请赐予我贞洁和自制，但不是现在"就出自这一时期。直到他读了西塞罗的演讲稿《荷滕西斯》（*Hortensius*，已失传）后，他才幡然醒悟，并且对哲学产生了兴趣。在皈依基督教之前，圣奥古斯丁就被新柏拉图主义和摩尼教所吸引。摩尼教是波斯先知摩尼创立的宗教，吸收了许多古代琐罗亚斯德教的信条，认为宇宙是善恶长期争斗的结果。后来，与米兰主教圣安布罗斯的相遇，促使他最终皈依了基督教。

在早年对其他宗教的影响下，圣奥古斯丁逐渐创立了"上帝之城"理论，他描述了两座相对应的城市：一座属于上帝，即"上帝之城"；另一座属于人类，即"地上之城"。他引用《创世纪》作为论据而写道，地上之城的根本特征是该隐谋杀兄弟亚伯时留下的血迹和暴力。人类之城从一开始就以这种可怕的暴力行为违反了它本应代表的东西——和平共处的兄弟情谊。他强调，罗马同样建立在类似的兄弟谋杀案的基础上（罗慕路斯在杀死兄弟雷姆斯后建立了罗马），显然，他试图证明人是一种狡猾、残忍、暴力的生物。

圣奥古斯丁写道："该隐像罗慕路斯那样为了独揽大权，为了将私爱强加于人而谋杀了兄弟，而亚伯怀着谦卑的信念和希望，将无私之爱投向造物主。该隐则建立了一座亚伯城：'世界上的朝圣者和陌生人……因神的恩典而注定在下界成为朝圣者，在上界成为公民。'"

该隐和亚伯、罗慕路斯和雷姆斯的故事表明，人类缺乏正直的道德，因此在地上建立一座正义和兄弟情谊之城具有一切美好的希望：

"两种爱，创造了两座城市、两种群体。地上之城建立于伤害上帝的自爱，而上帝之城建立于自伤和对上帝的爱。"

在罗马的异教文化中，人类被尊为历史代言人和文明推动者。基督教则完全相反，把人类描绘成天生罪人，注定要在陌生、残酷的宇宙中为自己的狂妄赎罪。在被赶出家园之后，人类只有学会将自己的人生转变为通往超自然的上帝之城的旅程，才能获得救赎。

圣奥古斯丁写道："基督徒即使在家里，在自己的城市里，也觉得自己是外国人。因为我们的祖国高高在上。在那里，我们不是外国人；但在这里，人人都觉得自己是外国人，哪怕是在自己家里。"随着基督教的发展，信徒对家庭和城市的虔诚变得无关紧要。正如《新约》中记载，为服侍上帝，人类必须放弃所有对旧的社会和家庭所承诺的理想。

真正的信徒就像一个朝圣者，时刻准备着离开自己在尘世中曾经珍爱和拥有的一切。救赎之路，注定是一条铺满放弃、降服和自我否定的道路。罗马人的美德是勇气和刚强的自信，而基督徒的美德则是温顺和谦卑。为了进一步否认所有人类成就的价值，圣奥古斯丁甚至断言，人类傲慢地宣称自己创造的一切注定消失于黑暗之中。罗马的命运，恰恰证明了这种内在的真理——人类成就的持久性，不过是一种幻觉。罗马帝国的衰落证明，如果没有上帝的怜悯与恩典，哪怕是史上最强大的帝国，也注定要瓦解成散落于路边的碎石、木屑和泥土，"罗马现在不过是一堆石块和森林……人类所建造的一切，终将消亡"。

在圣奥古斯丁看来，一种挥之不去的罪恶感和空虚感占据着基督徒的心。人生只不过是"一场走向死亡的赛跑"，一段短暂的时间，它赋予了人人平等的机会，以谦卑的奉献为亚当、夏娃的原罪引起的毁灭性后果赎罪。

学者理查德·塔纳斯在《西方思想的激荡》(*Passion of the Western Mind*) 一书中写道："对上帝的爱，是圣奥古斯丁宗教信仰的精髓和目标，只有成功地克服对自我和肉体的私爱，上帝之爱才能成长、壮大。"这也要求人类要克服求知的渴望，而这种渴望，据《圣经》所言，直接源于夏娃的贪欲。柏拉图和亚里士多德将灵魂视为理性的核心，从而在灵魂和心灵之间建立了一种内在联系。因为，正如苏格拉底所说，不学哲学，就不可能获得更高的智慧，希腊人也养成了"知识等于美德"的信念。我们将在下一章深入了解到，通过将心灵与灵魂分离，基督徒彻底地驳斥了异教徒对理性的信仰，认为人类心灵对知识的渴求，与对不恰当、不纯洁的肉欲过分依恋有关。这一主张等于宣判了哲学的死刑，使神学摇身一变，成为真理的唯一藏宝室，也是唯一权威的声音，取代了西塞罗等希腊、罗马思想家以伦理、政治、科学等哲学保护伞保存下的真理。

基督教的理念把教会的地位提升到了新的高度，正如圣奥古斯丁所说，拯救人类的一个必要条件正是教会的指导。"以教会为代表的上帝之国源于亚伯，而世俗之国源于该隐，因此后者本身没有目的，应该服从于前者的需要。"

整个中世纪时期，圣奥古斯丁的观点被广泛引用，旨在证明由于世俗世界的道德缺陷，教会应当高于国家，对于维护世界的正义与和平不可或缺。圣奥古斯丁没料到的问题是，当教会受到权力的鼓舞开始渴望获得更大的政治影响力时，将会申明神权统治的卓越地位，这与基督教早期追求的精神纯洁几乎背道而驰。标志性的转折点发生在 800 年，查理曼大帝在教皇加冕下成为罗马帝国（剩余部分）的皇帝。圣奥古斯丁如果还活着，应该会无比震惊。他心中的教会是一个使徒团体，与一个旨在建立世俗政治帝国的组织无关。学者弗农·J. 伯克在其著作《真实的圣奥古斯丁》（*The Essential Augustine*）中，解释了人们对这位神学家意图的误读："从查理曼大帝开始，神圣罗马帝国受到了对圣奥古斯丁'上帝之城'的误读的启发。许多人认为，圣奥古斯丁计划在地上建立一个上帝之国，形式上就是由基督教复兴的古罗马帝国。然而，这并非他的真正意图。圣奥古斯丁的理想是超凡脱俗的，他区分了两种人、两种社会，它们永远不会被正式地制度化。在最终审判之后，这两种人将分别进入天堂和地狱。"

第三部分　中世纪早期

PART THREE　|　THE EARLY MIDDLE AGES

理性的消亡

公元后诞生于罗马统治下的基督教，在文化心理上属希腊化地区，因此基督教在演变过程中吸收了许多希腊传统思想。我们须牢记，除了纯粹的希腊影响（毕达哥拉斯、柏拉图、亚里士多德、斯多葛派等）之外，这一影响也包括许多亚历山大东征印度时从东方获取的传统和思想。许多神秘教派如俄耳浦斯秘仪，都是希腊化扩张的结果，另外还有波斯琐罗亚斯德教、摩尼教等。除了基督教在其复杂发展中受到的各种影响外，还加入了仪式传统（如诵经，使用蜡烛、香和圣水）和祭司制度，这些制度可能来自叙利亚、埃及、巴比伦和波斯。当然，在与其紧密联系的无数文化来源中，最重要的是犹太教。

古希腊哲学家认为，宇宙秩序是由非人化的造物主创造的；相反，基督教把世界描述为造物主之爱的体现，他对自己的创造如此投入，甚至超越了任何身份、特权和财富的差异，尊重每个人的神圣性。

对于古希腊诸神时代具备阶级意识的社会来说，这种变化是革命性的——所有曾被排斥和遗忘的人（被剥夺财产的人、被驱逐的人、奴隶、妓女），如今都被上帝之国接纳和欢迎。伯利恒之星向伟大的国王和贫穷的牧羊人宣布了弥赛亚的诞生，这标志着以前无法普及的正义理想的诞生，在这种理想中，人人都被赋予同等地位，在上帝子民之名下，受到同等重视和尊重。

这一理想在现实中没有立刻付诸实际。现实中，为了消除奴隶制或对妇女的歧视这些可怕的影响，我们花费了好几个世纪。尽管如此，基督教所宣扬的对人类内在神性的尊重，依然对西方文化的发展产生了深远影响，尤其是在法律和司法领域。

它赋予人类生命以重大价值，最早源于犹太人在《创世纪》中的叙述。在此篇中，据说上帝创造世界后用黏土塑造了一种动物，以他自己的"形象和肖像"为模板。

上帝从人类中选择了一个与他相似的人，一个与他分享永恒的对话者，在他身边成为万物之主——这一特权地位，在上帝赋予此人命名他的王国中所有动物的名字时得到了证实："上帝啊……把它们（指动物们）带到亚当那里，看他怎么称呼它们。亚当怎么称呼它们，它们就叫什么。"

这种与上帝的微妙联系，将人类的价值提升到了空前的高度。但当亚当和夏娃（上帝用亚当的肋骨造出了夏娃）偷吃了智慧树上的禁果时，一切急转直下，因为树上的禁果是上帝严禁他们触碰的。

一条蛇引诱他们，向他们许诺可以获得上帝的认知。他们最终接受的惩罚就说明这只是空头支票，他们从天堂坠入大地，灵魂被剥去光辉的外衣，如同在黑暗的坟墓里套着会腐烂的外袍。

由于人类的主观选择，他们永远失去了上帝的客观庇佑——历史从此取代了永恒，无情地用时间和空间限制着生命。《圣经》上说，那一刻，亚当和夏娃意识到自己赤身裸体。赤裸，正象征着他们新获得的脆弱、贫乏的身体条件：身体孱弱、思想缺乏、时间的流逝、残酷死亡的结局。

亚当和夏娃从过错中得到的，并非优秀的认知能力，而是充斥于这个破碎的世界里的无知、痛苦和困惑，这个世界最大的特征是一切生物都在为统治和生存而残酷地竞争。在这场竞争中，这两人被下降到与他们曾统治过的动物一样的水平。为了描述人类新获得的身份，宗教艺术作者经常采用一种"野兽化"的隐喻。在中世纪的许多作品中，亚当、夏娃覆盖着毛茸茸的皮肤，用以象征人类堕落后近乎动物的状态。

从那一刻开始，人类的存在就等于远离自己的故乡——换句话说，就像一个四处流浪的异邦人。[1]

基督教思想家在描述地球维度令人讨厌的原始物质（hyle，希腊语中表示混沌的无形物质）

一幅中世纪绘画中描绘的亚当和夏娃被逐出伊甸园的场面

时，将世界定义成一个"不一致的区域"，或者与《旧约》相呼应，叫"物质的埃及"（Egypt of matter）。他们用这些带侮辱性的词来形容现实世界是一座痛苦的监牢，与其相对的是在失乐园中体验到的幸福和睦。

一种被物质的迟钝和黑暗紧紧束缚的动物，如何能重新获得精神上的光明，从而飞回上帝之国呢？

信徒的答案是一个令人信服的故事：尽管罪恶导致了这一切的缺陷和磨难，但宽容的上帝通过耶稣基督的肉身，引导人类回到原始的状态。

"仁慈的造物主"这一思想源于犹太教，上帝曾表达了对以色列人的爱，一路上真诚地帮助他的选民，从他们在埃及统治下的遭遇到征服

---

[1] 从词源上看，"存在"（to exist）一词源自拉丁语的"ex stare"，意为"待在外面"。

一片与上帝神圣意志相协调的土地，以色列人最终在正义和自由中欢欣鼓舞。

基督教与犹太教的相似之处，都把人生视为摆脱枷锁走向自由的旅程，区别主要是故事中的人物和目的地。犹太人渴望建立一个符合上帝选民利益的正义的地上王国，而基督教徒则专注于建立一个精神王国，而非世俗王国：一个接纳全人类的超历史和超陆地的应许之地。

为了回到天堂的家园，人类必须找回那片神性的碎片，它就像一颗珍贵的宝石，在俗世的破碎本质中一直闪耀着光芒。

上帝的荣耀存在于人类精神的最深处，远离尘世苦难的凄凉。正如保罗所说的："我们在肉身当中时，是与主相离的。"

由于没有基督的介入，犹太人就不可能从流放中逃脱，而且，如果没有"基督之言"（His word）的转变，就不可能产生对他的认识。《新约》的主要内容集中在他的生平和教导上，不是他本人所写——他像苏格拉底一样，没有留下任何书面文字——而是散见于四大福音书的记载。历史学家已经证实，这些福音书（福音的原意是"好消息"）不像过去人们认为的那样，是由他同时代的人所写的，而是写于1世纪末，并在2世纪前后被收入《新约》。

"符类福音"（synoptic）这一名词可用来恰当地描述福音书，是指文本叙述符合主题。其中只有复杂难解的《约翰福音》这一例外，在这本神秘的书中，上帝之国被描述成光辉的胜利成果，与黑暗的俗世形成鲜明的对比。《约翰福音》采用的神学方法，关键在于将上帝定义为"逻各斯"（Logos）——在希腊语中，这个词兼具"言语"和"理性"（reason）两种含义，在希腊传统中表示神圣、理性的秩序力量。福音的开头以"逻各斯"来定义上帝的创造能力，并且把这个词改成基督教的说法

认识自我

"道"（the Word）：

柏拉图主义贯穿于《约翰福音》的全书脉络，这一发现更要归功于保罗——他是一个希腊化时代受过教育的犹太人，早年积极参与迫害基督徒，直到在前往大马士革的途中突然信奉基督。据《使徒行传》中记载，保罗（皈依前名叫扫罗）在某一刻突然受到启示，从那一刻起，保罗将自己的一生献给了基督，据考证，他死于 67 年尼禄对基督徒的迫害运动当中。保罗在写给他所创立的教团的书信中，将他们的救世观念提升到了一个新的层次。

为了解释基督使命的本质意义，他强调了洗礼仪式的作用，通过他所宣讲的洗礼仪式，鼓励信徒象征性地模仿基督，因为基督死在十字架上时，将人的灵魂从物质的牢狱中解放了出来。洗礼同时表明了肉体死亡和灵魂复苏，和基督在十字架上的牺牲异曲同工——换句话说，基督作为人类完美的原型所扮演的新亚当，取代了旧亚当。保罗不止一次地称基督为"新亚当"，他写道："在亚当身体里，所有人都会死，但在基督身体里，所有人都会活着。"

信徒的目的是谦卑地舍弃自我，以便逐步走向上帝身上更大的完美。上帝所要求的转变并不局限于身体：正如保罗所解释的，基督的使命也包含了对给予人类心灵的过度价值的强烈控诉。

毕达哥拉斯、苏格拉底和柏拉图都坚持认为灵魂是理性的所在，理性是人性中顶层和最高尚的品质。另外，因为基督教的理性具有比灵魂更重要的特征，因此它属于有着与之相似缺陷和欲望的身体。保罗一再强调，超越万物的上帝同时也超越了人类的认知能力。

与古典传统相反，保罗拒绝承认理性思维的重要性，他认为，除非得到神的恩典的帮助，否则理性思维仅仅是走向高级认知的一种不足的手段。为了强调理性的不足，保罗甚至把人类比作无助的、正在哺乳的婴儿，他们需要教义所提供的"牛奶"，没有这些"牛奶"，他们就无法吸收真正聪明的食物。

基督教声称，自亚当和夏娃堕落以来，智力缺陷将人类禁锢在事物的表象，无法看到、听到或理解事物内在的本质。为了克服这种肤浅的、泛泛的认知局限，他用了一种神秘的、间接的方式来讲故事，挑战思维习惯和先入为主，以激发一种更深层、更精细的认知方式。

圣奥古斯丁在《论宗教真理》（*On Religious Truth*）一书中对基督的教导方法的阐述如下：

> 上帝不带蔑视……用隐喻、明喻来玩弄我们幼稚的思想，用这种黏土医治我们灵魂深处的眼睛。

因为当面对上帝的宏大浩瀚时，人类残缺的能力会被彻底淹没，所以，要使用由寓言、符号、隐喻、明喻组成的间接成语作为描述神的核心信息。为什么？圣奥古斯丁断言，这就像用童话教会孩子道德准则，它们将神圣话语的复杂性降到了最低程度。

使用比喻，目的是通过故事来激发人们的情感和直觉意识，这些故事鼓励人们超越逻辑和理性的线性思维。因此，3世纪的学者、来自亚历山大城的辩护者克莱门，将基督比作一位教育者、教师，他促进人类内在潜能成长，他超越了信徒以往一切理性和经验话语的平淡无奇和根本无效的语法。

按照这些准则，初学者被教导，就像真理深藏于世界表面之外一样，经典上的话不应从字面去理解，而应该是不断指向其他东西的线索——一种将精神向前推进的意义，最终只能被间接地暗示，因为它是任何世俗的认知方式都无法彻底还原的。

为进一步解释这些信息的启示性，圣奥古斯丁将这些文字的内在意义与身体内的灵魂进行了比较。他写道，这些文字就像"肉身的外袍"，包裹着等待被揭开的更深层的含义——只有用灵魂之眼而非肉眼来探索这些信息才能成功。

这一观点显示了犹太传统的影响，在那里文本和解释被认为不是两个独立的实体，而是两个相互关联的方面的启示。学者乔治·施泰纳在《真实的存在》（*Real Presences*）一书中解释说，犹太诠释学的目的是要扩展《圣经》中包含的信息，就像一个无休止的赋予意义的过程。"在犹太教中，无休止的注释和对注释的注释都是最基本的……阐释的灯火在会幕前永不熄灭。我相信，犹太人不灭的诠释学，和他们在流亡中的生活是相通的。"

经典上的每一个字、每一个形象都随着意义的涟漪不断扩展，不绝地唤起了上帝形而上学的无限性——这正是赋予整个宇宙生命和形式的不可测量、不可描述、不可触碰的逻各斯。

学者诺斯洛普·弗莱在《伟大的密码》（*The Great Code*）一书中描述了经典文本的神秘性所要求的无尽的阐释，即"一个在微妙和全面中成长的单一过程"，以表达"不同的感官，而非不同强度或更广泛的连续感，像种子中的植物一样展开"。

这句话与《马太福音》中的一段遥相呼应，基督将他的话语比作种子："种子虽小，但如果种在适当的土壤里，就会充满创造力。"

但是，把种子撒在好土里的人，就是听了道又懂了道的人。

就像一颗小小的种子长成一棵大树，经典文本中质朴的语言，如果放在因丰饶的信仰而变得肥沃的灵魂土壤中，就会绽放出天堂般的光彩。

圣奥古斯丁写道："不要试图理解你可能会相信，但要相信你可能会理解。"意思是说，信仰对于实现真正的认知是不可或缺的。人类理性的价值，在此前千百年中一直是至高无上的，现在却被一种信仰所超越，而这种信仰与实在的真理、理性的论证和逻辑的结论直接相悖。除了心智的智慧之外，通往上帝之城所需要的是心灵的智慧。当基督要求人类与他一起深入某一深度，就像在洗礼仪式上那样，是一个灭亡与存在、黑暗与光明、盲目与可视、生与死的矛盾统一体。

人们还强调，神的超自然干预具有变革的性质，这是为了在人口中维持一种书面的宗教传统，而这些人口在很大程度上是异教后裔，他们习惯将其信条的确认归因于纯粹的口头练习。历史学家查尔斯·弗里曼在《西方思想的终结：信仰的兴起和理性的衰落》(*The Closing of the Western Mind: The Rise of Faith and the Fall of Reason*)一书中写道，直到135年，第一批有异教徒背景的基督徒才开始接受《圣经》文字的价值，承认其对口头传统的权威，数百年来，口头传统一直被认为是宗教传播的唯一合法途径。

如我们所见，人们对文字的不信任可以追溯到古希腊。在对话录《斐多》(*Phaedrus*)中，柏拉图借"另一个我"苏格拉底之口批判了书面文字的僵硬和静态，认为以固定用于交流的动态，会导致一种危险的精神萎缩状态。柏拉图通过对话来发展他的哲学思想是有意为之，是为了保持口头辩论的那种活跃的起伏，柏拉图认为，缺少这种动态，知识就难以不断地进步。

几个世纪过去了，思想家对文字的敌意缓慢消退。但当基督教继犹太教后将自己描述成一个建立在文字权威基础上的宗教时，那种古老的对书面文字的担忧难免再次出现。为了避免任何潜在的批评，信徒们按照犹太教义，拾起了"象征"的力量。

"象征符号"（symbol）一词源于 symballo，即希腊语的"重聚"，它可以帮我们理解这一找回意义的伟大过程。在古希腊，当双方签订协议时，一件物品会被一分为二，以保证在后来双方重聚之前旅行协议所规定的承诺[1]。这件物品就是"象征符号"，它将随着双方重聚而完整。类似的解释与《圣经》中所表达的神圣话语有关：一种符号、象征，通过不断地指向过去，吸引完全投入的读者 / 信徒的积极参与。

与希腊人恐惧的"死"的书面语言带来的被动习得相反，《圣经》的象征性话语被视为一个"活"的过程，通过读者和文本之间的对话，引发人们对神的认识越来越深入。如果没有超越直接经验的表象，就代表要被困于事物的字面意思，是外在的和肤浅的含义——在保罗看来，"文字可杀人"（letter that kills）是一切非信徒的世俗理性。

为了强调他们眼中神的卓越知识，信徒借用了"基督复活"的形象——通过作为一个人死去，作为神复活，将人类的认知境界提升到超越了身体、精神和语言限制的理性。基督是将灵魂从凡人的肉体中（soma）解放出来，象征着将人类的语言从世俗的坟墓（sema）中释放出来。耶稣基督这个形象，或者神圣的逻各斯，代表着从可见到不可见的过程，代表着普通的生活事件转变成神秘事件。

耶稣基督这个形象，在将人与神的维度结合在一起时所产生的调

---

[1] 类似中国古代所用的兵符，两半合一才能生效。——译注

解、干预的效果，对应的是与《圣经》象征性的功能，其恢复了被原罪打断的神与人之间的宇宙对话，他的话语作为上帝之爱的终极象征实现了疗愈和拯救。与上帝之道所代表的疗愈行为相反，邪恶的分解力量（在希腊语中），象征的反义词分心（diabolos）代表了分裂——自从亚当和夏娃获罪以来，一道巨大的裂痕已将人类与上帝彻底分开。

艺术的象征话语

传统上，艺术关注的是事物的有形外观，但它能成为一种更高层次的沉思载体吗？换句话说，艺术能被置于无形的精神现实的服务中吗？这种两难的处境进一步复杂化，因为人们怀疑犹太传统一直在培育反对偶像崇拜的罪恶，这种罪恶在任何雕刻的形象中都是固有的。

犹太人认为，上帝的神秘性不可能体现在任何地上的形象当中，这种观念也扩展到了语言方面。这条规则被犹太人严格遵守，以至于上帝的名字"耶和华"最初在希伯来语中写作"YHVH"，不带任何元音字母，根本无法阅读。

禁止使用图像，对早期基督徒产生了巨大的影响，在宗教艺术出现前大约 200 年就有此一说。克服这种最初的不情愿的是必要的压力：在一个大多数人都是文盲的世界里，使用视觉叙事提供了一个来教授新宗教信息的独特机会。

通往基督教视觉语言的第一步可以在地下墓穴中找到，早期基督徒将地下通道用作埋葬场所。这些早期壁画最显著的特点是草率和粗糙的风格。一些学者警告我们，不要把早期基督教的表现视为幼稚：他们说，如果那些视觉上的见证显得谦卑而朴实，那并不是因为基督教艺术家无能和缺乏经验，而是因为他们有意识地选择了简单。

因为基督教艺术家想要解决精神的优越现实，他们故意避开自然主义的相似性，追求一种隐晦的叙事，这种叙事的意思是，尽管是以一种间接的方式，但人们相信，它仍然超出了所描述事物的正规外观。我们在地下墓穴中看到的极其简单却意义重大的图像，表明了这种优先顺序的转变。为了刺激观众的创造性想象力，他们策略性地采用了粗糙且通常笨拙的图像，而不是对人物和事件进行现实的、美学上令人愉悦的描绘，这些描绘可能会危险地将眼睛困在外部和表面。图像越是显得稀疏和不完整，就越是被要求寻找一种比眼前所见更深的意义。

为了激发更深层次的理解，基督徒经常研究《旧约》，寻找有关基督使命的暗示。

《旧约》在准备和成熟方面发挥了重要作用。但是如果没有基督给人生命的信息，那么最初的辅导阶段将是一纸空文。通过基督，人类的旅程最终找到了一个连贯的、包罗万象的结论。

带着这些想法，让我们来看看圣普里西拉地下墓穴中的一幅壁画：画面中用最少、最粗略的细节来描绘一个牧羊人和他的羊羔。如果你问如何解释这幅画，早期的基督教徒可能首先会想起《旧约》的段落，或者多数宗教的仪式（包括犹太教）中常见的牲祭。即使这种说法是合理的，但如果少了《新约》中更深层的解释（一个基督教学者应该能立刻发现），它依然站不住脚，在福音中，基督也被描绘为一个神圣牧羊人，引导着一群人类羔羊回到天堂牧场，自己也作为最重要的羔羊，为救赎世间的罪孽而献身。

圣普里西拉墓穴壁画中的牧羊人基督

对于上帝的羔羊基督，旧的牲祭仪式已经显得累赘、陈腐，正如施洗者约翰所说："看哪，上帝的羔羊除去世人的罪孽。"

为了证明基督是上帝的最终启示，《旧约》中的图像被反复用作预言。最常见的故事就是以撒的父亲亚伯拉罕在祭刀下被救出来；约拿被鲸鱼吞入腹中又被吐了出来；但以理被困在坑中，四周围着被法力驯服的狮子；三名少年奇迹般地幸免于火炉中的火焰。

当不同的支流把它们的水汇于一处时，这些叙述都被重新用来预见后来的高潮：基督的死亡和奇迹般的复活，作为所有过去叙述的综合和完成，代表着善战胜恶的最后胜利，精神重于物质，生命重于死亡。

学者亚伯拉罕·约书亚·赫歇尔在《犹太教哲学：上帝找寻人类》

约拿被鲸鱼吞入腹中，同样出自圣普里西拉的墓穴壁画

三名少年奇迹般地在火炉里幸存

第三部分　中世纪早期

（*God in Search of Man: A Philosophy of Judaism*）一书中恰当描述了维持这种强烈信仰所需要的敬畏感："在宗教传统为我们留下众多遗产中，有一件是'奇迹的遗产'。如果要抑制我们理解上帝本质能力，强调敬拜的作用，那么最好的方法就是把这一切想得理所当然。"赫歇尔认为，宗教面临最大的威胁，就是人们不再相信奇迹，以及对一切神秘现象都能合理解释的信念。

他接着说道："对神的感受始于奇迹。它是人类对自己的行为缺乏理解的结果。奇迹意识遇到的最大障碍是我们对传统观念和陈词滥调的灵魂观念的适应。因此，对某些文字和观念的不适应，正是真正意识到这一点的先决条件。"

对古希腊罗马时期的犹太人或基督徒来说，这些文字所表达的激情会引起读者的强烈共鸣。究其原因，人们认为要发展一种更高级的认知方式，就必须锻炼思维，使之与人生难测所引起的不安长期共存。因而，结论是：信仰不是一种平和、被动的体验，而是一种大胆、激进的体验。信仰需要的是激情和决心，即使最终目标依然神秘莫测之中，但也要勇敢坚持自己的追求。

对基督徒来说，信仰不是一种理性的认知行为，而是一种狂喜和醒悟的过程：当充满爱的"我"与充满神性的"你"彼此交融时，便产生了一种情感上的满足。

与异教文化自豪地宣传它对人类理性的信任明显不同，基督教关于救赎的承诺，不是知识上的满足，而是对上帝难以抑制的热情，上帝将会永远难以捉摸和不可知，因为世界上所有人都试图用语言、思想、图像来指出他伟大的神秘性。

为了强调上帝超越了尘世间的一切视觉，基督教艺术家承诺永远不直接描述天父，只借用基督的形象来代替他：无形的上帝，通过基督的形象向世界展示自己。

　　根据这一原则，中世纪的艺术家唯一敢描绘的天父的特征，就是一只天空中若隐若现的手。除了这种方式以外，不可知、无法描述的上帝，只能通过基督的中间形象显现出来，基督来到地上是为了按照上帝的形象塑造人类。有趣的是，尽管基督的形象如此重要，但在早期的宗教艺术中，艺术家们还是有意识地避免直接描绘他在十字架上的血腥场面（几百年后却变得十分普遍）。

　　如何理解艺术家的这种选择？我们应该将基督弥赛亚与犹太人的先知弥赛亚进行对比：根据弥赛亚的预言，他将成为一个强大的军事领袖，最终保证以色列的胜利，为上帝的选民造福。弥赛亚和温顺的、不谈政治的耶稣之间的区别再明显不过了：基督承诺给信徒的应许之地，非但不是一个庇佑他们的世俗王国，反而是一片让人们抛弃一切物质需求，获得精神自由的土地。基督教提出的更激进的观点，也体现在基督在十字架上的受难——一方面，这是人们眼中最耻辱、最令人厌恶的死亡；另一方面，这种死刑只适用于罪犯、奴隶和贫民。异教徒和犹太人都辩驳说，一个自称上帝之子的人，怎么会遭遇可怕的羞辱呢？许多人鲁莽、愚昧地嘲讽了基督受难的意义，这在一幅出土于罗马帕拉蒂尼山的壁画涂鸦中能看到——为了讽刺一个名叫亚历山梅诺斯的新信徒，人们画了一个被钉在十字架上的驴头人，旁边写着"亚历山梅诺斯崇拜他的上帝"。为了回应这种敌意，几百年来，基督教徒始终将十字架绣在旗帜上，作为胜利的象征———而十字架上饱受折磨的基督肉体隐而不见。

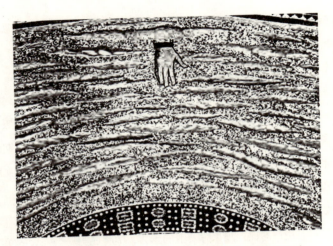

在中世纪早期的基督教艺术中，上帝的形象都是一只天上的手

上帝的羔羊和用十字架作为胜利旗帜，出自罗马达米亚诺科斯玛大教堂，
7世纪

认识自我

一种新词汇的诞生

如我们所见，基督教面临的最大问题是如何证明基督在十字架上的牺牲是正当的。反对者认为这与基督的神性不符，为了反驳他们，早期基督教思想家德尔图良采用了一种很不理性的修辞："你必须相信上帝之子确实死了，因为这很荒谬。他被埋葬了，又复活了。这是板上钉钉的，因为这不可能发生。"

在这里，德尔图良用了一种名为"荒诞化"的文字技巧，取消了逻辑的基础，想在读者内心激发出心灵火花。

德尔图良试图用一则悖论歌颂无知，而不是异教哲学家那样以理性为傲。接着，他把从信仰中获得的智慧比作一朵独自绽放在乡野路边的花，远离学校、学院和图书馆里没用的说教。他写道："我不呼唤那些在学校里形成的灵魂，那些在图书馆里接受教育的灵魂，那些被希腊学院的智慧所充实的灵魂。我宁愿求助于简单、粗糙、无知、原始的灵魂……在任何十字路口和荒凉的乡村道路上都能找到。"

缺少信仰指引的理性或许是不可靠的，因为它是《创世纪》中最危险的撒旦诱惑人的工具之一，撒旦选择夏娃为第一个罪人（她是第一个从智慧树上摘下禁果的人），暗示着对知识的过分渴望是与性欲有关。除了传统的潘多拉神话传达的厌女倾向外，这种关联最吸引人的地方是它很新鲜——求知的欲望，在某种程度上可以与人类其他本能和能力相提并论。

既然这种本能像呼吸、觅食和繁殖一样，是自然的和必要的，那么上帝为何要谴责人类的求知本能呢？基督教给出的答案虽然模棱两可，但也丝毫不加掩饰——人类的目标不该是理解上帝的神秘性，而是服从他的意志，响应他的召唤，以恢复人与神之间的对话。这种态度宣告了一切与信仰规定的方法不相容的世俗学科的末路，包括哲学和科学，以便让位给表面上谴责一切批判性思维的文化模式。在这种新的背景下出现的正面典型就是亚伯拉罕，他盲目地服从上帝的旨意，残忍地杀死亲生儿子以撒，哪怕上帝没有给他任何合理的理由。

救赎属于顺从者，他从不怀疑也不敢怀疑上帝的旨意。从基督教观点来看，进一步学习求知是被绝对禁止的。德尔图良问道："耶路撒冷和雅典有什么共同点？"又补充道，"对于我们自己来说，除了耶稣基督外，没有任何必要和动机去学习。"

除了德尔图良，另一位早期的教会学者爱任纽也抱有类似的热情，他说："你最好一无所知，只相信上帝，继续爱他，而非冒着失去他的风险问问题。"

为了表达对思想及其分析工具的怀疑，早期的一些传教士甚至称哲学是"可鄙可憎之物"，另一些人则嘲笑柏拉图和亚里士多德的哲学论述，觉得是废话连篇。

在这些论述的发展过程中，许多早期基督徒都受到一种信念的影响：基督很快就要二次降临了。但是当这一事件并没有发生时，否定过往学术成就的紧迫性逐渐转弱，这为人们更包容地看待古典时代遗产留下了空间。在认为哲学是一种宝贵遗产而非障碍的人当中，包括了一些亚历山大学派的希腊神学家，如亚历山大的克莱门和奥里根。为重拾往日的文化贡献，他们提出了"渐进救赎"的概念。学者尼古拉·阿巴格纳诺认为，当基督再临希望开始消退时，这种说法获得了许多支持，因此，"世界瞬间毁灭并复活"的观念，被"通过逐步理解、吸收基督的训诫花费几百年逐渐复活"的观念所取代。

基督教徒在基督再临后新发展起来的叙事没有成功，他们认为，救赎不是一出华丽而短暂的戏剧，而是一个缓慢的成熟过程，其中，不同的文化表达可以理解成上帝启示的最初阶段。这一观点，接纳了过去的多元文化贡献，其理论基础就是，这些贡献是最终认识上帝的预备步骤。评论家拉克坦谛就提出了这个问题，他断言：尽管苏格拉底、柏拉图和斯多葛派的著作并不完整，但至少可以算是通往上帝真理的有用的"碎片"。

一旦历史与神的旨意（providence）相结合，基督教就摇身一变，成为使世人灵魂不断进化并最终绽放的神圣计划。而历史，就是神圣计划的一种实现手段。这一观点，为过往出现的一切文化价值都属于基督教的这一设想提供了根据，从殉道者查士丁尼在 2 世纪说过的话就能看出："凡所言说之美都是基督徒之美。"

在这一原则的指引下，只要对基督教传达信息有用，自由借用异教遗产的行为都可以接受。现实证明，这种态度对基督教艺术家帮助很大，他们经常利用古代神话和民间传说中经过充分检验的素材，来宣传新宗教的教义。例如，把基督与希腊的光明理性之神阿波罗、罗马的无敌太阳神画上等号，许多皇帝曾借此抬升自己从上天获得的权威和品质（在异教艺术中，主要表现为皇帝雕塑头后的光环）。在 2 世纪罗马圣彼得教堂地下的朱利陵墓的马赛克画中发现了阿波罗和无敌太阳神，具体出现在基督胜利复活升天的场景中，这与罗马皇帝的神格化完全一致。

另一则常用来描述基督使命的著名神话人物是俄耳甫斯，正如亚历山大的克莱门所写的："一个用竖琴的声音驯服所有动物的魔法琴师，他驯服人类，驯服最难驯服的动物。"欧瑟比也写道，神之子是来为人类的

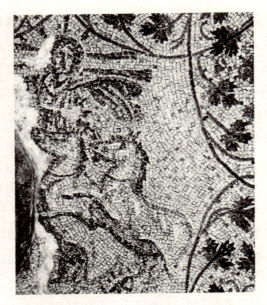

在朱利陵墓里，基督和太阳神阿波罗的形象被合二为一

不和谐乐器重新定调的自然治愈者：

    希腊神话告诉我们，俄耳甫斯可以迷惑凶猛的野兽，熟练地敲击乐器和弦来驯服它们野蛮的灵魂。这个故事为希腊人所传唱，他们认为，这种无意识地奏出的旋律，足以征服野蛮的野兽，甚至可以拔倒大树。但这样的完美节奏出自上帝之道，他试图用一切方法治疗人类灵魂中的诸多痛苦。因此他通过智慧的技艺奏出的旋律抚慰人心，不仅抚平了野蛮的创造，而且抚慰了被赋予理性的野蛮人，用神圣教义的补救、治愈了文明国家和野蛮国家的一次次暴怒，治愈了灵魂的一次次愤怒激情。

                                                  认识自我

与神话中的音乐家俄耳甫斯形象合一的基督

　　在其他案例中，基督的使命是通过葡萄树的象征符号来传达的，以往，异教徒一直将葡萄树与酒神巴克斯联系在一起，例如在皇帝康斯坦丁的女儿圣科斯坦萨陵墓中的壁画。

　　丰饶的葡萄园里挂满了葡萄，许多辛勤劳作的小天使丘比特和鸟儿抢着采摘成熟的葡萄。正如我们在罗马时代看到的，常出现在贵族餐厅里的酒神巴克斯象征着世俗欢愉，葡萄酒能让人忘却烦恼。在基督教教义的吸收和代谢下，酒醉引起的精神状态改变着象征意义上被重新发酵，变成了基督与葡萄藤的比喻，就像圣餐仪式中表现的——在这一新概念中，饮用基督血酒所产生的"清醒醉酒"状态，旨在表示一旦某人敞开心胸接受基督的救赎，他就获得了这种更高级的意识状态。

　　最早皈依基督教的人，大部分来自社会底层的贫民。但是，当基督

基督教壁画版本的酒神葡萄和葡萄酒王国

教合法化的时候，许多上层显赫的贵族也纷纷加入。[1] 当时，上流贵族
开始资助昂贵的石棺（带有基督教主题的精美浮雕），这使得基督教人
员结构发生了明显变化。这种丧葬艺术的最佳案例就是罗马执政官尤尼
乌斯·巴索斯的石棺。

　　这些浮雕的风格似乎接近于罗马的写实主义风格。一旦我们意识到
毫不相干的故事组合在一起作为象征性的展开，就会发现它主要表达的

---

[1]　有趣的是，"异教徒"（pagan）一词来自拉丁语 paganus，意为"乡下人"，这个词从
　　4 世纪开始被基督徒用来定义还在崇拜多神的乡巴佬。

　　　　　　　　　　　　　　　　　　　　　　　　　认识自我

尤尼乌斯·巴索斯的石棺表明了基督教在罗马社会上层的流行

是神秘永恒的教化，而非世俗故事中的线性叙事。

下半部分的浮雕中就包含两个故事：画面右边是彼得和保罗，还有但以理身陷狮穴。画面左边是约伯、亚当和夏娃。画面中间则是谦逊的弥赛亚骑驴进入耶路撒冷，这是基督教常用的象征场景，寓意是被救赎的灵魂重返上帝之城。

上半部分的场景包括献祭以撒、基督被捕以及他与总督本丢·彼拉多的会面。虽然这些事件都围绕着基督的牺牲，却巧妙地避免了对他受难的血腥描述。取而代之的是，我们能看到复活的基督把《律法书》交给彼得和保罗，同时胜利地脚踏穹窿（基督是一个头戴面纱的男性形象，画风是异教风格）。

最后，教会强烈反对使用私人赞助的艺术，尤其是在5—6世纪，教会的领导层加强了对所有宗教事务的官职，使得这一情况更加突出。结果，艺术品从私人用途中消失，被重新归属于教堂的专有装饰中。这预示着，艺术唯一合法的目的是集体赞美上帝，正如教会所表达的，教会才是基督教大家庭的领袖。

当基督教合法化之后，建立一座能容纳大量群众聚集的大教堂变得至关重要。使用异教神殿的计划以失败告终，因为其内殿仅仅是一个小房间，原本是安放神像所用的。君士坦丁大帝的建筑师最终想到了一个绝妙的解决方案——将曾经用作法院的宽敞礼堂应用于罗马大教堂。过去曾是法官住所的半圆形后殿，变成了祭坛，祭坛是教堂核心。为了到达这里，人们必须穿过中央大厅的狭窄长廊（后来两侧带有额外的走道）。中央大厅的准确名称"中殿"（nave）源于航海的概念，这与基督教的叙述完全吻合。他们声称，信徒一旦进入基督救赎的方舟，就朝着天堂的故乡开启了新的冒险之旅。

一旦教堂的结构完成，剩下的问题是——什么样的艺术最适合装饰内殿？最终，他们决定使用壁画和马赛克，因为它们最适合宗教信息的精神和梦幻的属性，而高浮雕（如那些早期石棺上的浮雕）和雕塑则被严格禁止。人们担心雕塑和石雕的现实主义特征可能会引发盲目崇拜的罪恶。

在《圣经》中，先知以赛亚尖刻地讽刺那些崇拜偶像大师的人十分愚蠢，他们在偶像面前卑躬屈膝，却忘了自己就是创作者。

关于雕塑的诱惑力，在古代异教时期也有所论述，其中最著名的就是皮格马利翁的传说，他爱上了他雕刻的大理石像加拉提亚，把它当成了真的女人。加拉提亚唤起了皮格马利翁的欲望，是因为他技艺精湛的手法使冰冷、坚硬的肉体具备了真人的柔软弹性。结果，艺术家被情欲蒙蔽了双眼，最终拜倒在自己创作的对象脚下。

这些对雕塑的现实主义幻想，可能会引发基督徒强烈的妄想，就像

2世纪的迦太基主教塞比安所发出的一句警告："看到雕塑时，立刻朝下看转移视线！"

早期基督徒对雕塑艺术的恐惧，也与他们相信这些石像不仅没有灵魂，而且是邪魔外道的藏身处有很大关系。在基督徒眼中，异教的神其实是魔鬼，最爱躲在石像中，这使人们的恐惧雪上加霜。

考虑到古代城市中大量的雕塑，基督徒当然有很多担心。君士坦丁时期编制的一份清单提到，仅在罗马就有至少3500座雕塑。正如我们所见，其中有许多代表着通过战争或商业进入罗马大熔炉的当地神和外国神，还有皇帝、军事领袖和神话人物的雕塑。在体育场或浴场里摆放的大量雕塑中，还有裸体运动员雕塑，这是为了以一种效仿希腊的方式赞扬人体的力与美。

那些久负盛名的雕塑一般矗立在大基座或由大理石、碧玺、斑岩、雪花石膏制成的华丽的圆柱之上。除了用木头、黏土、蜡等简易材料制成的小雕像代表家族守护神外，大多数雕像都是由大理石或青铜制成的，少数更昂贵的是用金、银、象牙制成的。所有大理石像都涂着鲜艳的颜色，尤其是眼睛部分，因为眼睛被认为是心灵之窗。

生活中围绕着如此大量的石像，一定会让最初的基督教徒感到震惊，他们在如此强烈的图像诱惑力的包围下，自然容易觉得错乱。从私人空间到公共空间——住宅、市场、剧院、公共浴室、论坛——每个角落都矗立着大量无声凝视的雕塑，它们将现实与虚构交织在一起，呈现出一种卓越而超现实的共存之感。

当时有很多市井流言，说这些雕塑会说话走路，会从底座上下来上街，混在帝国城市拥挤的人群中。为消除这些恶灵的影响，最好就是借助神圣的庇佑。据一则基督教的传说描述，圣彼得将那不勒斯的海王神

马可·奥勒留的雕塑幸免于难，因为被误认为第一位基督教皇帝君士坦丁的雕塑

庙里的雕塑砸得粉碎，因为他想把它们从崇高的位置上拉下来。另一则传说是关于教皇格里高利一世的，说他只要盯着这些可怕的艺术品，就能让它们的头和四肢猛烈震动，然后碎成一地。

人们常常用"疯狂""可笑""讨厌""恶心""可恶""邪恶""无知"等词来描述基督徒的宗教狂热，他们会审判并摧毁数千座古典雕塑。如果拆除一座巨大雕塑太麻烦，一般会就地掩埋。西方艺术在基督教义的极端狂热和保守时期遭到了巨大的破坏。比如，在罗马发生的大规模雕塑被破坏的运动中，唯一幸存的是马可·奥勒留的雕塑，它被误认成了君士坦丁大帝。

由于害怕雕塑引诱观看者，导致渎神行为，因此基督徒始终关注这一问题。毕竟，在虔诚的基督徒心底，这些雕塑难道不是撒旦用来欺骗、奴役人类的东西吗？对此，基督教神学家们毫不怀疑——如果没有教会的严密监督，艺术品就是最危险的东西，会滋生虚假而美好的诱惑。

亚历山大的克莱门进一步阐释了这一观点，他认为：人类在复制现实事物时的最大风险是落入一种自负，觉得自己能和上帝的创造能力相媲美。

这一观念获得了极大共鸣，这可以从中世纪艺术家缺乏自我意识中看出。在那个宗教色彩浓厚的时代，艺术被认为是一项集体事业——对上帝的赞美完全淹没了对任何艺术家本人的赞美。中世纪艺术家不认为自己是独立的创作者，而仅仅是一个工匠、一个造型师，他的象征和风格，完全来自教会颁布的权威教条。

由于那个时代的绝大多数作品都已消失，所以我们要想了解早期基督徒是如何发展自己的视觉传达系统，唯一的方法就是通过最能抵抗岁月摧残的马赛克。希腊人、罗马人大多将马赛克用于无法绘画的场合，比如地板上或喷泉内壁。尽管在帝国晚期就已出现了马赛克的新用途，但这一技术主要是在基督教的影响下发展到巅峰，这也归功于拜占庭艺术的影响。马赛克是由许多名为"嵌石"的小方石组成的，这些石头的颜色、光泽和彩虹光辉，都是通过添加以不同角度巧妙倾斜的玻璃片而增强的。在照亮教堂的蜡烛闪烁的灯光的强化下，颜色和光线的不规则折射产生的耀眼火花，赋予了这些光芒夺目的图像一种超现实的特征。在这些图像中，观众被视觉的魔法所淹没，最终会被引导去感知无形精神的世界。

罗马圣普登齐亚纳教堂后殿的马赛克完成于 5 世纪末，它正是一个绝佳案例，表明教会一旦从被迫害的少数可怜人变成社会地位举足轻重的机构时会获得多么大的自信。

这幅画所表现的基督，并不是田园中的年轻牧人，而是更加成熟的蓄须男子，他的权威通过严肃的神情被提升到一种至高地位，也会让人联想到一位哲学家严肃紧张的神情，还有他头后闪耀的光环、镶有宝石的宝座，都把他的地位抬升到身后的使徒之上。使徒们身着白袍，就像古罗马的元老，其中地位最高的彼得和保罗，由两位桂冠女神为其加冕。

在这些人像的后面，一堵环绕四周的城墙划定了城市边界。这座城看似罗马，实际却是天国之城耶路撒冷。在其上，从环绕各各他山的天空中浮现出了四位福音作者的象征形象，他们被描绘成了神秘动物：一个带翅膀的人（马太）、一头狮子（马可）、一头公牛（路加）和一只鹰（约翰）。这些来自以西结预言和《启示录》中的形象，用以象征福音传道者是被赋予神圣预言天赋的先知。在这些象征当中，关于基督的信息再次被唤起——有翅膀的人代表基督的化身，狮子代表他的威严，公牛是他的祭品，鹰代表升天。

圣奥古斯丁在一篇著名的文章中如此形容约翰："约翰像雄鹰一样

罗马圣普登齐亚纳教堂后殿的马赛克，5世纪

翱翔在人类软弱的云层之上，用心灵最敏锐、最坚定的目光凝视永恒的真理之光。在古代民间传说中，鹰被认为是有魔力的鸟，能飞到太阳之上，用锐利的眼睛直视阳光。通过这一神话的基督教化，鹰完美地契合了约翰的预言能力，它比任何人都更深入有力地见证着上帝的神秘之光。"

在建于 5 世纪的罗马圣母大教堂的马赛克中，创作者利用艺术作为发人深省的冥想工具，可以找到很有趣的解决方案。例如，通过欣赏耶稣降生的场景。

这幅画作选择了抽象象征主义，而非现实主义手法，没有把耶稣描绘成一个躺在马槽里的婴儿，而是像一个国王般地坐在嵌满宝石的胜利宝座上的矮小成年人。宝座后面闪耀着伯利恒之星，周围有四个白色天使。在基督左边高高的宝座上，圣母马利亚的形象是一个骄傲地看着儿子的皇太后。从右侧走进画面的三个人，代表来自东方的三博士（麦琪）给圣婴带来礼物。

画面缺少具体的故事年表，表明耶稣降临绝不仅仅是一个当下短暂

耶稣降生图，罗马圣母大教堂马赛克描绘的场景，5 世纪

瞬间，而是一次永恒的奇迹，每一次都在真正的信徒心中发生，就像4世纪的教皇尼撒的格里高利在《贞女》（*De virginitate*）一书中所写的："当圣洁的圣母在她的贞洁中闪耀时，每一个在内心拯救基督的灵魂将会获得什么？"

对时间维度的无视，对应的是空间表述的不协调。故意改变人物和环境之间的比例尺，强调形而上学的视觉，而不是现实和空间上的连贯，这种视觉表现，强调的是"灵视"，而不是"肉眼所见"，看见的是暂时的，看不见的是永远的。

早期基督教徒为了表达神圣不可言喻的本质，最引人注目的表现手法是反向透视法。其中一个例子出现在代表亚伯拉罕和萨拉的场景中（壁画同样位于圣母大教堂），他们为三位神秘的客人端上食物，如前所述，他们三位都是神的智慧化身。

亚伯拉罕、萨拉和三位东方博士：圣母大教堂壁画中的反向透视法

根据古典时代就被人们掌握的透视法则，被描绘物体的正面线总是比背面线长。而这幅马赛克所采用的反向透视法（正面线比背面线短）完全颠覆了这种动态：图像没有向背景后撤，而是向前延伸，仿佛伸向了观众。因此，观众会产生一种错觉：

他自己突然变成了被观看者。这种颠倒旨在给基督徒观众留下一种印象——他们是被圣人的形象所凝视的。

从本质上讲，该图像要求的是一种对应关系：一次与神性相遇 / 对话的邀请。作为与上帝的一次持续对话，信仰中应当包括自我反省和自我探索的过程，这种特殊的注意力切换，发生在当个体被神圣的信息唤醒时，必须回到沉思生命与自我的内在意义之中。

拉丁化的西罗马与希腊化的东罗马

正如我们所见，在 4—5 世纪，欧洲迎来了一场特殊的动荡，当时，为了逃离来自东方的残暴匈奴人，许多蛮族部落开始向西迁移：哥特人分为东西两部，分别入侵意大利和西班牙；汪达尔人占领北非和西班牙南部[1]；法兰克人和勃艮第人入侵了高卢，而盎格鲁 - 撒克逊人在 5 世纪定居不列颠群岛。

476 年，罗马军队中的日耳曼雇佣军首领奥多亚塞逼迫罗马末代皇帝罗莫洛·奥古斯特退位，标志着西罗马帝国的灭亡。当时的许多作家为了批判蛮族的行径以及对罗马文化和法律的蔑视，经常用动物来形容他们，比如 4 世纪的诗人普鲁登修斯。他写道："罗马人和蛮族的差距，就像两足动物和四足野兽之间的差距。"

野蛮人的一些习惯，进一步加剧了这些贬损。例如，由于匈奴人长时间骑在马背上，人们认为他们和坐骑合体变成一种怪物。罗马历史学

---

[1] 安达卢西亚（Andalusia）最初写作"汪达卢西亚"（Vandalusia）。

家亚米安努·马塞林写道："匈奴人杀死自己的战马，吃生肉，还把生肉压在屁股和马鞍之间保持鲜嫩！"

这些粗俗的描述，最终带给所有蛮族部落类似的坏名声。事实上，他们并不完全一样：野蛮的匈奴人喜好突袭和掠夺，其他如东哥特人崇敬罗马文化。东哥特国王狄奥多里克赶走日耳曼首领奥多亚塞，并在拉文纳统治意大利。为表达对罗马文明的由衷钦佩，他向东罗马皇帝芝诺宣示，希望自己的王国"成为您的复本，不敢有任何竞争"。

狄奥多里克其实是想成为西罗马帝国剩余领土的保管人（当时只包括意大利），并推动东哥特与罗马之间的文化融合。为了表明他的和平意愿，狄奥多里克下令只把被占领领土的三分之一分配给东哥特人，剩下的部分仍交还罗马。他还通过了一项禁止毁坏罗马纪念碑的法律，并拨款维护和修复罗马纪念碑。

像其他蛮族一样，哥特人几百年前就被使徒乌尔菲拉驯化，皈依了阿里乌派。尽管有教派差异，狄奥多里克仍保证所有基督徒和犹太人的自由，使他们免受一切侵扰。作为罗马的崇拜者，狄奥多里克身边经常配有罗马顾问，其中包括哲学家波爱修，他对文化的贡献包括对许多重要的希腊作家的译本。

在罗马帝国的全盛时期，所有受过教育的人都会说拉丁语和希腊语——这是罗马帝国东部省份使用的语言，罗马人从那里获得了希腊哲学、诗歌和文学。随着野蛮人入侵造成的教育停滞，希腊语也被遗忘了。波爱修之所以地位崇高，是因为他属于最后一批掌握希腊语言知识的学者，他能为西方提供欧几里得、阿基米德、托勒密等作家对重要希腊文本的拉丁翻译，否则这些文本将会失传。波爱修从历史中抢救出来的作品包括亚里士多德的《工具篇》（*Organon*），这是 6 篇逻辑论文，直到欧洲文艺复兴之前一直是希腊哲学家著作的唯一拉丁译本。

当新拜占庭皇帝查士丁尼一世放弃其前任的宽容政策，对所有持不同政见的基督教教派（包括阿里乌派）严厉执法时，野蛮国王和罗马皇帝之间的关系急剧恶化。结果，狄奥多里克越来越怀疑拜占庭的阴谋，目的是把他从他控制的意大利领土上赶走。这一突发事件最有名的受害者是波爱修，他被错误地指控犯有叛国罪，监禁一年后被杀。他在狱中所著的《哲学的慰藉》(The Consolation of Philosophy) 一书中，想象了自己与哲学女神的虚构对话。在谈到命运难测的话题时，哲学女神似乎变成柏拉图和斯多葛派的混合体，她提醒波爱修，他只能在追求永恒美德和心灵智慧中发现美并寻求安慰。尽管没有直接提到宗教，这本书却得到了许多基督教思想家的赞赏，因为它说明柏拉图的思想可以与基督教的原则和谐共存。

接下来的几年，哥特人与拜占庭人和解的希望变得渺茫。535 年，新皇帝查士丁尼（后面会详细地讨论他）决心收复旧罗马帝国的西部领土，发动了一场与哥特人的战争，这场灾难性的战争持续了 18 年，其间，意大利的衰落过程达到了一个新的高潮。拜占庭人最终取得了胜利。但 15 年后，一群来自潘诺尼亚的新蛮族伦巴第人（匈牙利的前身）崛起，来势汹汹，拜占庭人被迫向南撤退，把意大利北部留给了伦巴第人，后者的统治持续了 200 年（意大利的伦巴第大区就得名于伦巴第人）。

这些动乱导致的最严重后果是城市崩溃和农田荒废，进而引发饥荒、贫穷、瘟疫，从而导致欧洲总人口锐减。随着罗马路网年久失修，商业和贸易也几乎中断，文化、思想和传统的交流也随之中断。曾经被人类的勤劳和创造力所驯服的大片土地，却变成了一个个彼此独立、自给自足的小村庄的松散集合体，而罗马剧院、浴场、竞技场、渡槽、庙宇和桥梁的遗迹，在不断增加的贫穷人口和群氓的冷漠中一点点坍塌。

543年，可怕的黑死病使欧洲更加水深火热。人们就像在黑暗中徘徊的野兽，死亡的步步紧逼让人们心中充满恐惧、迷信和噩梦般的幻觉。教皇格里高利一世悲叹道："世界上还有什么是美好的？到处都是痛苦、哭声。城市被毁坏，城墙被推倒，土地荒芜。农村和城市里的人口所剩无几。"

圣奥古斯丁的预言似乎变成了现实：人类的罪孽激起了上帝的愤怒，加剧了世界的毁灭。末日预言家出来呼喊道："世界正在衰退！"旨在宣告世界行将就木，越来越接近终结。

鉴于这一紧迫的局面，宗教传教士们提倡忏悔的必要性，同时将他们的灵魂投入唯一可能的拯救手段中，4世纪的圣安布罗斯曾这样描述教堂："在世界的大乱中，教堂岿然不动，浪涛无法撼动。当周围的一切都陷入混乱时，她为所有失事者提供避风港，人们在其中可以保证安全。"

在那段充满未知和迷茫的岁月里，教堂像一艘方舟漂浮于苦难的洪流中，这一形象在精神上和现实中都给人们带来了巨大的希望和安慰。学者威尔·杜兰特解释说，因为蛮族对社会和政治组织知之甚少，因此教会得以幸存，充当了"文明的养母"，确保了社会在某种程度上稳定和连续地运行。教会履行的职责，尤其是通过由主教主持的省级组织，包括通过行政、宗教管理、医院管理、宗教艺术赞助和由牧师主持的司法法庭，还有各种扶危济困的慈善活动。即使这一机制在某种程度上略显粗糙，但在中世纪早期最艰难的时刻，教会仍是唯一能在旧罗马帝国破败的社会中维持某种程度的秩序和文明的机构。

教会的权力中心在罗马。罗马教皇被认为是圣彼得的继承者。关于罗马从基督教迫害者到捍卫者再到教皇宝座所经历的角色转变，学者理查德·塔纳斯写道："罗马变成了基督教，基督教同时也变成了罗马。"因此，教会逐渐成为帝国理想的对应概念，而著名的"罗马和平"则顺利转化为"基督教和平"（Pax Christiana）。

最初，君士坦丁堡、安提阿、耶路撒冷、亚历山大、罗马等大城市的主教在权力上是彼此平等的，但随着利奥一世接过了最高祭司的头衔，罗马教皇的威望达到了空前高度。当时，发生了一个将他神化的事件：当匈奴王阿提拉肆虐北部城市阿奎莱亚[1]后，开始朝向罗马前进。根据传说和史书，利奥一世说服了凶残的阿提拉放弃入侵计划，从意大利撤军，给了教皇一个似乎同时是宗教、道德和政治的权威。

另一个和利奥一样被授予最高祭司权力的教皇是格里高利一世，在他任教皇期间对基督教传播做出了巨大贡献，亲自督促阿里安派伦巴第人皈依了基督教，并向西班牙、英国和爱尔兰派出传教士。和利奥一样，格里高利出身贵族却放弃了一切特权，过着简朴的生活，整日忏悔和祈祷，并对穷人伸出援手。他还是一个高产作家，著有一本名为《司牧训话》（*Pastoral Care*）的小书，将基督传统的好牧人形象应用于神职人员——教皇、主教和教区牧师。除了评论《约伯记》外，他还编写了《对话》（*Dialogues*），共四卷，其中第二卷记述了西方第一所修道院的创立者圣本笃的生平。格里高利博览群书，作品里充满

---

[1]　当地居民拼命逃往附近潟湖岛上避难，建立了后来的威尼斯。

了中世纪奇妙的幻想寓言：邪恶的灵魂伺机寻找控制人类的方法，而圣人用十字架一次次地创造奇迹，驱赶恶魔，治愈疾病，用祈祷搬运石头。格里高利也是许多中世纪民间传说的主角，其中一个故事发生在肆虐罗马城的瘟疫中。根据传说，当格里高利看到大天使米迦勒将宝剑放在哈德良陵墓顶上时，他知道瘟疫终于结束了。由于陵墓顶部的天使雕塑，这里从此被称为圣天使堡，至今仍会让人想起格里高利的事迹。

格里高利宣称：教皇作为圣彼得的直接继承人，是基督教世界中的最高权威。这一主张可以说是要重塑历史了，也可以看作东方教会从此独立于西方教会的宣言，它由皇帝直接控制，皇帝以一种让人联想到罗马帝国传统的方式，自诩独揽世俗和宗教的大权。和君士坦丁时代一样，拜占庭皇帝引用的论据是，他被上帝直接任命为牧师和地上的代言人。这种地位赋予了皇帝对国家和教会的绝对权力——皇帝选择东方教会的首席执行官，即族长，是皇帝召集了议会，发布了教条，并审查了礼拜仪式。

继君士坦丁之后，最有野心的拜占庭皇帝是查士丁尼，正如我们所见，他试图恢复帝国的版图。为此，他对意大利的哥特人、北非的汪达尔人和西班牙南部的西哥特人发动了战争。这一胜利的结果使查士丁尼获得了"最后一位罗马皇帝"这一称号。这一称号也很合适，因为查士丁尼是最后一位使用拉丁语作为官方语言的东方皇帝——这一政策后来被赫拉克利乌斯皇帝推翻，他让人们称他为"巴塞勒斯"（希腊语"国王"），而不是奥古斯都，并下令用希腊语作为官方语言。

在查士丁尼统治时期，多民族、多文化的拜占庭人口接近 100 万人。这座城市所享有的财富来自其活跃的港口，其商业活动远达非洲和亚洲。当两位修士从中国走私来的蚕被带到拜占庭时，这座城市成为丝绸制造之都：在 1204 年第四次十字军东征的灾难事件发生之前，这座城市一直享有盛誉和丰厚的收入。

在统治期间，查士丁尼致力于巩固和装饰美化拜占庭的城市风貌，包括宫殿、门廊、纪念碑、长廊和公共浴室。他最大的成就是建起了宏伟的圣索菲亚大教堂（Hagia Sophia，希腊语，意为"神圣智慧"），其中的罗马风格混合了明显的波斯特色，比如长方形基座的每个角落的柱子上，都有四座拱门支撑着巨型穹顶。穹顶高达 56 米，6 世纪的历史学家普罗柯比在评论这项工程奇迹时感叹道："它仿佛不是建立在坚实的地基上，而是从天而降，由一根传说中的金链从天上吊起来，覆盖着下面的部分。"

圣索菲亚大教堂里的银质王座当然是留给查士丁尼本人的，为了谄媚这位皇帝，歌功颂德，渴望尽量留下更多的记忆和遗产。根据普罗柯比的记载，当查士丁尼为这座宏伟的教堂举行落成典礼时，教堂里布满闪闪发光的马赛克和彩色大理石，他自豪地宣称："所罗门王，我已经胜过你了！"

从大教堂的正对面，穿过一座巨大开放的柱廊广场，就到了皇帝的纪念宫殿。宫殿前方立着一根青铜柱，几乎和教堂的穹顶一样高。上面是查士丁尼左手托地球仪的骑马像，右手指向东方，象征其权力的恒久荣耀。

为了加强帝国的基督教信仰，查士丁尼开始了一场强有力的运动，镇压所有残余的异教习俗。那些没有接受强制性洗礼仪式的人会被处以监禁、酷刑甚至死刑。为了抹去异教徒历史上最具象征性的痕迹，皇帝下令关闭了柏拉图在 900 年前建立的著名学院，并将其献给帕特农神庙现在的主人圣母马利亚。

圣索菲亚大教堂是查士丁尼最伟大、影响最深远的成就

认识自我

查士丁尼更著名的事迹是对罗马法进行了全面修订。534 年，罗马法被编纂成一部具体的法典，名为《民法大全》（*Corpus iuris civilis*），又名《查士丁尼法典》（*Code of Justinian*）。法典中包括的成文法和法律法令也被查士丁尼用来作为一种手段制裁他的绝对权威。令皇帝高兴的事情立即变成了法律、法规。如果事情出了差错，责任很容易也很方便地转移到通常的替罪羊身上——犹太人、异教徒和同性恋者。

皇帝死板的统治反映在其复杂的官僚机构上，这一机构在收税和罚款上特别高效，查士丁尼大幅提高了收税和罚款，以帮助他定制大量艺术品用以装饰首都。愤怒的市民在重税的压迫下发动"尼卡暴动"，皇帝进行了暴力镇压。此外，查士丁尼还建立了间谍机构，也是拜占庭官僚机构的一大特色，通过它来控制臣民的一切活动。

为了强调皇帝的特权，他制定了复杂的礼仪规范，尤其是宫廷礼仪，他以戏剧化的风格编排仪式行为，伴随着他日常生活每一时刻。为了给人一种皇帝近乎神的印象，他经常被升降机抬到访客和大臣的头顶上离开，然后又神奇地出现，换了一身新的华服登场。在他面前，每个人都被迫匍匐在地，亲吻他的丝绸拖鞋，还不能直视他的威严。当时的文献写道，皇帝的高贵体现在他非凡的举止上：他从不在公共场合抠鼻子、擤鼻涕，也从不随地吐痰或四处张望。当一位客人被领进正殿时，两只机械机关的狮子咆哮着，黄金树上落着几只仿真鸟。贴身侍奉皇帝的都是宦官，永远不会对皇帝的男子气概和后宫的贞洁构成威胁。宦官们高亢的嗓音、赤裸的身体和无生育能力都是一种人为的改变，意在使皇帝居住的人造天堂中重现纯洁的天使。

奥斯曼土耳其人在 1543 年征服君士坦丁堡后，把索菲亚大教堂改成清真寺，教堂内壁装饰的马赛克被完全拆毁，所以，如果想感受拜占庭皇宫富丽堂皇，最好是去欣赏意大利最著名的艺术珍宝——查士丁尼赞助的拉文纳圣维塔莱教堂中宏伟的马赛克。

　　这幅马赛克描绘了皇帝和他的妻子狄奥多拉皇后举行的庆典，当时，这座教堂被作为礼物送给这座城市，以纪念它的保护者圣维塔莱。按照某种古老传统，这幅画可以被视为皇帝本人的分身。其实，皇帝从未离开拜占庭去参加拉文纳举行的仪式。他的皇后狄奥多拉也是如此，她父亲是一个驯熊师，在皇帝选她为妻子并共同执政之前，狄奥多拉不过是一个声名狼藉的妓女，这引起了拜占庭贵族们的惊愕和愤慨。但编年史在权力的神话面前向来只能保持沉默。这幅马赛克通过描绘宫廷生活的庄严和奢华来赞颂权力的神话。王冠、光环、长袍和珠宝，突出了皇帝和皇后的形象，正面还描绘了一群穿着华丽的权贵和侍女。那些睁大眼睛的人一动不动，仿佛在列队行进，再加上那些身披宽大外衣的褶皱掩盖的扁平身体，给整个场景增添了一种无形的距离感。当时的平民

狄奥多拉皇后和她的宫廷，6世纪早期的马赛克，意大利拉文纳圣维塔莱教堂

认识自我

早已习惯了在统治者面前立刻低下头，避开视线，而这种直视马赛克的景象一定令他们难以抗拒，就像神圣的美感藏身于神秘布帘之后，惊鸿一瞥，令人目眩神迷。

拜占庭风格和创作技巧，深刻地影响了整个西方艺术。当然，主要的区别在于主题：拜占庭艺术家赋予皇帝神性特征，而西方基督徒只将圣洁归于基督及其圣徒代表，如圣阿波利纳大教堂的马赛克，该教堂是献给拉文纳主教的。

拉文纳圣阿波利纳大教堂圆顶上的马赛克，是西方基督教肖像画的典型案例

耶稣出现在画面上半部，旁边的四位福音作者的象征在蓝天红云层叠的天空中显现。在正下方，十二只羊象征着十二使徒离开耶路撒冷和伯利恒的城门，开始向天飞升。就在基督的下方，从云层里伸出的手，是上帝之手，他在给这个星球赐福，在地上，一个镶满宝石的十字架正在胜利地闪耀。十字架旁的三只羊分别代表使徒彼得、雅各和约翰。

再下面，我们看到圣人阿波利纳做出高举双臂的古老的祈祷姿势。在背景中，树木和花朵呈几何排列，呈现出天堂般的完美有序和美感。作品对现实主义的回避，有利于传播道德教化，通过对所有人类形象的淡化表现得尤为强烈——除了圣阿波利纳，十二使徒被描绘成站在牧羊人基督旁边的绵羊。突出绵羊的形象，也是为了提醒基督徒：只有拥有基督谦卑、无私、朴素等高洁品质的人，才被允许进入上帝之城。

修道院的发展

在中世纪盛行的各种表达信仰的方式中，圣徒崇拜现象尤为活跃。据说，基督教是从无数殉道者的鲜血中诞生的，因此殉道者在所有圣徒中地位最高。而当基督教开始合法化，殉道行为不再普遍，保持圣洁的概念就扩展到隐士、修女、修士或其他人身上，除了道德高尚，他们也必须创造过奇迹。随着时间推移，圣徒的数量逐渐增加，这导致教会日历上的每一天都是一个圣徒的纪念日。一些学者认为，圣徒崇拜其实是一种多神论的残余。就像希腊和罗马奥林匹斯山上有无数的神，每个村庄、每个城镇都有自己的守护神，生活中的方方面面都有神圣的保护者，这些都能作为例证。当你遇到困难，无论是物质上、精神上还是身体上的问题，你都可召唤一位专门负责的圣徒——他长年值守、长年仁慈，时刻准备着替信徒寻求上帝的帮助。守护圣徒在各行各业里也非常普遍，就连手工业者也有自己的守护圣徒——圣巴索罗缪是皮匠的守护者，因为他被活剥了皮；圣约翰是蜡烛匠人的守护者，因为他被扔进热油罐里油炸了。动物也有自己的守护者：圣科尼利厄守护牛、圣加尔守护鸡、圣安东尼守护猪。

最初，重要的神学家们不赞成过于简单地表达信仰，因为这太像异教行为。但是，持续多年的大量迷信在教育程度低的人群中广泛传播，很快就打消了教会试图归于正统的念头。在那些模糊了信仰和迷信边界的传统中有一种是圣物崇拜，它把圣人变成奇货可居，死掉的圣徒其遗物往往比主人活着时更值钱。当一个圣徒候选人死后，他的身体立即被人们煮熟，这样就能干净地切成块，然后被分发或出售，以分享他们的神力。如果你拿不到骨头，那么随便一件东西——例如，圣徒衣服的破布——也能具有相同的治愈能力。第一个收集基督教遗物的人是君士坦丁大帝的母亲海伦娜，她在 80 岁那年搬到了巴勒斯坦。根据传说，她找到了真正的基督受难十字架。位于阿雷佐的圣弗朗西斯科教堂是一座由 15 世纪艺术家弗朗西斯科的皮耶罗建造的小教堂，其中的壁画记录了这一事件。随着时间的推移，每个基督教会都声称拥有一件基督遗物。罗马的圣马利亚大教堂仍然展示据说是从基督诞生的马槽里取出的 5 块木板，而拉特兰大教堂则拥有 28 级大理石台阶（名为"圣阶梯"），据说是基督在彼拉多判处死刑的当天爬过的台阶。

早期基督教最重要的特征是修道主义的发展。东方修道会的创始人是圣安东尼，一个生活在 250—355 年的埃及科普特教会信徒。他生于一个富裕家庭，20 岁那年放弃了优越的生活，走进沙漠，在那里，他过着贫穷、忏悔、祈祷和孤独的生活，长达 35 年。在整个中世纪中，许多关于安东尼的传说开始流行，尤其是描述他与恶魔战斗的传说，恶魔们决心挑战他的纯洁，拿出看家本领引诱他。在描述安东尼的自律和决心时，作家亚他那修在安东尼的传记中把他比作摔跤运动员："安东尼能够不断追求精神完美，他当之无愧地获得了'代表上帝的运动员'的称号。"

4 世纪，由圣安东尼发起的孤独和匮乏的苦行生活，慢慢传遍了埃及、叙利亚和巴勒斯坦。隐修士们所创造的苦行方式，把苦难的艺术提高到了空前的高度。在各种各样的诱惑中，最可怕的是肉欲的诱惑，因为，即使是最轻微的邪念也会被认为是极端罪恶，正如圣杰罗姆发出的怒吼："哪怕是一个闪念，也会让你失去贞洁……让你的同伴变得脸色苍白，因禁食而消瘦的人……让你的禁食成为每天例行。每晚用眼泪清洗你的床，为你的沙发浇水。"

许多人为了让自己的身体受尽折磨，让它的需求安静下来，就把自己赤裸的皮肤暴露在炽热的阳光下，而另一些人则宁愿把自己埋在深深的、黑暗的、经常有蛇出没的洞穴里，几个月甚至几年都不愿出来。每个修士都只吃最少量的饮食，看到自己瘦弱的身体一天天虚弱，人人都很开心。清洁被视为一种堕落的习惯而遭人厌恶，虱子被称为"上帝的珍珠"，它们被自豪地展示出来，作为神圣的象征。

在所有修士中，最极端的是西蒙·斯泰莱特，他用绳子把自己绑在一根 18 米高的柱子上长达 30 年。当绳子磨破他的皮肤时，他的身体开始溃烂，长满蛆虫，他竟对虫子温柔地说："吃吧，吃吧！享用神赐给你

　　　　　　　　　　　　　　　　　　　　　　认识自我

的东西吧！"

最终，恺撒里亚的巴兹尔等人试图阻止这些极端的行为，他们称赞修道院的存在是一种美德，尽管它确实很严格，但不应该是修士们所表现出的那种狂热。

529 年，查士丁尼关闭柏拉图的雅典学院那一年，努西亚的本笃建立了西方第一座修道院。本笃的修道院最初坐落在苏比亚科，然后转移到罗马南郊的卡西诺山，是一个自给自足的团体，他们选择把自己从世界分隔出来，避免受到世俗的诱惑。

为了让自己不闲下来胡思乱想，影响修士的高洁品质，本笃制定了名为 "ora et labora" 的规则，意为 "工作与祈祷" 或 "工作即祈祷"，它将一天分为工作、祈祷和冥想三部分。本笃会模式（Benedictine model）的成功，使西方涌现出许多类似的修道院（本笃为男修士定下规则，后来也为修女们创建了类似的修道模式）。

修道院环绕着被无限尊敬和赞赏的光环。由于人们相信修士虔诚的生活使他们接近了宇宙真理，所以常找他们祈福，希望自己的灵魂幸福安康。人们为换取这些祈福服务而提供大量的金银财物，这极大地滋润了教会和修道院。

修道院的领袖称为修道院院长（abbot，源于亚拉姆语 abba，意为 "父亲"）向那些希望加入这些纯洁和道德堡垒的人提出三个主要誓言：贞操、贫穷和服从。经典中从来没有特别提倡贞节，但是身体以其动物般的冲动所带来的麻烦，对基督徒来说仍然是一个令人困惑的问题。如果基督已经接受了死亡的需要，灵魂就可以脱离肉体，那么一个奉献者该如何与肉体联系起来呢？经过多方考虑，教会的先贤们得出的答案是：肉体本身并不应该被厌弃，除非是罪人亚当及其子孙堕落的肉体。

他们说，基督在死后带着钉在十字架上的手和脚上的伤痕重新出现在使徒面前，这一点已经很清楚了。这些细节被用来得出这样的结论：在审判的最后一天，被拯救的灵魂从坟墓中复活，需要他们原来的身体，或者更准确地说，需要他们的无性版本。

这种解释似乎并没有减轻清教徒的愤怒，他们继续羞辱肉体，目的是挫败被认为是罪恶的需要和欲望。修士们穿的衣服，是用一根绳子系在腰间的黑色长罩袍，这本身就是一种提醒：只有通过压制身体才能获得肉体的纯洁，而身体的异常欲望就像重物一样，不断阻碍着灵魂的自由升腾。教皇格里高利一世在《圣本笃传》（*Biography of Saint Benedict*）一书中记录的故事，旨在警示人们：有一天，当圣本笃回忆起一个遇到过的女人，刹那间欲火焚身。为扑灭欲火，他赶紧脱下衣服，赤身跑进荆棘丛中，直到皮肤被刮破、撕裂，浑身是血。格里高利总结道："借助身体的伤口，他治愈了灵魂的伤口。"

另外两个修士的誓言是贫穷和顺从，其目的是控制人性中最危险的错误——即与过分的自我重视感有关的傲慢。为了避免它，所有的私人财产都被废除；在修道院的简单生活中，所有的东西都是公有的，合作比自私更重要。加入修道院就像进入了另一个现实，外部世界的所有消极方面都不复存在。剥夺阶级特权是这项努力的一部分：因为在上帝眼中人人平等，在本笃的统治下，分担相似的责任变得至关重要。因此，每个人都被平等地要求从事日常的卑微工作，包括耕种土地——这项工作特别重要，因为它为群体提供了食物，也因为它为所有体力劳动中最卑微的人提供了尊严。

修士的日常活动还包括饲养动物，比如绵羊和山羊，用它们的皮制作书写所需的羊皮纸。最珍贵的皮是羊羔皮，它是从小羊羔甚至羊胎儿身上剥来的。考虑到需要大量的皮——一整群羊才能够获得足够的羊皮纸来写一本书——修道院养的羊越来越多，而其他人只能去猎鹿和野山羊等野生动物，这并不奇怪。羊皮纸的高成本限制了书写的用途，因此，很长一段时间以来，书写只能用于最珍贵的用途。为了充分利用羊皮纸，人们经常使用一种称为重写本的技术。它包括刮掉一张书写好的羊皮纸，以便在上面写上新的文字。只有当中国发明的纸在 12 世纪最终到达欧洲时，羊皮纸才被淘汰。

在修道院的生活中，为穷人和病人提供住所、援助和食物，以及对新手的教育，都受到了极大的重视。重要的是，由于学校没有国家的资助，直到 12 世纪，教育和识字基本上仍然是修士的特权。这并不代表修道院教育是一个有组织的、协调一致的系统。在许多情况下，由于组织混乱或缺乏保证，许多修士和神职人员仍然是文盲或极度无知。但如果运用得当，理想的修士制度应该是这样的：当一个 12 岁的男孩进入修道院时，就要学会读书、写字。之后，他接触到了一些从教学大纲中挑选出的重要异教作家的作品集，统称《法学阶梯》（*Institutiones*），由卡西奥多鲁斯负责整理，他是与圣本笃同一时代的青年学者。阅读异教著作，充分发展了学生的心智和语言敏锐度之后，就开始引入学习的重点——神学研究。

神学研究中最重要的活动是经典诵祷：阅读、冥想和背诵神圣的经文。学者让·勒克莱尔描述了修士面对经典诵祷时的智力、情感乃至身体上的紧张，他写道："中世纪和古代一样，与今天不同，阅读不是用眼睛看，而是用嘴和耳朵大声地读出和聆听文字。"阅读是一种发声和听觉的练习，充分调动了参与者的身体和精神。在修士群体中，这种行为被比喻成一种沉思，通过一遍又一遍地念叨上帝之道，修士被敦促去沉思其中的意义，不是要领会上帝的终极秘密，而是去品尝受其滋养的精华的味道。

　　在《圣经》中，上帝之道常被比作面包、牛奶与蜜。在先知以西结的异象中，《启示录》作者约翰被要求吃下卷轴和书，以便理解上帝之道。

　　圣伯纳德把那些花几小时朗诵经典的修士比喻成牛，他们必须一遍遍地反复咀嚼经文："要像反刍动物那样朴实，这样才能听到经文所言，

《启示录》中，上帝之道被比作精神食粮

'圣徒嘴里都有份珍贵的赠礼'。"

这句话重申了一种基本信念：经文不是写给肉眼，而是写给灵魂的，这代表阅读它不能浅尝辄止，而要深刻地去体会。对经文的沉思，代表一种完全发自内心的过程，当修士进入基督箴言的滋养和因此发生的认识转变时，这一过程就开始了。

在《上帝之城》中，圣奥古斯丁将基督的话语比作一粒"鲜活的种子"，要通过将新生命带入"思想的子宫"来促进美德。就像在圣餐仪式中，与基督同化不代表人获得了上帝的本质，而是通过接受上帝之道的滋养，允许获得上帝的恩典。

教会思想家用"光照"一词形容这一过程带来的极度喜悦。为诠释这一概念，教会思想家将其喻为照镜子。在讨论这点之前，我们首先要知道，直到13世纪欧洲人才从中国获得了制造水银镜的技术。在那之前，镜子都是用青铜或其他金属制成的，如果不经常抛光打磨就会模糊不清。

因为人类理智的视线被无知和罪恶的污垢所堵塞——保罗的推理就是这样说的——当人类透过物质的镜子审视自己时，他只看到一个模糊的真实自我的影像。人类在这里的朦胧和不完美，如何能与上帝那里的完美、纯洁统一起来呢？保罗说，答案要在基督或镜子所提供的中间功能中找到，它同时反映了以神的肖像创造的第一个人的原型。

当灵魂内化了圣言，重新获得道德清明时，光明就出现了——这面擦得锃亮的镜子，能够以它所有的强度，反射出神圣的善与美。

尼萨的格里高利通过以下这段话表达了这一概念："就像一面清洗过的镜子，洗去了所有污点的灵魂，在它的纯洁中，接受了神圣之美不受玷污的形象。"

在净化之光下敞开心扉的灵魂，被至高真理的炽热光辉重新唤醒，并因此改变。

正如尼萨的格里高利总结的："所有暴露在光下的东西，都会变成自身的光。"

这种教义将启示与道德实践相结合，成功地绕开了理性解释和仔细论证。人的目的不在于认识和理解神，而是通过回归神最初创造的未被污染的创造物中来迎接他。

耶稣降世帮助人类内在的成长，这也是一个象征，通过它，人类可以像照镜子一样，见识到自己真实、原始的个体光辉。圣奥古斯丁写道："要把这一象征看作一面镜子。"

类似的，格里高利一世还建议信徒们凝视那些神圣的文字，以便从镜子中辨认出内在精神自我的原始之美。

从反传统运动到拜占庭艺术的辉煌

艺术世界的努力应该被看作一种手段，而不是一种奉献的对象，这一观点自基督教早期以来就已经是一个公认的概念。格里高利大帝曾说过一句名言：宗教艺术所传递的具有启发性的形象对于传播基督教的信息至关重要，因为它们对文盲的作用就像文字对识字的人的作用一样。

尽管西方从未拒绝使用图像，但东方却被两场颠覆传统的起义所震撼：第一次发生在 726—787 年，第二次发生在 814—842 年。毁坏圣像运动（拉丁语 Byzantine Iconoclasm，意为"毁坏圣像"）是由一群基督教狂热分子点燃的，他们苦于拜占庭被阿瓦尔人、波斯人和穆斯林先后蹂躏，开始把这些灾难性的失败解释为神的怒火。他们声称神发怒的主要原因是人们制造了圣像，而这些圣像违反了《旧约》禁止"雕刻偶像"的禁令。第一次毁坏圣像运动发生在拜占庭皇帝利奥三世时期，他于726年颁布了一项法令，要求移除和销毁所有教堂肖像。甚至个人私藏圣像也被认为是犯罪行为，可判处酷刑，如断肢或戳眼。利奥三世的政策由其继任者君士坦丁五世延续，他声称：圣像是被魔鬼启发的作品，无知的艺术家们被魔鬼蛊惑，以"不洁的双手"大胆地塑造了超越人类一切描述和表现的形象。

这场破坏运动终于在843年结束。一如往常，最严格的禁忌仍是关于上帝那难以言说的本体的禁忌，他的形象只能通过基督这个"中间形象"表现出来。圣像的最有力支持者之一是大马士革的圣约翰，他写道："如果我们虚构一幅上帝的形象，定会犯下某种罪行，因为它始终不能代表一个无形的、不可见的、不受限的形象……这不是我们的目的。它是上帝的化身，是他使自己在地上可见的，并选择用爱生活在人间，呈现我们在肖像中再现的本性，选择和我们体型、肤色一样的肉体。正如使徒所说：'我们只能看到镜子和神秘的谜团。'"

为了避免对圣像的盲目崇拜，大马士革的约翰说，唯一允许的艺术，是能够激发更深层的精神认识的艺术。在西方，格里高利一世也曾明确阐述过这一点："崇拜一幅画是一回事，而通过这幅画所蕴含的故事了解你必须崇拜什么，这又是另一回事。"

为了确保艺术家们遵守这一规则，尼西亚第二理事会在第一次毁坏圣像运动结束后颁布了以下条例："画像的构图不是画家本人的发明，而是基于教会的传统和久经考验的立法，这一传统和画家无关，他只负责执行，遵循圣父的命令和安排。"

艺术家的义务是忠实地遵循教会权威所提供的创作方针，他们绝没有权利独自解释教义。因此，艺术不可避免地被剥夺了自文艺复兴以来最宝贵的文化遗产——艺术家们富有个性和原创力的表达。尽管有这样那样的限制，拜占庭艺术家通过在物质上提升灵性而实现的富有魅力的艺术品质，仍然难以被否认。

为了充分理解图像所具有的神秘性，我们必须简单地探讨一下普洛丁的哲学，这位 3 世纪的新柏拉图主义哲学家的著作极大地影响了中世纪基督教。如我们所见，柏拉图对艺术持否定态度，因为它是对表象世界的拙劣模仿，是"复制品的复制品"，双重偏离了完美的理念。这一观点遭到普洛丁的质疑，他认为，艺术创造之美不在于对物质现实的枯燥摹仿，而在于它能从事物最深层的本质中汲取精神的火花。他把这种火花等同于神性的光辉。

普洛丁将宇宙想象成一座巨型金字塔，塔的顶端保藏着普洛丁所说的"神性"的精髓。"站在万物之上的神，就像光辉四射的太阳，通过辐射衍生出整个宇宙。柏拉图把物质领域和精神领域划分得一清二楚，但普洛丁不同，他在宇宙中心创造了一个神圣的内核。根据这一点，从神圣原点中衍生出的宇宙，就像一个不可分割、层次分明的有机体——离原点越远，光辉也越暗淡。离圣光较远的东西，其亮度比离原点较近的东西要低。不透明的物质，说明世界与造物主之间距离很远。由于人类兼具精神和物质的属性，普洛丁将其定义为一种"两栖动物"，可以自由地选择住在哪里、想成为谁。如果人类决定服从肉欲，就会被困在物质世界的废墟中；如果他们努力地追求精神而摆脱物质，就会像上帝炽热的爱一样闪耀。

普洛丁和柏拉图一样，鄙视物质世界，为住在一副皮囊中感到羞耻，他借用雕塑家的比喻来描述灵魂净化的过程："如果你的美不够明显，就要像雕塑家工作时那样：在石头表面敲碎、刮擦、移除，直到美丽的形象跃然其上。你也应该这样，去粗取精，调整不协调，打磨表面直至光亮。要一刻不停地塑造自己的形象。"（这个比喻被米开朗琪罗所继承，他说，作为雕塑家，他去掉了多余的杂质，以显露石头早已包含的美。这就把人的行为和雕刻家的雕琢系于一处，将多余的杂质敲掉。精神和物质的斗争，是为打破困于俗物的千篇一律，解放人性中的神圣火花。）

用视觉表达解释普洛丁的话，使拜占庭艺术家的宗教主题画作都缺乏现实主义，加上这些神秘的场景，给人一种距离感。为了暗示神圣不可言喻的品质，对物质世界的现实参照，如运动、透视、明暗对比，统统被消除了，作为替代，这些人物都是从一片金光中奇迹般地出现。

如果你问所有这些画作中金色的含义，中世纪的观众将会立刻回答：金色代表的不是自然界的光，而是原始的神光。作为一种以不同角度和强度照亮物质表面的地球能源，对光的研究直到文艺复兴时期世俗化艺术当中才引起人们的注意。当然，中世纪早期是不会这样讨论的，在这个时代，形而上学的问题尚悬而未决，更遑论包括光在内的物质世界的自然现象。学者帕维尔·弗洛伦斯基认为，个中原因是：对圣像创作者而言，唯一有意义的光是"造物者原则"的光，所有事物都来自它又归于它，也就是说，当普洛丁说到"唯一的光是属于太阳的创生之光"时，意思就是那个永恒的光辉之物。

在信徒们看来，圣像是神圣启示的载体，从基督、圣母或圣徒（都是少数被允许的艺术创作形象）身上散发出的大量金色光芒，如同从镜子中反映出的那些人物与神光之间的紧密联系。同样的象征也延伸到观

被强烈金光包围的全能基督的马赛克画像

此画稿中的光，与上图的全能基督马赛克的光是一样的

看者身上：为了能够理解这些图像包含的真谛，信徒必须吸取圣像所传授的教训，这包括清除所有物质残留物的内在自我，从而将其变成一面反映神光的镜子。

拜占庭艺术对金色作为上帝神圣之光象征的无比强调，其影响并不仅仅局限于东方，正如我们在西方出现的越来越神秘的艺术中所见，特别是从9世纪开始，修士们把华丽精美的微缩画绘于他们抄写的经卷复本的空白处。修士们被教导要将经文所传授的知识形象化，他们用鲜艳的颜色和金箔装饰手稿。在一个被黑暗压抑的世界里，当把羊皮纸放在火焰附近时，它会发出彩虹般的光芒，这一定是一种难以抗拒的体验。难怪修士们把这令人眼花缭乱的景象比作一种神秘的体验，称这些手稿"被照亮了"。

我们在巴勒莫蒙雷尔大教

认识自我

堂的 12 世纪马赛克作品中看到的代表胜利的金光，充分表达了拜占庭风格对西方宗教艺术的影响（由于早期与拜占庭的紧密联系，意大利南部很容易接受拜占庭艺术）。

在浓烈的金光环绕之中，上帝救赎的信息被反复强调：从下方的圣母被描绘成坐在宝座上抱着神圣婴儿的皇后，到复活的全能基督像巨大的日轮在半圆形的壁龛上升起。基督右手竖起的两指和左手的《圣经》表明了他的逻各斯所传达的人与神的统一——准备阅读并接受他神圣信息的本质从而获得永恒救赎的幸福的人将会一次次地复活。

另一幅典型的中世纪全能基督画作，出自巴勒莫蒙雷尔大教堂

查理曼大帝和欧洲封建主义

在修士和传教士的不懈努力下，基督教在旧帝国的土地不断扩展，与此同时，一种新宗教诞生于阿拉伯半岛，由生于 570 年的麦加商人穆罕默德创立。40 岁那年，穆罕默德宣布天使加百列指定他为真神安拉的使者，但他从没说过自己就是安拉。虽然他承认摩西和基督为先知，但他同时承认自己是最后一个先知，也是最重要的先知。

在 22 年的传道生涯中，穆罕默德建立了一整套教义，他说，这些教义是他通过不同的启示直接从安拉处获得的。

也许是由于阿拉伯半岛的干旱土地无法提供足够的粮食，穆罕默德鼓励追随者们征服尽可能多的土地。在他去世后不到百年，穆斯林就将他们的疆域扩展到阿拉伯半岛以外，包括波斯、埃及、叙利亚、巴勒斯坦和北非的大部分地区。随之而来的文化融合是双向融合：虽然阿拉伯人吸收了大量来自希腊传统和犹太 - 基督教传统的元素（例如穆斯林对雕刻偶像的蔑视可能受到犹太教的影响），但几个世纪以来，他们始终认为自己是希腊、罗马文化的一部分，然后随着拜占庭世界逐渐蜕变，他们才最终重新定义了自己作为穆斯林的身份。

继北非之后，对西班牙大部的征服（此前被西哥特人统治）标志着穆斯林的扩张达到顶峰。由于穆罕默德禁止杀害、迫害其他信徒，在西哥特人统治下受苦受难的西班牙犹太人，对穆斯林表示欢迎，因为这给了他们更多的自由。

对欧洲其他地区而言，最大的威胁发生在穆斯林越过西班牙北部的比利牛斯山脉进入法国之时。这场势不可当的征途，最终被法兰克人打断，在军事统帅官查理·马特的指挥下，法兰克人在 732 年著名的普瓦

认识自我

捷战役中大败穆斯林。

法兰克人属于日耳曼民族，在与其他蛮族征战多年后，他们在罗马的高卢行省建立了一个新的王国。5世纪，在墨洛温王朝的克洛维国王的统治下，法兰克人放弃了旧宗教，改信基督教。皈依基督教，加上在普瓦捷的大胜，使教皇对法兰克人印象很好。这种感觉反复积累之后，在查理·马特死后，其子"矮子丕平"继任法兰克国王，开创了加洛林王朝。他回应了教皇斯蒂芬二世的求救，后者正担忧伦巴第人进攻罗马。法兰克人立即出兵击败了伦巴第人，还为教会捐赠了意大利中部的大片领土，为后来的教皇国打下基础。然而教会宣传丕平的捐赠是依法归还自君士坦丁时代本就属于教会的领土。其法律依据是一份名为《君士坦丁的捐赠》的文件。这里有一个故事：君士坦丁皇帝染上了麻风病，医生建议他杀掉一些婴儿，用他们的鲜血沐浴。使徒彼得和保罗托梦出现，劝阻他不要如此残忍，让他去见见教皇西尔维斯特。教皇说服君士坦丁不要让孩子们流血，改为接受洗礼。圣水洗去了皇帝身上所有麻风病的疤痕，他心存感激地捐给教皇整片帝国西部的土地。到了15世纪，学者洛伦佐·瓦拉证明《君士坦丁的捐赠》是伪造的，很可能是教会中某个聪明人的手笔。

丕平死后，其子查尔斯，即后来的查理曼继位（768—814年在位）。在查理曼（查理大帝）统治期间，极大地扩展了法兰克王国的领土，除了意大利北部，还包括今法国、德国西部、荷兰和比利时的大部分地区。查理曼也因为在西班牙抗击穆斯林而被誉为英雄。799年，在比利牛斯山陡峭的峡谷中，一支与摩尔人结盟的巴斯克人[1]军队从一个叛徒

---

[1] 巴斯克人（Basque），西南欧民族，自称欧斯卡尔杜纳克人，主要分布在西班牙比利牛斯山脉西段和比斯开湾南岸，其余分布在法国及拉丁美洲各国，属欧罗巴人种地中海型，语言为巴斯克语，文字用拉丁字母拼写，信奉天主教，系古代伊比利亚部落巴斯孔人的直系后裔。——译注

处得到消息，他们遇到了查理曼手下最勇敢的骑士罗兰率领的法兰克军队。罗兰奋勇抵抗，拒绝吹响呼救的号角，战斗到最后一刻。三百年后，罗兰的事迹被改编成一系列口口相传的民谣，成书于1100年前后，名为《罗兰之歌》(*Chanson de Roland*)。由于书中所传授的军事经验和荣誉准则，最终被收录于欧洲大型民谣集《武功歌》(*Chanson de Geste*)之中，堪称中世纪版的《伊利亚特》和《奥德赛》。

在罗兰去世的同年，一群密谋者刺杀教皇利奥三世未遂，可能是受反对他低贱出身的罗马贵族所指使。教皇虽受重伤却侥幸存活，他再次向法兰克人求助，试图平息罗马事态。查理曼的迅速反应得到了教皇的嘉奖，800年的圣诞夜，在一场庄严的仪式上，教皇亲自将查理曼加冕为罗马皇帝。

加冕仪式宣告了基督教世界世俗和宗教权威的统一。但随后几年甚至几百年里，围绕着那个关键之夜，巨大的争议仍持续不断——皇帝和教皇谁才是公认的最高权威？在中世纪早期的政治真空中，教会已经习惯承担精神和历史的责任，它承认教皇比皇帝更重要，事实也证明，是教皇把王冠戴在了查理曼大帝的头上。支持皇帝的人则不同意：在仪式结束时，教皇仍跪拜了查理曼大帝，这说明皇帝地位高于教皇。实际上，两者是相互依存的——教皇需要皇帝的政治和军事保护，而皇帝需要教皇为其神圣的地位盖章。[1]

查理曼大帝统治的最大意义是，在罗马灭亡400年后，它代表重建罗马帝国伟大政治统一的首次尝试，人们认为，这是一个有别于拜占庭

---

[1]　值得注意的是，我们把国家和教会看作两个独立运作的实体这种现代观念，要到几百年后才会形成。在我们所讨论的时代，这种权力分离是难以想象的，因为中世纪思想充斥着深刻的宗教信仰。

　　　　　　　　　　　　　　　　　　　　　　　　　认识自我

的政体。而这种观点被东罗马皇帝视为极端的背叛，给东西罗马的关系带来了巨大的压力。在多次试图寻求和解失败后，1054年，东西罗马正式分裂，东方教会和罗马天主教会也永远分裂了。

尽管国土幅员辽阔，但查理曼大帝建立的帝国并不是很强大，因为它的居民之间联系松散，他们被风俗、语言和传统所区隔。如果缺少文化凝聚力的约束，帝国就会不复存在，查理曼大帝深知这一点，因而发动了一次文化复兴运动，包括大力保护异教遗产。这一事业被认为是符合基督教要求的，而基督教被公认为更古老的文化遗存。正如我们所见，这一理论认为，过去的一切光辉遗产，在某种程度上都是神圣计划的一部分，旨在促进接受上帝之道所需的智慧成熟。这种观点主张接受异教遗产，被证明对教会学者帮助很大，他们可通过对古典语法和修辞学的研究，学会用循序渐进的复杂论证来阐述基督教的教条。

查理曼大帝的计划最明显的结果是，在他居住的北部城市亚琛建立了一所学官。在英国教会学者阿尔昆的领导下，来自欧洲各地的学者、知识分子济济一堂，阿尔昆成为文化复兴的主要领头人，这一时期史称"加洛林文艺复兴"（Carolingian Renaissance）。在规划学校的基础课程时，阿尔昆采用了5世纪哲学家马尔蒂亚努斯提出的文科七门的划分，包括三门（语法、修辞、逻辑）、四科（算术、几何、天文、音乐）。

自5世纪爱尔兰人皈依圣徒帕特里克以来，爱尔兰已成为欧洲最重要的修道圣地。在许多著名的爱尔兰学者中，约翰·斯科图斯·埃里金纳脱颖而出。他的贡献包括将5世纪的伪狄奥尼修斯的著作从希腊语译成拉丁语。他主张伪狄奥尼修斯是圣保罗师从的雅典人，通过如此捏造，他极大提高了伪狄奥尼修斯的权威地位，他的新柏拉图主义思想后来极大地影响了中世纪的神秘表达。在他的思辨工具中，最重要的是"否定神学"（via negativa）。他指出，由于上帝超越了人类所能理解和描述的一切形式，因此他只能以否定的方式来下定义："上帝不是什么，而非他是什么。"

查理曼大帝所推动的古典文化保护运动，促进了数百本重要异教著作新译本的诞生。他们将扭曲、难认的墨洛温王朝官方文字，转换成了一种更易读的加洛林简体（Caroline minuscule），大大简化了传播方式。

尽管人们对异教作家和思想家产生了崇拜之情，但基督徒仍然对他们的文化有一种优越感。这导致许多修士在抄写旧手稿时夹带私活，省略、歪曲、错误地引用他们认为不符合基督教意识形态的词语或段落。学者让·勒克莱尔解释道，对修士来说，最重要的"不是异教徒作者在他的时代背景下想说什么，而是基督教徒想听什么"。一些极端保守的修道院院长加剧了这种偏见，他们让修士在抄写异教文献时挠挠自己的一只耳朵，抓抓跳蚤。他们说，因为异教徒的书都是狗写的。

皇帝对促进文化的关注也可能源于他个人的缺点。曾为查理曼写过传记的法兰克朝臣、学者艾因哈德称，这位皇帝一生最大的遗憾是：尽管他坚持不懈地练习，但从未熟练地掌握阅读和写作，"他还试图去学习写作。带着这个目标，他过去常把写字板和笔记本放在枕头下面，这样他就能在空闲时随手写信了。尽管他这样努力，但开始太晚了，几乎没有什么进展"。

查理曼创造了一个跨文化的帝国，文字是拉丁文，宗教是基督教，它影响了世世代代，使他在西方历史上获得了神一般的地位。讽刺的是，人们对查理曼大帝的记忆，与其说是他的实际行为，不如说是围绕他的人格发展出的传说。到 12 世纪，一个白发苍苍的睿智皇帝的形象，已经发展成为一个与上帝紧密联系的欧洲之父。随着地位的逐渐提升，查理曼大帝身上也被安上了一些他从未做过的事情，比如去耶路撒冷朝圣，或把穆斯林彻底逐出西班牙。

查理曼的神话地位，与其侄子、封臣、勇敢而忠诚的罗兰不相上下。罗兰被誉为《罗兰之歌》中招牌式的英雄，他战死于朗塞瓦尔峡谷。尽管在真实的历史当中，罗兰是被一支巴斯克叛军杀死的，但在《香颂》（*Chanson*）这类浪漫文学中，这个细节被后人草率地修改为被摩尔人或穆斯林杀害。如我们所见，这种改写的意义深远，尤其是后来的十字军东征在穆斯林和基督教国家之间本已紧张的关系中撕开了一道新的血痕。

查理曼大帝于 814 年去世后，他的继任者之间爆发了战争，他建立统一帝国的梦想最终露出了脆弱的根基。这场战争随着《凡尔登条约》（843 年）的签订而告终，该条约将查理曼大帝的国土分给他的三个孙子：一个接管帝国西部，另一个接管东部，第三个接管穿插于其间的狭长地带，包括低地国家阿尔萨斯、洛林以及意大利北部和中部。随着《凡尔登条约》的签订，近代欧洲开始出现雏形，法国占据了欧洲大陆西部，德国占据东部。在这辽阔的疆域内出现的问题是——在缺少中央集权和组织良好的政治制度之下，如何维持、管理和保护如此庞大的国家？

有一种解决办法是，封建主义的权力按照金字塔式分配。国王是这座金字塔的顶端，他把土地（封地）分配给他的封臣或领主，交换条件是他们出色地管理和保卫这些土地，并在战争中继续服从他的命令。领主之下是骑士，他们没有土地，而是在领主的领地上生活，并充当附庸。公爵和伯爵一般包括贵族后裔或被授予特殊军事和行政职位的人。

和他之前所有的皇帝一样，查理曼认为自己的地位能使他总揽政治和宗教的权力。这种设想，使他和继任者们相信自己有权任命主教和修道院院长，并把他们变成附庸。正如我们将看到的，一旦皇帝试图干涉宗教事务，就会引发一场重大的冲突，在后面几百年里分裂了教会和国家。

当封建皇帝任命某人为封臣时，就会举行一场庄严的册封仪式，那种气氛就像部落文化的血缘纽带一样神圣不可侵犯。如此重视封建礼法，自然是至关重要的，因为，除了诉诸公序良俗，没有其他办法能敦促封建附庸履行职责。在《罗兰之歌》中，用这些生动的文字表达了封臣为其领主服务的义务：

> 这是封臣对其领主的义务：
> 要吃苦耐劳，忍受酷暑，在战斗中舍身奋战。

封臣被描述成一生为上级忠诚奉献的人。由于基督教价值观渗透于整个社会，军事系统的伦理论证最终会直接关系到上帝的存在。在《罗兰之歌》结尾，生命垂危的英雄罗兰抬起右臂，对上帝献上右手。这一举动表明，身为基督徒的罗兰，对封臣的最终承诺是服从最伟大的上帝。

在军事贵族中实行的看重荣誉和尊严的规则，没有扩展到社会下层：当时的农民是被紧紧束缚在土地上的下等农奴，被迫把一半以上的产出上交领主以换取人身安全。农奴听命于领主，才能寻求公正。在缺少国家控制和管辖权的前提下，每个封建领主自动成为其领地的大法官。一个鞭打、迫害甚至杀害农奴的领主甚至不用承担任何法律后果，这不是由于他目无王法，而是他本身就是王法。

尽管人们普遍恪守忠诚，但在查理曼死后的两百年里，雄心勃勃的贵族们还是频频反抗，向上级要求更多的自主权，无主的骑士们也开始肆无忌惮地鱼肉乡野，通过掠夺来寻求冒险的刺激，并轻松致富。

第四部分　　中世纪晚期

PART FOUR　|　THE LATER MIDDLE AGES

举步维艰的势力平衡

8世纪末，来自斯堪的纳维亚半岛的诺曼人和维京人的入侵，以及9世纪马扎尔人的入侵，使欧洲又走进了一个新的暴力时代，直到11世纪才重新趋于稳定。那时，外族的破坏终于结束，迁入的民族也被昔日敌人的文化和宗教所同化。随着政治环境趋于安全，国王们纷纷渴望重新确立权威，通过建立更强大、更集中的官僚机构，以一种新的方式来巩固王国。然而，这一进程在法国举步维艰，在那里，各自为政的领主掌控着自己的领地。其中，阿基坦公爵控制了法国近一半的领土，他是从卡佩王朝（加洛林王朝后裔）独立出来的一方豪强。英国则大不相同，这里出现了一种更集中的政体：诺曼国王威廉一世，他从盎格鲁 - 撒克逊人手中征服了整个大不列颠（1066年），分封同族豪强。同族强大的忠诚思想，将领主们和国王拧成一股绳，使英国获得了其他国家难以企及的团结和稳定。

在11世纪，罗马教会发起了一场积极的改革运动，旨在恢复其作为基督教枢纽的管理地位。在很大程度上，这场运动是为了反抗国王的政策。国王沿袭了查理曼大帝的政策，可以任免主教和修道院院长，把他们变成附庸，以确保国王政治盟友们的封地和疆域。带着皇室任命的声望，使神职人员非常受欢迎，尤其是在上层社会中。假如牧师们自私地违背道德和心灵而谋求私利，整个教会就有可能沦为国王的附庸。最糟的现象就是买卖圣职，甚至买卖宗教场所。

法国克吕尼修道院建成于910年，是宗教机构改革的主要发起地。与允许修道院各自独立的本笃会规则不同，克吕尼修道院以一种新的管理体系成为诸多附属修道院的信仰中心和管理中心。克吕尼的独创之处还在于，它不像社会上的神职人员那样屈从于世俗权力和私利，而是一个只宣誓效忠教会的修道院机构。克吕尼修道院的新模式在 10 世纪十分流行，有 200 多座修道院纷纷效仿。克吕尼执行公正、体面的高标准要求，呼吁所有牧师在追求世俗的利益和回报之外，更要恪守道德和正直的职责。

教皇格里高利七世（1073—1085 年在位）是重建教会职责的大功臣。他担心世俗权力的野心过于膨胀，坚称教会能够独立于国家运作，强烈谴责了国王任命主教和枢机主教的行为，主张教会反制国王，因为这些职位是精神信仰层面的，只能由教会指派。随后发生的长期斗争史称"叙任权斗争"（Investiture Controversy）。格里高利的主要对手是德国皇帝亨利四世。

在"叙任权斗争"发生的时代，德国扩展了大片领地，包括波希米亚、勃艮第和意大利北部。德国历史上的一个转折之年是 955 年，当时的撒克逊国王奥托一世在莱克菲尔德战役中重创了马扎尔人。由于这场胜利，他和查理曼大帝一样被誉为"基督教的救世主和捍卫者"。作为回报，962 年，教皇若望十二世为奥托一世举行了隆重的加冕礼。

这进一步鼓励了德国的王室，他们除了利用任命神职人员来为国王牟利之外，还觉得决定谁当教皇是他们的皇帝特权。他们的对手还有罗马贵族，这些人长久以来一直把教皇职位视为自己的特权。1046 年这一年，对教会来说尤其艰难。一切麻烦源于腐败的教皇本笃九世，他竟把自己的职位卖给了格里高利六世，但又半路反悔，试图夺回头衔。更糟的是，罗马贵族们抵制了本笃九世和格里高利六世，改为推举一名贵族为教皇。德国皇帝亨利三世决定控制局势，下令解雇了这三名竞争者，由他自己的人取代。而这位新教皇及其追随者很快暴毙，一时谣言四起，说他们是被毒死的（在中世纪，这是一种解决矛盾的常见手段）。1049 年，德国贵族利奥九世登上彼得的宝座，标志着教会进入一个新阶段。他是一个强硬之人，坚信教会必须独立于国家和封建组织运作。这一主张在 1059 年的枢机主教会议上达到顶峰，这次会议决定教皇的人选只能来自枢机主教团（他们称为"教会的太子"）的投票结果。这场改革，势必会使罗马贵族、世俗国家元首和许多神职人员感到不快，他们痛恨教皇，因为教皇谴责他们长期享有的世俗特权是不合法的。

　　亨利三世死后，他年仅 5 岁的儿子亨利四世继位。新教皇格里高利七世曾是利奥九世的顾问，他趁此机会重申教会不为国家服务，任何外人，哪怕是国王、皇帝，都无权干涉教会内部的事务。亨利四世成年后，恢复了父亲的政策，把主教变成国王的家臣，教皇强烈地谴责他这种不敬行为。作为报复，亨利打算废黜教皇，用一个忠仆取代他。教皇再次反击，准备将亨利逐出教会，并广发号召："我禁止所有基督徒服从这个国王。"消息一出，强大的德国诸侯和巨头们就纷纷盯上了空缺的王位。由于引发的政治雪崩，亨利被迫做出让步——如果想保住王位，他就必须乞求教皇的宽恕。于是，亨利四世前往意大利北部的卡诺萨，试图安排一场与教皇的私下会面。忏悔的亨利在卡诺萨堡外的雪地里乞求三天后，教皇终于在 1077 年撤销了对他的判决。

　　1122 年的《沃姆斯协约》仅仅部分缓解了教会与国家间的紧张态势。格里高利的打算是，如果教皇认为君主在道德上不适合统治，他（教皇）就有权罢免国王。但由于世俗反对，协约最终商定皇帝可以使用代表世俗权力的"权杖"，而不能使用代表宗教权威的"十字架"和"戒指"来任命主教和修道院院长——只有教皇才拥有这一特权。强行禁止牧师结婚（推翻了世俗神职人员中普遍存在的婚姻和父权）也是教会保护自身特权的一种手段，可以防止父亲的财产和领土被其子孙夺走。至于教皇选举，协约规定，严格禁止一切世俗力量影响和干预这项教会特权。

希腊和罗马的思想家认为，社会是人造的实体，政府和法律是服务于人类完善这个目的的。相反的是，圣奥古斯丁认为，亚当的原罪导致人类之城是不完美的，是被自私的野心、竞争以及对物质财富的痴迷所驱动的。格里高利认同圣奥古斯丁的这种观点：为了确保国家公正，世俗政府必须服从监督它的唯一不受道德腐败影响的机构——教会。但不幸的是，不断发生的丑闻依然撼动着教会的权威，这证明格里高利理想化的等式中缺少一环——尽管教会被赋予了神圣的角色，但它仍然是一个人造的机构，容易受到威胁国家稳定和福祉的人类内在弱点的影响。

城市和大学：新文化时代的开端

12 世纪，克吕尼修道院改革提出的道德标准，又被两种新的修道会提升到更高的层次：一是迦太基人，他们宣扬要完全摆脱俗世的污染，过彻底的独居生活；二是西多会修士（Cistercians），他们恢复了修士生活，更加严格地忠于圣本笃的守则。西多会历史上的关键事件发生在一个叫伯纳德的 21 岁青年加入教会时。接下来的几十年，圣伯纳德将成为那个时代最有影响力的人，他成为修士后，通过极富宗教热情和说服力的演讲，说动他的父母、叔叔、妹妹和同族兄弟成为修士和修女。他曾说："除非你忏悔，否则将永远被烈火焚身，发出浓烟和恶臭。"

在进入西多城三年后，虔诚热情的伯纳德被允许和其他 12 个修士一起搬到森林中的一个偏僻地方，建立一所新的西多会修道院。伯纳德将他选择的地方命名为"克莱尔沃"（Clairvaux，意为"清澈河谷"），并在森林中开辟了一条路作为修道院入口。在教会逐渐衰落的年代，这里的修士开始效仿地主贵族的可鄙行为，驱使农奴们下地干活儿。伯纳德是本笃会教条的坚定追随者，还强加给他的追随者，他强调这是学习谦卑的最高级方式，而谦卑是服务上帝的必要条件。

伯纳德强调了自然的意义，并以此丰富了他的神学文章。对他而言，把荒野改造成美丽有序的入口——就像他的新修道院那样——象征着把道德的洁净引入灵魂的黑暗之谷。为了提醒弟兄们，天堂只对追随基督实现内在转变的人开放，因此它在所有修道院中建造了一种开放式的中庭——一种精心布置和打理的花园，在其中种植着五彩缤纷的花草，象征性地将其命名为"天堂"。

在伯纳德的领导下，克莱尔沃修道院成了严格纪律和奉献精神的典范。它的影响越来越大，到1140年，出现了350座新的西多会修道院。

大约在同一时期，由于革命性的新农业技术的引进——如用于马匹的铁鞋、功能更强的牛项圈、风车、更重的犁和手推车——加速了欧洲自然环境的改变。随着饥荒减少和人口增长，在12—14世纪，人们通过大规模砍伐森林，开垦了更多农业用地。经过几代农民的艰苦奋斗，他们排干沼泽、筑堤、架桥、修路、开垦农田，而本笃会修士的协作和农业知识，带给了农民极大的帮助。

直到11世纪，欧洲仍是以城堡和修道院生活为中心的农业封建社会。随着城市的快速发展，这一现实也逐渐变化。新诞生的中产阶级的商业活动使得城市欣欣向荣。随着新兴的城市繁荣发展，吸引许多农奴纷纷逃离农村。"城市的空气让你自由"这句话正是诞生于这个时代。与欧洲封建时代的僵化对比鲜明的是，这个时代为许多人提供了更安全的生活选择，在这之前，他们不太可能逃离农村领主的奴役。

1100—1300 年，欧洲人的生活水平有了显著提高，人口开始频繁地流动——商人、传教士和朝圣者——沿着横贯欧洲的新干道来来往往。12 世纪，横跨泰晤士河的第一座石桥开通，标志着伦敦更加现代化；一座横跨剑河的剑桥，也使得该地区迅速发展。

进步和城市化最重要的成果之一是，在修道院的围墙之外建立了新的学习中心，自圣本笃时代以来，修道院垄断了文化和教育。在天主教学校之后又出现了大学，它们属于进行更高等教育的机构。11—12 世纪，历史上第一批重要大学，如博洛尼亚大学、牛津大学和巴黎大学诞生了。当一个学生完成了包括三门四科等基础课程后，就可以担任教师。那些专攻更具体知识领域的人，可以继续深造，并获得博士学位。各个大学以不同的专业见长：意大利的萨勒诺大学以医学闻名，博洛尼亚大学以法律闻名，巴黎大学以哲学和神学闻名。

随着识字率和教育水平的显著提高，许多政治家开始聘用拥有硕士学位的顾问。由于这些专家提供了法律和司法的专业知识，政府文书得到了修订和改进，使国家更加强大、更有组织能力，从教会权威之下取得更多的自主权。

在大学的论坛上，激烈的辩论激起了新的学术热情，很快引发了各种新问题。其中，最紧迫的问题是：一个千百年来始终追求来世的宗教，如何适应一个更繁荣、更自信、对自己的成就更自豪的世界？

金钱流通带来的经济扩张使得社会更加复杂，尽管教会还拥有一定的权力和财富，但却对经济发展持怀疑态度，因为有利可图的生意和物质财富，被认为是违反谦逊和禁欲教条的。

市场经济的主要产物之一是银行系统，其中包括高利贷的产生。这种行为在《旧约》中是被明令禁止的，因为涉及不劳而获的利润。自325年尼西亚大公会议以来，基督徒就禁止放贷收息，犹太人同样遵循这一规则。但因为借钱给非犹太人是可以有利息的，高利贷对很多人而言是有利可图的活动。高利贷这种可耻的行为，继续助长了排犹主义情绪，并持续了好几个世纪。最终，尽管教会反对，利益还是战胜了道德约束，银行活动脱离了犹太人的控制。到1400年，放高利贷已成为许多基督教银行的普遍业务。

最初，从农村生活到城市生活的转变，被认为是对教会的一种威胁。但为了在瞬息万变的世界中保持权威，教会被迫改变长期保持的与世隔绝的僵化态度。证据就是新出现的经院哲学（Scholasticism），它是一种试图调和理性的逻辑方法与基督教教义的学说。

哲学和宗教之间的第一次和解，发生在11世纪坎特伯雷的安瑟尔谟大主教的著作中。安瑟尔谟理论的前提是：每件事都有一个最初原因，演绎逻辑可以一步步地向前追溯一长串的影响和原因。它的结论是，因为一切都必须与最初原因相连，因此整个宇宙的出发点就是上帝本身，他存在于所有理性解释和辩论之上。因此，理性的追寻最终必然宣告它无法涵盖最高真理，因此必须承认信仰的优势绝对凌驾于理性，没有信仰，我们就不可能接近上帝。

安瑟尔谟为什么被誉为一种新哲学的开创者？想要理解这一点，我们必须把他的作品看作一个缓慢解冻过程的其中一环，即基督教从12世纪逐渐软化的僵化条教。在这一历史背景下，安瑟尔谟把哲学对神学的辅佐地位比喻为"神学的婢女"，以及他把逻辑辩证法的部分原则应用到神学论证中，这都是文化发展中微小而坚实的一步。

1079 年生于南特的学者彼得·阿伯拉德积极地探索了哲学和宗教之间更本质的联系。他的方法是将一系列相关命题逐一罗列，再通过混合辩证法和亚里士多德逻辑学来研究（他那个时代仍然只能参考波爱修的译本）。这种可以提高思辨水平的方法，被他命名为"肯定与否定"（Sic et Non），是一种水平极高的神学思维方法。正如我们所见，这导致罗杰·培根和威廉·奥卡姆等重视实验的思想家纷纷反对阿伯拉德的理论，认为它完全是抽象的文字游戏，缺乏评估现实所需的经验。

　　为了描述他的批判性分析的重要性，阿伯拉德写道："通过收集迥然不同的观点，我希望能激发年轻读者在寻找真相的过程中将自己推向极限，这样，他们就能更加睿智。通过怀疑进行研究，通过研究认识真理。"

　　在那个仍然畏惧教条枷锁的年代，阿伯拉德关于理性和怀疑在人类的存在主义探索中极其重要的论断是十分危险和富有争议的。他不止一次地打破常规，当他成为巴黎名师后，被雇用当家教，辅导一个名叫赫洛斯的美丽少女。他对她一见钟情，这让他深感痛苦。全盘接受阿伯拉德的爱情的赫洛斯最终怀孕并生下一个男婴，她的叔叔为了避免丑闻，允许两人结婚。但这位叔叔暗地里从未原谅阿伯拉德的罪行，不打算让他们继续在一起：他雇了一群恶棍抓住了阿伯拉德并阉了他。故事的结尾非常中世纪化：男女主角的真实情感被扔在一边，以突出基督教虔诚的核心意义——羞耻、内疚、悔恨、忏悔。情人们最终走向所有罪人的必然归宿——阿伯拉德回到修道院，余生都在净化自己的灵魂，而赫洛斯也一样，成了一名修女。

　　通过逻辑分析，阿伯拉德发现了许多神学命题之间的差异和自相矛

认识自我

盾。他的学生彼得·伦巴德所写的《四部语录》(*Sententiae*,又名《道德箴言》),试图消除这些差异,并以系统的方式重构了一切教义。《四部语录》最终获得了极大的权威,成为中世纪神学学者和学生使用的通行教材。

阿伯拉德论战中的最大对手是神秘、保守的克莱尔沃修道院院长伯纳德,他强烈地谴责阿伯拉德所谓的"无用的好奇":像他这样的人,宣称哲学可以协助宗教,这根本是亵渎。他说,"清醒醉酒"是一种精神上的超越——征服了凡人的心灵,而不是赋予其一种许可。但自相矛盾的是,正是这位严厉的道德家,重提了对圣母马利亚温和品质的膜拜,马利亚是爱子心切的基督之母,正当教会拼命地寻找一种方式来恢复其纯洁正直的形象时,这一选择对教会来说十分及时。

伯纳德在《旧约·雅歌》的布道中,引用圣母马利亚回答报喜天使的"命令"(Fiat)[1]一词,证明只有人类借马利亚之口,以绝对顺从回应上帝的命令,才能完成生命的复苏。而上帝下达的可怕命令是让她生下一个注定在十字架上受苦和死亡的圣婴。

伯纳德称赞圣母马利亚是虔诚和顺从的典范,他改变了基督教最早的一种传统,当时,圣母马利亚被描述为第一个人类女性的完美反面,对应的是背信弃义的夏娃(Eve)或拉丁语中的伊娃(Eva),她的名字在马利亚的全称"万福马利亚(*Ave Maria, gratia plena*)"中以倒装的形式出现。在一首圣母赞美诗中我们可以看到:"从天使加百列的口中欢迎圣母马利亚,带给我们和平,为我们改变了夏娃之名。"这里用"伊娃""阿芙"(Ave)两个词表示圣母马利亚以她的服从扭转了夏娃的不

---

[1] 这反过来又呼应了上帝通过 Fiat 召唤了世界存在。

服从之罪。[1]

对圣母马利亚的推崇，有助于减少对妇女的歧视，但正如许多评论家发现的，它也在很大程度上助长了某种歧义，它意味着女人要么是圣人、圣母的复制品，要么是罪人、夏娃的复制品，没有第三种选择。

作为上帝的奥秘在地上的化身，圣母马利亚被伯纳德演变成教会的主要象征，正如圣奥古斯丁在其著作中所说，教会就像一个母亲的子宫，信徒可以通过它获得内在的重生。它是圣灵的孵化器，使那些相信重生乃至永生的人达成目的。

德国著名神秘主义者兼作曲家宾根的希尔德加德写道，所有人类都被邀请在心中为小耶稣的"托儿所"（crèche）腾出空间。同样，德国神学家兼神秘主义者迈斯特·埃克哈特断言，每个人都能被邀请成为"不朽婴孩"的母亲，就像圣母马利亚一样。

伯纳德没有预料到，对圣母马利亚崇拜的巨大成功，后来也发挥了重要的作用，在经历了几个世纪的贫穷、破坏之后，人们开始享受到生活改善的好处，逐渐愿意把世界看作一片美丽而有希望的乐土，而非忏悔和眼泪的山谷。这种新时代基督徒的自我教诲，有没有可能将更多的慈爱特质赋予早期的愤怒的全能基督？后者的形象类似《旧约》中的耶和华，是基督教早期的主流印象。婴儿耶稣的形象和慈爱宽容的圣母形象，都代表人类向上帝求情，是新时代的基督徒在无意识当中找到的答案。

学者约瑟夫·R.斯特雷耶认为，12世纪的人对圣母马利亚、耶稣

---

[1] 这里要注意"夏娃"（Eve）与"邪恶"（evil）之间的紧密联系。

诞生和婴儿时期的痴迷，反映出其对"基督教故事中人性一面"的必然需求。从此意义上说，12 世纪绝对可以被描述为一个更宽容时代的开端，特征是人与上帝之间的感情更加密切。"人类是脆弱的，但耶稣也是一个无助的婴儿，圣母马利亚是个受难的母亲。他们能理解并同情人类的脆弱。因此，成千上万的教堂纷纷奉献给圣母马利亚，无数的雕塑、圣母和圣子浮雕、圣母奇迹的故事，这一切都强调着神圣的爱和宽恕。"

正是在这种日益宽松的环境下，才会重新出现"炼狱"观念。它最初由圣奥古斯丁提出，后来的基督徒大多选择抛弃它，认为天堂和地狱才是来世唯一的选择。由圣彼得·达米安和圣伯纳等神学家重新引入炼狱概念，这标志着一个新时代的开始，渴望用一片赎罪之地作为上帝严酷审判的缓冲地带，它是一个暂时的而非永恒的场所，因为所涉及的罪行都属罪不至死。活人的祈祷有助于缩短死后赎罪的时间，这使得炼狱成为十分受欢迎的选择。也有一些牧师经常得到来自家庭的大方资助，雇他们为自己所爱之人的"信仰账户"提升额度，这样他们就能减轻一些长年祈祷的负担。

新的情感激发新的艺术

12—13 世纪出现的社会和文化变革的影响有一种具体的表现——一袭长长的"白色教堂长袍"。就像一个中世纪编年史作家所写的："基督教世界经常用它来装扮自己。"1170—1270 年，教会至少建造了 80 座大教堂、500 多座普通教堂。虽然修建这些建筑主要是为了虔敬上帝，但它们同时也激起了关于城市活力的自豪。

最初的、最活跃的艺术赞助者是克吕尼的修士们，他们以引入仪式和礼仪创新而闻名，比如，引入音乐和特殊舞蹈来给赞美诗朗诵、伴奏。这些舞蹈特有的缓慢手势、动作是为了表现基督再临时的欢迎队伍。

除了有才华的北方艺术家的作品（稍后再谈），很大程度上得感谢克吕尼修士们，尤其是在法国，长久以来被废弃的石刻浮雕重新出现。最初的尝试战战兢兢，但就像一根枝丫顽强地从细小的裂缝中奋力而出那样，新的象征手法很快成为中世纪教堂装饰中的固定节目。这不是说古典现实主义正在全面复兴。教会方面仍忧心忡忡，不大可能允许这种情况发生。但找到更有效的方式来描述世界的乐趣，无疑是早期宗教雕刻的重要特征，它体现在那些雕刻精美的树叶、花朵和鸟之上，这些雕刻被装饰在柱顶、柱头上，旁边是一群衣着华丽的人物；怪物和石像鬼则被安置在教堂的外墙上，充当某种守卫。为何艺术家沉迷于创造这么多的梦魇，这也很容易解释：为了描绘圣像，教堂在教会的控制下几乎没有留下创作的余地，唯一能让艺术家获得某种自由的舞台，则属于邪恶的黑暗王国的剧目，这些民间传说和故事讲述从未停止，主要是通过怪诞甚至讽刺的描述，来驱除恐惧，其表现为一些动物性的特征——尖牙、爪子、尾巴、角和尖耳朵。

当顽固的道德家伯纳德参观位于克吕尼的本笃会修道院时，一看到这些装饰就义愤填膺地写道："在修道院里，在修士们的眼皮底下，这些可笑的怪物是干什么的？这些不洁的猴子是什么意思？这些龙、人头马、老虎、狮子……这些半人半兽的动物怎么会在这里？"

在伯纳德的保守眼光看来，教堂的装饰不过是些无用的消遣，是毫无节制的想象创造出的令人厌恶的东西，很容易使人的思想偏离虔

认识自我

诚的道路。他的这种态度会让人想起《旧约》中对偶像的抵制，对他来说，美只存在于原始和简朴之中，美与匀称完全不匹配西多会教堂的庄严。

尽管伯纳德反对，但变革仍在发生，而且无法阻止，比如石雕装饰的迅速发展。石雕装饰最初是为了在视觉上强化《圣经》的道德宣导。最重要的雕刻一般会放在门楣上，门楣是大门入口上方的空间，它的拱形会让人联想起罗马凯旋门，象征着进入圣殿所宣示的精神胜利。通常这一重要位置的保留题材是"最后的审判"。这一选择突出了一个事实——一旦步入教堂，你就开始了一段带有道德、精神和形而上学意义的旅程，就像教堂里的布局一般都是十字架形是同样的道理。

有一座有趣的雕刻门楣出自 12 世纪法国奥坦大教堂，作者可能是一

法国奥坦大教堂正门门楣浮雕，描绘了复活的基督和他最后的审判

个名叫吉斯勒贝尔的雕刻家，因为他的名字出现在了雕塑下面。场景的中心是一个巨大的复活基督的形象，他的手上显示着圣印，以象征他的牺牲；在他身边有从坟墓中复活的人，正准备接受上帝的审判。

正如我们所见，在几百年西方艺术中，只突出表现圣母、基督、圣人，对普通人的描绘几乎完全被忽视。但是在这座门楣中，这个规则被打破了：天使用力地吹响号角，宣告审判日的到来，将死者集体复活。这一主题在基督教内部引发了很多争论——复活的人应当如何描述？他们是要看上去年轻还是衰老？如果一个人生前有伤疤、瘢痕或其他缺陷，这些特征会在他死后出现吗？人是裸体还是穿着衣服从坟墓里爬出来的呢？

奥坦大教堂的浮雕提供了一种答案——所有复活者身上的性含义都被净化了。此外，这些雕塑还包括两种变体：待判决的人被描绘成身着丧服的成年人，在一旁休息待命（个别人甚至穿得像朝圣者和修士），而已经接受了神的祝福的人，则像赤裸的婴儿一样成为天堂里的天使。这一聪明的解决方案意味着注定进入天堂的灵魂，就像天真孩子的灵魂那样透明、纯洁。已经进入天堂的人，正在从一座代表耶路撒冷的拱形建筑里窥视，满心欢喜地期待下一个人的到来。

在基督的左边，我们看到天使长加百列用正义的天平衡量灵魂。在他旁边，可怕的恶魔正咧着大嘴等着看谁的灵魂将被分配到他们的黑暗和痛苦的王国。被诅咒者扭曲的身体以一种非常戏剧化的方式显示了那些面对地狱永恒折磨的人们的恐惧。这个头部被巨大的魔爪抓住的人物，会令人想起但丁在《神曲·地狱篇》（*Inferno*）中表达的某种强烈的戏剧性。

在教堂中重新出现的石刻浮雕是一次革命性的创新，而其他革命也在悄然发生，尤其是在建筑领域。直到 12 世纪中叶，教堂建筑基本还保留着罗马大教堂的风格：一个由圆形拱门和粗立柱组成的厚重长方形空

　　　　　　　　　　　　　　　　　　　　　　　认识自我

得到救赎之人的喜悦灵魂

被诅咒折磨之人的灵魂

在恶魔利爪下的被诅咒之人的灵魂

间，支撑着坚实的主体，顶部覆盖着通常为木质的扁平天花板。这种模式在 1140 年发生了巨大的变化，当时的圣德尼修道院院长苏杰引入了一种革命性的新建筑风格——哥特式（Gothic）。

除了普洛丁以外，对苏杰影响最大的思想家是 5 世纪神秘主义者伪狄奥尼修斯，人们误以为圣德尼修道院留有他的圣物。他的主要论点是，上帝超越了人类的论证能力，所以谈论上帝的唯一途径是通过类比间接地暗示无法被直接描述的概念。根据这一原则，苏杰让他的教堂看起来像一个微缩世界，不是被地心引力向下拽，而是被一种看不见的、不可抗拒的力量向上拉升，就像教堂细长的桥墩、尖锐的拱门、高耸的尖顶、肋形拱顶和飞扬的墙垛所表现的。除了厚墙、柱子和圆拱，罗马式建筑还有一个特点：窗户非常小。为了象征上帝的恩典穿透了物质的黑暗沉闷，哥特式建筑通过使用饰有彩色玻璃的巨大窗户来反转罗马式石墙的压倒性存在感，在这些彩绘窗户上描绘了《圣经》故事。当阳光照在窗户上时，那些故事闪耀着光芒，使教堂内部充满了神奇的彩虹色。

奥地利哲学家、评论家伊凡·伊里奇将哥特式对光线的强调，诗意地与一份神秘古老的手稿相联系——像被烛火之光照亮的羊皮卷手稿，被阳光穿透的窗户突然释放出宝石般的色彩。在光线的改造作用下，不透明的物质被溶解，教堂内部充满了美丽闪烁的神秘幻象。

认识自我

圣德尼教堂玻璃
（上图）的透光效
果与被烛光照亮的
手稿（下图）高度
相似

学者奥托·冯·西蒙在其《哥特式大教堂》(*The Gothic Cathedral*) 一书中认为：在罗马式建筑中，光线被塑造成"与沉重、阴郁、有触感的墙壁截然不同，并形成对比的东西"。而在哥特式建筑中，彩色玻璃窗有意识地让墙壁看起来"多孔"，这些玻璃窗过滤光线，将教堂的内部空间变成一道光辉熠熠的彩虹。学者将这种半透明的效果与整体结构的向上轨迹相结合，总结道："由于哥特式的垂直主义似乎逆转了重力的作用，因此，通过类似的美学悖论，玻璃窗似乎消解了物质的不可穿透性，从超越它的能量中接受它的视觉存在。通常被物质遮蔽的光在这里成为有效要素。物质在美学上是真实的，因为它与光的发光多少有关，并由它来定义。"

最后的教训是，去教堂的人们沉浸在光与色的海洋中，代表肉体向精神的转变，换句话说，物质宇宙融化成了上帝超自然王国的耀眼光辉。伟大的艺术史学者贡布里希曾写道："哥特式大教堂的目的是表达天国的耶路撒冷的景象。新的大教堂让信徒们看到了一个完全不同的世界。他们会在布道和赞美诗中听到天国的耶路撒冷，那里有珍珠大门、无价珠宝、纯金和透明玻璃构成的街道。这异象是直接从天堂降到人间的。这些建筑的墙既不冰冷，也不令人畏惧。它们是由彩色玻璃制成的，像宝石般闪闪发光。柱子、支架和花饰也都闪着金光。一切沉重的、世俗的、单调的东西都被消灭了。虔诚的信徒如果把自己沉浸在对这一切美的沉思之中，就会感受到，他已经更接近一个物质无法触及的领域的奥秘了。"

由于建造教堂是为了描绘灵魂回归天堂家园的神圣道路，因此里面的祭坛总是朝向东方，太阳升起的地方。相对的，教堂的正门向西，表明在踏入教堂的过程中，信徒们开始了一次启蒙之旅，目的是扭转地球命运，帮助它在罪恶的黑暗中重新定位。日落的西方总是与死亡相连，最终朝向光明的东方和基督开启的曙光。

　　按照传统，巨大的玫瑰窗一般被安置在所有哥特式教堂的西门，象征宇宙的重生，基督的重生就是它的契机，否则世界将被彻底判处死刑，沉溺于黑暗和悲伤。基督是永恒的太阳，他的光辉会永远战胜死亡的日落。

　　毫无疑问，使哥特式艺术和建筑充满活力的精神，其本身是十分抽

巴黎圣母院的北侧玫瑰窗

象的。但是，与过去的默默无闻相反，它的创造者苏杰所表达的被赞誉的自豪愿望，毫无疑问也属于一个更愿意以某种独特的方式承认人类主体创造力的时代。

在圣德尼教堂的西侧立面上，苏杰刻下了自己的大名，还有为庆祝成就而写的诗句：

> 不要惊讶于黄金和花费，
>
> 而要惊叹于作品的工艺，
>
> 散播光明是崇高的工作；
>
> 但崇高的工作
>
> 应该照亮心灵，使他们通过真正的光行进……
>
> 愚钝的灵魂通过物质上升到真理
>
> 并且，在看到光的时候，
>
> 从它以前的颠倒中被复活。

到 13 世纪，哥特式建筑风格已经传遍欧洲。尤其是最早在英国频频告捷，这种大胆的方案促成了韦尔斯大教堂、索尔兹伯里大教堂、威斯敏斯特大教堂等建筑杰作的诞生。意大利最初是拒绝哥特式的，因其被认为是对古典优雅风格的侵犯。[1] 当地最终形成的风格是哥特式、拜占庭式和罗马式的混合物，如阿西西的圣方济各大教堂、奥尔维耶托大教堂和锡耶纳大教堂。

---

[1] 意大利人文主义者使用的"哥特式"一词，源自"哥特人"（Goth），后者是一个广义概念，主要包括住在阿尔卑斯山以外的所有蛮族部落。

认识自我

教皇和皇帝的战争

　　如我们所见，在 11—12 世纪，教皇重新获得了极高的权威和声望。但在欧洲许多地区，由野心勃勃的封建领主之间的斗争导致的不稳定，始终威胁着教皇的统治。近东出现新的政治发展，终于使西方摆脱了长期的小规模冲突。

　　11 世纪，统治埃及的法蒂玛王朝和拜占庭的良好关系，确保了近东的局势稳定，包括巴勒斯坦地区，这里的基督教朝圣者可以自由活动，不必担心穆斯林统治者的骚扰。当来自中亚的蛮族塞尔柱突厥人接管波斯，占领了小亚细亚大部分地区及其主要城市（大马士革、安提阿等），并最终在 1076 年占领耶路撒冷时，当地局势彻底恶化。塞尔柱人是伊斯兰教的最新皈依者，他们远没有阿拉伯人那样宽容，他们禁止所有基督教徒踏进圣地。

　　1071 年，当塞尔柱人在曼齐克特战役中翻越安纳托利亚高原，遭遇拜占庭军队时，事态再次升级。拜占庭军队遭遇惨败后，皇帝阿历克西乌斯·科穆宁向教皇乌尔班二世求救。教皇迅速响应，游说法国和意大利组建武装联盟。为什么会这样迅速？乌尔班到底是想调和基督教东西方的矛盾，还是希望通过这场对外战争统一东西方教会，平息欧洲内乱？我们无法肯定。可以肯定的是：1095 年，教皇在法国克莱蒙费朗召集宗教会议，发表了振奋人心的演讲，号召基督徒加入一支神圣的军队。他不仅要求他们立刻驰援拜占庭，还要从异教徒手中解放耶路撒冷。正如教皇所说，异教徒正在无耻地亵渎上帝之城。教皇在克莱蒙费朗的演讲中宣布：

从耶路撒冷和君士坦丁堡传来了一份悲报：一个完全与上帝隔绝的、被诅咒的族群，以暴力入侵了基督徒的土地，并通过烧杀劫掠减少我们的人口。他们把一些俘虏带回家乡，剩下的被折磨致死。他们用污秽物玷污祭坛，并毁坏它们。希腊王国现在被他们肢解了，被剥夺了广阔的领土，这些领土两个月都走不完……让你祖先的事迹激励你——查理曼大帝和其他君主的荣耀和伟大。让现在被玷脏的国家所占据的我们的上帝和救世主的圣墓教堂，还有被玷污的圣殿，唤醒你们……不要让你的财产阻碍你，也不要为你的家庭事务担忧……所以愿仇恨在你们中间止息，让你们的争吵结束吧。踏上通往圣墓教堂的道路；从邪恶的国家中夺取那片土地，使土地归于你。耶路撒冷是富饶的地方，是欢乐的天堂。坐落在地球中心的神圣城市，恳求你帮助地。你们要赶紧踏上征程，使你们的罪得赦，并要确信将来在天国得到荣耀。

演讲最高潮部分是名为"上帝旨意"的战斗口号，包含了点燃基督教精神的所有要素。教皇确信这场针对穆斯林的战争是一项神圣使命，注定会取得胜利，因为这是来自上帝的直接旨意。

为了让战争口号尽可能吸引人，乌尔班还宣布，那些愿意捍卫十字架的人 [1] 将获得对他们所有罪行的赦免。钉在十字军胸前的十字架标志被用作胜利的旗帜，但也提醒人们十字军东征就像朝圣一样，因此被认为是一种最高的赎罪行为，可以确保立即进入天堂。作为一个额外的激励，人们也意识到，只要他们勇敢地为基督教事业服务，掠夺敌人的城市作为战利品并不是罪恶的行为。战争的前景将同时保证拯救、冒险、

---

[1] "十字军"（crusade）一词源自拉丁语的"十字架"（crux）。

荣耀，土地和财富使许多骑士达成了协议，12000多名骑士响应乌尔班的号召参与战争，虽然他们大部分来自法国，但没有一个欧洲国王参加第一次十字军东征。每个国王都有自己的借口：西班牙统治者忙于收复失地运动；与教皇素来关系不佳的德国皇帝自然也不会去；法国国王也因于紧张局势，他刚刚因重婚被教皇逐出教会；英国更因为内部问题漠不关心。

在真正的大军开拔之前，一个名叫隐士彼得的狂热分子迅速组织了一支农民组成的散兵游勇，早早地向拜占庭进发、会合。在旅途中，这些自称"十字军"的人趁机屠杀了路上遇到的所有犹太人，希望能讨上帝欢心，增加救赎的机会。当这支衣衫褴褛的所谓军队赶到拜占庭时，立刻被惊恐万分的亚尔克修皇帝派往中东，随后被土耳其人迅速消灭。

当法国骑士们拖家带口和修士们一起到达拜占庭时，皇帝的担忧再度升级。他本想组建一小队训练有素的雇佣军，帮他夺回被土耳其人占据的领土。在他看来，耶路撒冷的解放并不像把穆斯林从安纳托利亚赶走那么紧迫，因为当地的穆斯林威胁到了拜占庭。由于不确定西方十字军的真正意图，皇帝提出了以下疑问：如果他提供了西方军队所要求的粮草和军事支持，对方能否承诺归还出征后夺回的所有拜占庭土地？十字军战士们极不情愿地给出承诺，却暗自心想：这个曾经与穆斯林法蒂玛人长期打交道的皇帝打的什么算盘？难道一个帝国领袖不该把所有真主信徒从地图上彻底抹去吗？

十字军一边思考这些问题，一边终于朝着耶路撒冷出征。事实证明，长途旅行对很多人而言都是一项艰难的挑战，何况那些对干旱地区的炎热暴晒准备不足的欧洲人。许多士兵因为缺水、中暑和补给匮乏而病倒；另一些人则是被包裹在身上的金属铠甲活活烤死的。当时的编年史作者沙特尔的弗切尔写道，除了缺水之外，偶尔还会断粮。形势急剧恶化，士兵们备受饥饿的折磨，做出了匪夷所思的事情，"真是不寒而栗，许多士兵由于受饥饿的折磨而发疯，从倒在那里的撒拉逊人（中东穆斯林的一支）屁股上切下了几块肉。他们烹制、食用这些肉，没有完全烤熟就狼吞虎咽。这样导致围攻者的损伤比被围攻者更大"。

尽管困难重重，但十字军还是奋力地解放了安提阿，继而抵达耶路撒冷。当上帝的战士们远远望见他们只在《圣经》中听说过的城市，立刻跪地，涕泗横流。等待已久的时刻终于到来。在宗教热情的鼓舞下，十字军冲进城市，竭尽所能地伤害自己遇到的所有异教徒。编年史作家阿吉莱斯的雷蒙德写道："我们的一些人砍掉敌人的头；其他人用箭射杀他们，让他们从塔楼上摔下来；其他人用火烧，折磨他们更长时间。在这座城市的街道上可以看到成堆的头颅和断肢。"这位目击者兴奋而自豪地补充说，"所罗门圣殿里变成一片血海，淹没了基督徒士兵的膝盖。"他总结道："事实上，这正是一次上帝正义光辉的审判，让此地洒满不信者的鲜血，让他们遭受长久的亵渎之苦。"

在那些自封"上帝的战士"的人看来，这种惨无人道的行径竟然是正义行为，他们相信把世界从基督的敌人手中解放出来，不是一种暴力，而是一种虔诚和热情的奉献。弗切尔写道："在把敌人赶出安提阿后，十字军发现这座城市早已变为空城，只留下了妇孺。"他还写道："法兰克人没有对他们做任何邪恶之事，除了用长矛刺穿他们的身体。"

耶路撒冷沦陷后不久，许多十字军战士失望地发现，在那片遥远的

认识自我

土地上，生活比他们预想的要困难得多，而且，不像他们在《启示录》中读到的那样，圣城的城墙上并没有镶嵌珍珠和宝石，他们决定返回家园。剩下的少数人负责留下管理所谓的"耶路撒冷拉丁王国"。

第一次十字军东征时，十字架再次被绣在军旗之上，就像君士坦丁时代一样。将这种好战意志发挥到极致的是圣殿骑士团、圣约翰骑士团和医院骑士团等教团的军事命令。这些教团成员身上具备贫穷、贞洁和服从的特征，使他们变成带着杀人执照的修士。这些军事命令集虔诚、狂热的不容忍、正义的残暴和军事技巧于一身，最能体现中世纪十字军东征的意志。

在 12 世纪法国昂古莱姆主教堂的主浮雕中，一个以罗兰传说为灵感的战斗场景出现在使徒们的陈述当中，他们在天使的帮助下，在世界各地传播基督教。之所以将这两个场景联系在一起，是为了将十字军东征美化为一项道德正义的事业，传播基督教义的光荣事业，像使徒传播福音那样，都是上帝宏伟计划的一部分。

1144 年，土耳其人占领了埃德萨市，该市一直是基督教的重要据点。这次轮到克莱尔沃的伯纳德敦促对穆斯林发起新的十字军东征了。为煽动群众反对异教徒，伯纳德在勃艮第的修道院门前发表了热情洋溢的演讲——作为一次精心策划的政治活动，人们在修道院的门楣上创作了五旬节主浮雕（完工于 1130 年）作为纪念，在画面中，基督散发出的光芒反过来照亮了准备传播福音的使徒。在门楣的上部，所有未被基督感化的人被描绘成恶心的怪物，并带有古典神话特征，包括长着狗头、猪鼻、大脚和象耳的怪人，还有小得可怜，要靠梯子才能上马的侏儒。西方人的这种偏见很容易波及穆斯林：大多数普通欧洲人根本没接触过穆斯林，因此会把他们想象成某种异域妖魔。

法国昂古莱姆主教堂门楣上的 12 世纪主浮雕。画面下方的狭窄部分，是使徒们讲述的骑士们征伐上帝之敌的场景

通过偏见来妖魔化和非人化敌人，在历史上是（现在仍是）煽动人们仇恨和杀戮的最佳手段。中世纪的基督徒在这方面是高手，他们将不宽容、狭隘作为一种美德，就像伯纳德在书中所说："非基督徒的死颂扬了基督，并阻止了错误观念的传播。"

尽管进行了这样有效的宣传，但由法国国王路易七世和德国皇帝康拉德三世领导的第二次十字军东征结果，对基督教和伯纳德的声誉都是毁灭性的打击——伯纳德此前一直被认为是上帝的最佳代言人。

第二次十字军东征结束 40 年后，穆斯林在领袖萨拉丁的领导下团结起来，一鼓作气夺回了基督徒在 1187 年占领的所有城市，包括耶路撒冷。与基督教徒毫不犹豫地屠城对比鲜明的是，萨拉丁是一名勇敢的战士，也是一名高尚的骑士，他尽一切可能宽恕平民。这件事在基督徒当

认识自我

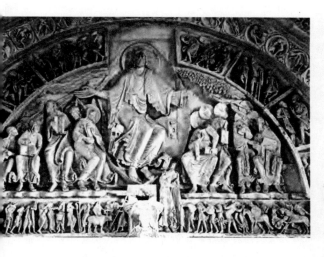

勃艮第的韦泽莱修道院
的门楣浮雕局部，描绘
了不受基督恩典而被排
斥的生物

韦泽莱修道院的门楣浮雕局部

中引起了极大兴趣，也让他们感到惊讶：穆斯林怎么会如此正直？一些法兰克人困惑不解，甚至散布谣言说萨拉丁是一名地下基督徒，在被十字军短暂俘虏后皈依了基督教。

第三次十字军东征（1189—1192年）见证了直接参与其中的三个欧洲最强君主——神圣的罗马帝国皇帝"红胡子"腓特烈一世，英格兰"狮心王"理查一世，还有法国"狐狸"腓力二世。强大的联军给人们留下了深刻印象，但国王们各怀鬼胎，导致结果与前两次任务一样难堪和令人失望。后来的十字军东征，不过是一连串的屈辱大败罢了，被大量无意义的伤亡所玷污。这种羞耻感在第四次十字军东征（1202—1204年）达到顶峰，这场东征始于埃及。为到达黎凡特（地中海东部地区），十字军请求威尼斯人的帮助。由于十字军无法筹集支付威尼斯的佣金，后者以两位东罗马皇帝候选人之间爆发战争为由，煽动十字军反水攻占拜占庭，并声称皇庭一直忌惮他们。事实上，这一狡猾的借口，掩盖了威尼斯想要削弱其商业对手的真实意图，这导致拜占庭遭遇了一场可怕的蹂躏。三天内，十字军对城中居民的谋杀、强奸、破坏和掠夺达到了史学家口中"即便汪达尔人、哥特人也难以想象"的程度。今天在威尼斯圣马可广场上仍可以看到四匹铜马，能让人回想起拜占庭的覆灭，以及它所代表的贪婪、不忠的可怕行径。

与热那亚、比萨等其他海上强国一样，威尼斯是一个共和国，由于擅长商业和贸易，从10世纪权力和财富开始聚集。在威尼斯流通的商品中，有些是基督教奴隶被卖给穆斯林买家。当教会禁止基督徒充当奴隶后，愤世嫉俗的威尼斯人开始贩卖非基督徒的斯拉夫人。后来，"斯拉夫人"（Slav）一词演变成英语中的"奴隶"（slave）一词。

在四次十字军东征中，最荒诞无知和迷信的事件是1212年的"儿童十字军东征"。当时有两个妄想家——科隆的尼古拉和克洛伊的斯蒂芬——深信圣战失败是上帝觉得基督教士兵不够纯洁，于是召集了一支天真的儿童大军，他们相信地中海的水面会分开，就像摩西开红海那样，帮助纯洁的军队直奔巴勒斯坦。当海水纹丝不动时，孩子们被带到马赛，登上驶向中东的船。在途中，这些船被穆斯林海盗截获，孩子们被直接卖到了突尼斯当奴隶。

法国国王路易九世又领导了两次十字军东征。抛开这些失败的远征不谈，路易九世因其虔诚和尚武精神被教会尊为圣人，也因建造巴黎圣礼拜堂而被人铭记，而圣礼拜堂是哥特式建筑中最伟大的瑰宝之一。

为了激发十字军的斗志，教皇乌尔班二世和继任者们都宣称上帝站在他们一边，因此圣战一定会成功。但基督教军队遭受的一系列耻辱性失败与这一预期产生了戏剧性的冲突。人们目瞪口呆——上帝怎么会允许基督教的宿敌取得胜利呢？由于始终找不到答案，愤世嫉俗、不信任的情绪使得人们开始怀疑教皇的权威。

许多君主趁机巩固了自己的世俗权力，期望减少教会对国家事务的干预。如前所述，在欧洲君主政体中，英国是最先巩固王权的国家。当阿基坦女公爵埃莉诺宣布与丈夫法国国王路易七世离婚，改嫁英国国王亨利二世时，英国的权势进一步扩大。通过将阿基坦公国纳入诺曼底，英国拥有了包括欧洲大部分地区在内的统治权。为了绕过教会的权威，亨利二世对英国的司法和行政体系进行了重大改革，他规定，当国王认为有必要时，王家法庭也可以审判神职人员。这一政策最著名的受害者是坎特伯雷大主教托马斯·贝克特，他为了捍卫神职人员免于王室指控的权力，1170 年在自己的大教堂里被暗杀。

在亨利之子约翰统治期间，英国把诺曼底输给了能干的法国国王腓力二世。约翰无法接受诺曼底战役的失败，试图对臣民横征暴敛支持军费开支，这逼得英国贵族们奋起反抗，逼迫国王签署了 1215 年的《大宪章》(*Magna Carta*)。该宪章对英国国王的权力进行了严格限制，从此以后，国王在没有征得内阁的同意下不能强制立法。

法国国王腓力二世，是第一位号称"法兰西国王"而非"法兰克国王"的法国君主，因为他从英国夺回了诺曼底、布列塔尼和都兰等重要的北方领土，还利用对阿尔比根人的十字军东征（后面会详细提到）在该国南部建立了据点。腓力二世派往地方司法机构的官员受过法律培训，负责监督其行政和军事活动，这加强了国王的权威，巩固了国家的统一，让法国再次称霸欧洲。与许多君主一样，腓力与教会的关系也不稳定，部分原因是他削弱了国家行政部门内神职人员的力量，还因为他与妻子、丹麦公主英格伯格离婚，娶了真爱梅拉涅的艾格尼丝。教会用逐出教会这个终极手段说服腓力二世服从教皇，并与英格伯格复婚。

自从"叙任权斗争"以来，衰弱的德国皇帝早已无法遏制党争，党争已将德国瓜分成了公国割据的态势。1152 年继任德国国王时，来自霍恩斯陶芬王朝的腓特烈·巴巴罗萨试图通过一系列政治运作——包括军事压力、金钱诱惑、结盟、轻松的联姻以及保守的外交策略——夺回分裂各个公国的控制权。但是反对的声浪依然无处不在——在德国，腓特烈面对的是与霍恩斯陶芬王朝相抗衡的萨克森韦尔夫王朝；在意大利，他面对的是北方城邦的抵制，虽然名义上他们仍是帝国国民，却强烈要求高度自治。为了扭转局面，腓特烈承诺归顺教皇阿德里安四世，以换取 1155 年被正式加冕为罗马皇帝。最终，腓特烈任性地在"罗马皇帝"头衔前面加上了"神圣"二字，这是对教皇的挑衅，暗示他的皇权直接来自上帝而非教皇。

在六次收复意大利失败后，腓特烈于 1176 年被伦巴第联盟（北方城市联盟）击败，最终被迫承认意大利各公国继续保留自治权。

他唯一真正的成功外交，是他儿子亨利六世和西西里诺曼王国女王储的政治联姻。西西里王国覆盖了整个意大利南部，是由诺曼人在 11—12 世纪时建立的。当亨利六世英年早逝后，他三岁的儿子腓特烈二世加冕为西西里国王。尽管拥有诺曼人和德国人的血统，腓特烈二世还是对西西里感情深厚，在那里度过了大半辈子。在他的领导下，意大利南部繁荣起来，而德国则被他忽视，变成一个被割据和内乱折磨的国家。

腓特烈二世聪明而有教养，会说六种语言（德语、拉丁语、希腊语、西西里语、法语、阿拉伯语），能作诗，还对数学、解剖学、哲学和猎鹰活动兴趣盎然。在他的宫廷里，基督教、犹太教和穆斯林老师同样受到欢迎。由于兴趣如此广泛，他当时被人称为"世界奇迹"。腓特烈还赞助了巴勒莫的一家私人动物园，在那里进行科学实验，特别是繁殖鸟类的新品种。他最伟大的成就，是在那不勒斯建立了一所著名大学。腓特烈是艺术的重要赞助人之一，还发起了第一个使用西西里语的本土诗歌流派。西西里诗派擅长宫廷爱情主题，源自 12—13 世纪在法国南部达到顶峰的游吟诗。腓特烈也接受了穆斯林的习俗，组建后宫。

当然，罗马教皇对这个非正统君主几乎没什么好感，并总是反对他统一意大利南部和北部城市的意图，因为担心教皇国被夹在德国控制的领土之间。

教皇和腓特烈二世的主要摩擦是他拒绝为解放圣地而发动战争。教皇格里高利九世是一位虔诚的方济各会教徒（就是他将圣方济各封为圣人的），他将腓特烈逐出教会，原因是腓特烈违抗他的命令，没有参加十字军东征。最终，当腓特烈被逐出教会，选择主动前往耶路撒冷时，格里高利更加愤怒。一到当地，腓特烈就组织了一次与穆斯林的会议，并以高超的外交手腕达成了一项协议：将耶路撒冷的控制权交给基督徒十年。本来，穆斯林唯一控制的地方是圆顶清真寺，那里是他们的圣地，因为他们认为穆罕默德就是从那里夜行登天的。格里高利九世认为与穆斯林谈判而非打仗是一种罪恶，对腓特烈的和谈大为光火。

最终，教皇和皇帝之间旷日持久的战争导致了双方的灭亡，皇帝死前一共收到了四次被逐出教会的命令；教会的声誉因其对政治的不断干预而严重受损；神圣罗马帝国仍是由分散的小公国凑成的一幅拼图，就像后来伏尔泰所说的："它变成了一个既不神圣、也不罗马、更非帝国的无定形实体。"

财富与权力，贫穷与谦卑

在十字军东征期间激发教会活力的军事精神，以及教会在欧洲政治棋盘中充当仲裁者的愿望，使得教皇的世俗立场与使徒时代的精神承诺背道而驰。教皇英诺森提乌斯三世（1198—1216 年在位）是试图将教会的至高权力凌驾于各国的世俗权力的积极分子。根据他的说法，国王和教皇的权威来自上帝，而世俗国家不如教皇，因为他们就像月亮，若没有教会所代表的太阳无上智慧的照耀，就发不出一丝光芒：

和上帝在天空中安置了两盏大灯，大灯执掌白天，小灯执掌夜晚一样，同样在以"天堂"为标志的凡间教堂的穹顶上，上帝建立了两种巨大的威严，一个大的，像白天一样管理灵魂；一个小的，像夜晚一样管理肉体——这就是教皇的权威和国王的权力。正如月亮从太阳中汲取光芒，在数量和质量上、位置和权力上都比太阳低一等，同样，王权也从教权中汲取了神的光辉。

为了削弱世俗国家日益增长的自信，1215年，英诺森提乌斯三世召开了第四届拉特兰会议，会上宣布，人在教会之外不能得到救赎。为了确保教会的巨大管辖权严格控制对人类生活的方方面面，圣礼（包括洗礼、婚姻、圣餐、忏悔等）要经过仔细审查和正规化，各种罪名被仔细划分成最致命的和最轻微的罪孽。为了排斥非基督徒公民，会议还规定，犹太人和穆斯林必须佩戴一种特殊的徽章以有别于基督徒。

英诺森提乌斯三世是第一个在欧洲中心发起十字军东征的教皇，目的是讨伐被教会判为异端的两个组织：法国南部的阿尔比根教派（他们自称"清洁派"，取希腊语中"纯洁"之意），以及里昂商人彼得·瓦勒度创立的瓦勒度派。阿尔比根教派相信一种善恶二元论，认为世界是善恶之间的持续斗争，他们之所以成为教皇的眼中钉，是因为拒绝承认教会的权威，认为它是贪婪和腐败的机构。瓦勒度派和他们一样，对神职人员的腐败持批评态度，拒绝承认牧师传授的一切圣礼。这两个教派都承认男女平等，这才是更直接的原因，因此被教皇斥为异端。英诺森提乌斯三世虽然没有建立宗教裁判所，但他狭隘的观点和残暴的手段极大地促进了教会建立凶残的机构，并很快成为教会消灭眼中钉的最有效手段——异教徒、犹太人、妓女、麻风病人、巫师——刑罚从酷刑、监禁到死刑不等（一种很流行的审判异教徒的刑罚是绑在火刑柱上烧死，因为可以"虔诚地"避免见血）。

　　根据教皇的说法，之所以暴力镇压异教徒，是因为他们对基督犯下了叛国罪，也是为了对所有怀疑教会的人杀鸡儆猴——这种怀疑也确实合理，因为许多基督徒对逐渐富得流油而大权在握的教会逐渐不满，它太政治化了，这个由牧师组成的机构，更关心他们的私利，而不是人们的精神需求。

　　镇压阿尔比根派的一个副作用是破坏了许多法院，尤其是在法国南部，这些法院资助了以游吟诗闻名的白话诗歌流派。他们为方便创作诗歌和文学而使用方言，不用拉丁语（用于宗教和高雅文化的语言），这一流派始于古典史诗传统，由《罗兰之歌》和为英国亚瑟王创作的传说而闻名。对方言的选择表达了一种愿望，即希望在受教育程度越来越高的人群中获得更广泛的受众。

　　与荷马史诗不同，游吟诗人所写的主题关注现实生活而非战争，主要场景在宫廷里，据说那里有助于培养更多的正直、文雅和礼貌。诗歌的中心主题是一个骑士敬仰一个出身高贵的女性。该主题所传达的礼貌和尊重，受到了王宫贵族和统治者们的热烈欢迎，他们希望诗歌能改善那些不守规矩之人的粗鄙行为，而这些人在宫廷中比比皆是。游吟诗人的诗歌并未强调肉体欲望，而是将女性作为崇高的崇拜对象，以一种新柏拉图式的方式，从男性身体里激发出一种完全纯洁的激情。诗人采用了一种权宜之计，把出身高贵的女子描绘成他人之妻，一直生活在情人的掌控之外，通过一种纯粹的柏拉图式情感体验的宣泄，驾驭了男性性爱的紧张，这种情感体验只是情感、智力和精神上的体验，而非肉体的激情（但很不幸，非贵族女性的感情没有这种柏拉图式的优待）。

游吟诗人传统在法国南部消失之后，又在西西里岛复活，正如前面提到的，腓特烈二世在西西里岛赞助了一个伟大的本土诗歌流派。据考证，这所学校正是托斯卡纳抒情诗派的灵感来源，名为"Dolce Stil Novo"（甜蜜新体诗），但丁的部分灵感就来自这一流派。

在 13 世纪，让教廷头疼的各种问题包括又多了两种新教团：多明我会和方济各会。这两个教团都被称为"丐帮"（mendicare，意大利语中意为"乞讨"），因为他们都靠信徒捐款过活，代表人民日益渴望早期使徒时代的纯洁和简朴。

多明我会是由古兹曼的圣多明我创立的，他生于伊比利亚半岛的卡斯蒂利亚王国。多明我相信传播福音是上帝仆人的首要职责。但在他看来，如果修士不具备文化基础和神学训练，就无法承担这一职责。学习对多明我会士而言如此重要，说是最高律令也不为过，如妨碍了牧师的学习，就要停止禁食，甚至停止履行圣责。也难怪，多明我会是中世纪一群最伟大的思想家的摇篮，如大阿尔伯特和他的学生托马斯·阿奎那（稍后会讨论）。然而，多明我会徒严格遵守戒律，使许多会士变成积极的宗教判官，致力于根除他们眼中背叛基督教正统的一切运动，因此被斥为异端。正是由于扮演了上帝严厉守护者的角色，多明我会士常被称为"上帝忠犬"。

方济各会是由阿西西的方济各所创立的，他放弃了富家子弟的一切特权，致力于服务和赞美上帝。但丁曾描述过方济各对谦卑和贫穷的承诺，即基督教最初的承诺：他选择在一场"神秘婚姻"中与"贫穷女子"幸福地结合。由于他对福音精神的绝对奉献，几乎被认为是基督的化身，据说他奇迹般地继承了圣痕，伤口和基督在十字架上的伤口一模一样。作为教义的忠诚信奉者，方济各立下承诺，坚持和平与非暴力的原则——与教会日渐肆意执行的法律形成了鲜明对比。方济各原则的核心是谦卑，从他们彼此的称呼"小兄弟"（frati minori）就能看出来，他们谦虚地认为自己在所有教徒中受教最少。

根据方济各的教义，世界并不像柏拉图说的那样是一个可怕的黑暗洞穴，而是一个充斥着神圣本质的和谐乐土。想要认识上帝的存在，必备条件就是向大自然的奇迹敞开心扉。对于神秘而富有诗意的方济各来说，大自然的本意不是要向人类心灵揭示上帝的隐秘，而是想让人类惊奇于宇宙中一次次的欢喜，就像在一场完美协调的欢乐合唱中，赞美造物主的善良和美丽。

这个前辈的阿西西人内心仿佛有取之不尽的爱，这让他觉得自己与上帝的一切造物都能产生共鸣。据说，他可以向鸟、鱼和爬行动物传教，并让咩咩叫的羔羊加入合唱团，还让一匹狼发誓维护它威胁过的村子。方济各像兄弟姐妹一般对待日、月、星辰、风、水、火甚至死亡，他总是全神贯注地关注世界的一切生灵，包括被遗忘在角落里微不足道的那些，例如，人人畏惧的麻风病人，他从不拒绝给他们温柔的拥抱。对于一个几个世纪以来一直宣扬世界是被罪恶污染的现实的宗教来说，方济各对自然各个方面的由衷赞美对它有着巨大的吸引力。

根据 13 世纪《圣徒传》（*Saint's Biography*）作者塞拉诺的托马斯的说法，方济各创立了他自己的教义，以便完成基督的命令。基督对他说："去修理我的房子，你看，我的房子全毁了。"哪怕这些话听起来像是在训斥教会，但方济各也从未对教会权威表示过任何不尊重。也许，正是由于这一点，当方济各向教皇请求承认他的教义时，英诺森提乌斯三世欣然同意了。我们很难知道是什么影响了教皇的决定——他是被方

认识自我

济各的纯洁深深打动了，还是他已经意识到吸收一个已经鼓舞了许多人的教派，是教会重建声誉的有力武器？

12、13世纪的许多基督教作家以方济各的方式表达了对自然的欣赏，这表明一场精神的复兴正在现实社会中酝酿着。12世纪的伯纳德，把世界定义为一所"大学"，人们从中可以发现上帝在世界上的痕迹。奥坦的霍诺里乌斯也以类似方式强调了"宇宙"和"大学"之间的关系，而13世纪作家里尔的阿兰则宣称，自然才是真正的"上帝的牧师"。神秘主义者、来自巴黎圣奥古斯丁修道院的圣休·维克多写道："一切自然都在谈论上帝，一切自然都在教导人类，一切自然都允许认知；宇宙中没有任何不毛之地。在这种观点下，大自然变成一堆符号，等待着人类去解释。当然，这种探索的最终目的，始终只是上帝的终极真理。从世俗和科学的角度来研究自然本身，会被认为是荒谬和亵渎神灵。"只有铭记这一观点，我们才能理解圣休所说的"学习七门人文学科有助于恢复上帝在人当中的形象"——"学习一切，你会发现没有什么是多余的"。

最能把握可见和不可见两个世界之间日渐紧密联系的人的定义，是把人描述成一个微观的世界，这个世界与宏观世界相联系，在其中，人反映了宏观世界。德国宾根的神秘主义者希尔德加德在一首赞美诗中表达了这一概念："人啊，看看你自己，就像你身体里拥有天空和大地一样。"富有影响力的神学家圣伯纳·文图尔将方济各的神秘主义与普洛丁哲学相结合，他认为可见的宇宙就像镜子，以不同程度的光线反射着神圣智慧的光辉："它就像一个巨大的煤球，发光发热。"

人的价值复兴

正如我们所见，十字军东征的溃败，最终成为基督徒真正的耻辱。但这种失败的结果不应被视为十字军东征的真正评价。如果抛开意识形态，单从经济和文化的角度来看，这些远征最终带来了一种积极影响：他们重新开放了贸易路线，再度连接了西方、拜占庭和穆斯林世界。因此，地中海再次成为旅行、商业和知识与思想交流的要道。随着对来自东方的奢侈品需求的增长，利润丰厚的进口香料、丝绸、棉花、锦缎、地毯、挂毯、陶瓷、搪瓷制品，以及各式美味佳肴，如香料、糖、丁香、芝麻、柠檬、杏、李、菠菜、芦笋等市场，统统都在增长。

当然，这些新的交流带来的最大礼物还是文化。为了激发十字军东征的精神，教会把穆斯林描绘成野蛮、暴力和不文明的民族。但是，当基督徒直接看到敌人建造的城市时，他们发现穆斯林文明不像基督教所宣称的那样浅薄，而是极其丰富和复杂的——甚至在几乎所有知识领域穆斯林都比他们先进得多。例如在巴格达，穆斯林从大马士革迁都至此，832 年建立了一个文化中心，名为"智慧之家"，用来保存旧手稿，其中包括许多古希腊文本，是在查士丁尼发起的镇压异教徒运动中被希腊学者转移过来的。

矛盾的是，从 12 世纪开始，基督教的西方在医学、哲学、天文学、占星术和数学等领域（尤其重要的是阿拉伯数字系统和"0"的概念）的复兴，都应归功于他们最大的敌人穆斯林。

穆斯林文化的贡献主要通过三个地理位置渗透到欧洲：西班牙的托莱多、意大利南部和拜占庭。其中最重要的是托莱多，1067 年，西班牙的基督教国王阿方索六世从摩尔人手中夺回了这座城市，标志着基督教

认识自我

对西班牙的收复迈出了重要的一步。这次事件吸引了来自欧洲各地的学者，他们对古典文献的稀缺感到失望，因此来到托莱多研究这座城市丰富的藏书。这些学者就包括克雷莫纳的杰拉德，他自学了阿拉伯语，以便将希腊著作翻译成拉丁语，这些著作在近400年前被穆斯林掌握。克雷莫纳的杰拉德共翻译了70本书，包括了托勒密、欧几里得、阿基米德和亚里士多德的著作。托莱多大主教雷蒙德也以同样的献身精神创办了一所翻译和抄写员培训学校。多亏了雷蒙德的学院，许多希腊主要哲学家的著作被从阿拉伯语翻译成拉丁语，还有许多阿拉伯和犹太学者的著作，他们用重要的注释丰富了这些文本。

阿拉伯学者向来十分崇敬希腊哲学，他们推崇的百科全书式的哲学，包括天文学、占星术、炼金术和动物学，与博学的亚里士多德不谋而合。因此，亚里士多德尤其受到他们的欢迎，他们认真地研究他的著作，试图让他的原则符合伊斯兰教。阿维罗伊和阿维森纳是研究亚里士多德学者中的佼佼者。

基督教早期教父们对亚里士多德持怀疑态度，他们认为亚里士多德是渎神的唯物主义者，而对关注心灵的柏拉图则推崇有加，他们将柏拉图誉为基督教先驱。但是在13世纪，当亚里士多德的著作普遍被西方接受时，基督教学者之间又爆发了一场激烈的争论：一些保守的神学家继续谴责亚里士多德，其他被其思想吸引的人从中看到了一种让理性更接近灵魂，并在哲学和宗教之间建立新联系的方法。著名哲学家托马斯·阿奎那在其不朽的著作《神学大全》(*Summa Theologiae*) 中，以令人信服的方式阐述了一种综合理论，调和了亚里士多德的思想与基督教教义。

托马斯生于南意大利的一个贵族家庭。从他母亲一方来看，这个家族与腓特烈二世有直接血缘关系。家庭的显赫并没有给托马斯留下什么印象，他很小的时候就对漂亮的衣服和绅士们的追求如打猎和猎鹰不感兴趣。他胖胖的、性格内向而安静，有个绰号叫"哑巴牛牛"，但他会突然用无理的问题引起老师的注意，比如"神是什么？"由于不知怎么应付他，家人把托马斯送到卡西诺山修道院，让他成为一名本笃会修士。在那里住了几年之后，托马斯搬到了那不勒斯，去上腓特烈二世新办的大学。

在学业告一段落后，托马斯向家人宣布他想成为一名多明我会士。家人感到震惊：他为什么要放弃一个有声望的职位，比如卡西诺山修道院院长，而加入一个贫困的新教会（指多明我会），甚至呼吁乞讨生活呢？阿奎那家族的贵族心态使得他们执着于声誉和威望，托马斯的请求是万万不被允许的。为了阻止他加入多明我会，他被关在他父亲的城堡里长达两年。一天，他的兄弟们为了戏弄他，雇了几个妓女偷偷溜进他的房间。托马斯立刻反应激烈：他随手抄起一根火棍拼命地挥舞，把尖叫的女人们赶出了房间，就像看到了撒旦一样。

当家人最终放弃时，托马斯终于能自由地追寻理性了。他对学习的热爱驱使他来到巴黎，在那儿他成为另一个伟大的多明我会士大阿尔伯特的学生，老师建议他研究亚里士多德。大阿尔伯特对新兴自然研究的巨大贡献而被称为"现代科学之父"，他是中世纪第一个在神学知识和科学知识之间进行严格区分的思想家。他认为，即使科学不如神学，它也有自己的作用，因为它能使人认识上帝：不是上帝内在的神秘，而是上帝怎样通过人类智慧掌握的大自然的宏伟运行来揭示自己。托马斯以老师的学说为基础，得出了一个结论：人类的理性应被视为一种合法获取知识的工具，而逻辑可以用于经验观察和实验。正如历史学家格里特·P. 贾德所言，托马斯的核心理念是："理性如果使用得当，将始终支持信仰。"

从圣奥古斯丁开始，后世的基督教思想家纷纷把灵魂看成囚禁在堕落躯体的坟墓里的一种本质。托马斯本人受亚里士多德的启发，站在了一个新立场上——由于全能上帝的构思肯定不会白费，因此人类由理性和感官构成的有机实体也是上帝的恩赐，一种允许人类认识宇宙理性规律的礼物，也能使人意识到造物主的智慧。

柏拉图曾说，想要达到终极真理，必须从感官的朦胧世界中彻底解脱出来，但知识不能通过感官来获得，而是建立在一种回忆意识的基础上。托马斯不接受这种对现实的否认。他肯定，即使心灵和感官存在某种限制，但其产生的结论仍是认识上帝真理的有效步骤。在托马斯的思

蒙雷尔大教堂的马赛克描绘了亚当被赋予了神圣的一面

想中，世界从一片充满邪恶陷阱和危险诱惑的荒野，变成一片充满潜力与可能的乐土——一个有意义的实体，等待人类用能动性和创造力来解码。

托马斯将亚里士多德的原理应用到基督教理论中，把上帝描述为"不动的动者"，一个巨大变动的产生生命的基点，在意义的涟漪中不断扩展，再不可抗拒地回到最初源头。在这宏大的波动中，没有任何空间留给无用和无关紧要的惯性。宇宙中的一切都在不断地成长，朝着上帝赋予他创造的万事万物的最终目标前进。"存在即成为"，换句话说，就是要实现每个生物被创造出来的目的。为了尊重上帝的意愿，人类有责任实现自己天生具有的潜能。没什么比这种承诺更神圣的了——为了在自己内心重塑神圣的形象，人必须接受上帝在《创世纪》中赋予自己的角色，当时，人类让上帝成为他最亲密、最重要的合作者。

在努力完善自然并实现自身潜能的过程中，人并没有违背上帝的旨意，而是向上帝的慷慨致敬。正如理查德·塔纳斯在《西方思想的激荡》中所说："为人类自由而奋斗，为实现人的具体价值而奋斗，是为了促进神圣意志的实现……为达到上帝的目的，人必须充分实现自己的人性。"

托马斯认为人类的知识与神的启示是相容的，而不是对立的，这一观点释放出一种思考的激动喜悦：一波热情的智力活动助长了长期压抑的对知识和理解的渴望。一股热情的智力活动的浪潮，助长了长期被压抑的对知识和理解的渴望。学者乔治·杜比在《中世纪的艺术与社会》（*Art and Society in the Middle Ages*）一书中写道："通过彻底颠覆主流意识形态，人们意识到，在不断增长的城镇中，在经济增长的指标面前，物质并不是随着时间的推移而注定要腐败，相反是一个持续的进步使他们继续前进。由此得出结论，造物并没有完成，它一天天地在继续，造

认识自我

物主要求人类与他合作，帮助他完成他们的劳动和智慧，以完善宇宙，因此，他们应该更多地了解自然法则，也就是说，神圣计划。"

这场思想复兴的焦点，是人与造物主之间新的联系。《圣经》说，要认识自己，人必须重新发现自己与神圣性的共同点。这种观念，此时被认为包括了造物主赋予人类在不断进化的宇宙体系中的核心位置。

在这一观念中，人的尊严得到了有力的重申：人是物质和精神的交点，因此在创世的宏伟戏剧中，人再次被赋予了中心角色。在通过智慧和创造力改善世界的过程中，人类感到自己在某种程度上继续着造物主的工作：在混乱中建立秩序，使地球再次成为理想的伊甸乐园。

虽然神学高高在上，但也没有排除其他学科，它们如今第一次被认为在基督教知识所包含的更大范围中具有特定的价值。托马斯表达这一概念时，总是用特殊与普遍来举例，在他看来，这是他在《神学总论》中试图综合、庄严地建立的一种等级和一种包罗万象的秩序。

对中世纪早期几乎消失殆尽的自然科学的研究，得益于这种方法（罗伯特·格罗塞斯特和罗杰·培根提倡的经验和实验理论，证明了这一点），致力于强化人类思维的学科，如修辞学、辩证法和逻辑学。对全盘接受托马斯理论的教会来说，学术创新证明是积极的。但对人类精神的过分授权所隐含的危险，以及它从未满足的质疑和分析的欲望，很快就体现在新思想家的推理当中，比如14世纪的英国哲学家威廉·奥卡姆，他与托马斯相反，认为把哲学和神学相结合是不可能的，因为以经验为基础的理性永远不能评价形而上学的真理，意思是，尽管理性与信仰完全分离（信仰是通往神圣性的唯一途径），但理性是一种完全奏效、合法的认识工具，即使它在神圣计划中没有任何作用。

文化日渐世俗化

　　随着城市的复兴，对受过教育的专业人才的需求大大增加了学校和大学的生源，这些专业人员能处理国家行政方面的复杂问题，处理工业和贸易中的问题。几个世纪以来，教会对文化的垄断助长了一种神话：正如学者查尔斯·F. 布里格斯所说，通过"学习"，神职人员拥有了一种特权："学习阅读，尤其是学会拉丁语，会让一个人更接近造物主。"

　　14 世纪，读写能力和文化的迅速发展、白话文文本的大量产生，以及社会对教育的认可，大大削弱了曾经只属于教会的排他性和文化优越感的光环。布里格斯写道："14 世纪，拥有民法学学位的人开始自称'骑士'，甚至自称法律上的'领主'和'伯爵'……在 15 世纪晚期的法国甚至出现了一种新贵族，这些受过教育的人被授予贵族长袍，多数是律师，以忠诚和为皇家服务而闻名。"

　　这种对待文化的新态度，同样带给艺术家们一些便利，他们能从陈旧的宗教束缚中获得更多的发挥余地，开始以更多的现实主义表现托马斯和亚里士多德一致认可和欣赏的有形世界。这种新的文化、宗教倾向所带来的革命性后果，促使 13—14 世纪的艺术家们在他们百科全书式的作品中采用了各种新的主题，包括对一年四季中人类不同活动的描绘，占星术符号，出自暗含道德寓意的野兽或流行神话的符号和寓言，还有对三门四科的引用。在沙特尔大教堂里，人们对不同领域人类知识的重视，表现在描绘圣母马利亚被七门人文学科所围绕，每门学科都有其最重要的代表，而其中许多都是异教哲学家、数学家和政治思想家，这一事实毋庸置疑。在这种新的阵列中，毕达哥拉斯被放在音乐旁边，亚里士多德在辩证法旁边，西塞罗在修辞学旁边，欧几里得在几何学旁边，尼各马可在算术旁边，普里西安在语法学旁边，托勒密在天文学旁边。

在我们这些外行人看来，构成哥特式大教堂雕塑方案的如此多的复杂图像和符号，可能会让人眼花缭乱，但对于那些令人敬畏的宝石交响曲的创作者和装饰者来说，他们严谨的学术逻辑使这些图像具有十分精确的含义。总的概念是：每个单一的细节，只有与作为一个整体的大教堂所代表的更宏大意义相联系时才能显露出来。为了呼应亚里士多德将个别与宏大的整体联系在一起的想法，艺术史学家安德烈·查斯特尔以学术口吻写道："每个人物和每个事件都发挥着它自身的作用，在某种程度上，它总是服从于更高层次的体系（更宏大的自我）所要表达的结构——这种方式，是通过调和一切生命和自然的不同表达，共同表明上帝真理的伟大、一致性，最终一切都流向造物主，汇聚在他面前。"同样地，数字的象征，经常被用来表现神如何将他创造的一切编织成一个整体：从四个福音传道者与一年四季密切相关，到十二使徒与十二个月密切相关。还有一个有趣的联系，是圣母马利亚与月亮符号的联系，她是一面完美反射上帝阳光的天镜。

这些带有宣教意味的表达，旨在向社会各阶层进行宣教：文盲虽然只掌握了神学复杂性的极小一部分，但仍可以享受道德寓言和流行神话的好处（比如一则经常被提到的传说：亚里士多德成了一个印度女孩的奴隶，给她当马骑，还被套上了马鞍）。同时，这些也表达了人类智力的日渐成熟，他们可通过研究图像要表达的多层含义来提高自己神学思辨的水平。

救赎的主题依然是图像诠释学的主要坐标系，但这一主题被拓宽了，囊括了人类历史上所取得的一切进步。索尔兹伯里的约翰是沙特尔学院的活跃学者，他通过引用老师伯纳德的一段话，阐述了人类文化成就所代表的前进过程：

我们的时代享受着上一个时代的好处，而且比前一个时代知道得更多，这不是因为我们的智力超过了他们，而是因为我们仰赖于他人的力量和我们祖先的丰富学识。沙特尔的伯纳德曾说过，我们就像坐在巨人肩膀上的矮人，这样，我们就能看得比他们更多、更远，这不是因为我们的视觉敏锐或更加高大，而是因为我们被巨人的成就托举得更高。我完全同意。

"巨人肩膀上的矮人"这个比喻，将人类的进步形容为一种逐渐累积的过程：随着每一代人传授给下一代的知识和经验的积累，人的智慧会更敏捷，具有更多批判的洞察力。

通过向上帝献上那部如宝石般闪耀和渊博的《神学总论》，人类奉献出了所拥有的一切：信仰和祈祷，上帝赋予人类的智慧天赋，还有通过工作、奉献和独创性所取得的成就。在此意义上，借用一个评论家的观点来说：哥特式大教堂可以被定义为"思想、知识和艺术"的一次真正的"神化"。

沙特尔大教堂的一幅伟大浮雕传达了对人类新生活的赞美之情，其描绘了人被塑造的过程。造物主（总是以基督形象出现）温柔地用泥土塑造了亚当，这会让人想起一位慈父抚摩着他的孩子，让他深情地倚靠在自己的腿上。

把造物主描绘成一个慈爱宽容的父亲，而非严厉苛刻的法官，这同样呼应了马利亚的形象，她被描绘成一位年轻的母亲，饱含温柔地抱着她的孩子，让观看者感同身受。具体可以参考亚眠大教堂浮雕中对她的描绘。

母性，同样表现在兰斯大教堂中浮雕中的"天使报喜"一幕中，在

认识自我

亚眠大教堂南门的马利亚

在沙特尔大教堂的浮雕中，
造物主用黏土塑造了亚当

兰斯大教堂的《天使报喜》，
13世纪中叶

那里，圣母马利亚的青春之感体现在一种早期令人恐慌的特征上：她年轻的乳房的曲线，在覆盖身体的薄纱下若隐若现。

这位注定要经历儿子惨死的慈母，身上具备一个人之典范、神圣的调解人应当具有的一切情感（快乐、悲伤、绝望、希望），并替人类乞求神的接纳、宽恕、认可，她以满怀仁慈的形象作为回应。

哥特式艺术的现实主义倾向，在第一次呈现基督死在十字架上的画面时走上了戏剧性的巅峰。正如之前讨论的，基督徒近千年来一直选择跳过耶稣受难的场景。第一次描绘这一主题的画面，几乎不带任何戏剧性：即使被钉在十字架上，基督也双目圆睁，抬起头颅，仿佛一些肉体的折磨和痛苦都不存在。

十字架上的基督，两侧是马利亚和约翰的哀悼像，德国瑙姆堡大教堂雕塑

从 12 世纪起，更多自然主义的创作陆续出现，尤其是在北欧，那里第一次出现了基督在十字架上受难的形象。最著名的例子见于希尔德斯海姆的圣米歇

认识自我

比萨洗礼堂（约建于 1250—1260 年）的布道板是基督受难的早期
现实主义表现

尔教堂的青铜门和瑙姆堡大教堂入口处的装饰。

在意大利的帕尔玛和克雷莫纳，我们从艺术家安泰拉米和威利格尔莫的作品中能找到对基督受难的第一次现实主义再现。13 世纪，尼古拉·皮萨诺（活跃于 1250—1260 年）雕刻了比萨洗礼堂的讲坛。

尽管被挤在狭小的空间里，但这些极富个性的人物还是明显地揭示了罗马石棺风格的影响，尼古拉一定在许多教堂的背面看到过这种风格（人们经常会把古老的石棺碎块摆放在教堂附近，以示对死者的尊重）。尼古拉想表达的强烈情感，在这一场景中尤为强烈——基督在十字架上的死亡，周围围着一群人，包括他的母亲马利亚，她一看到这个场面，立刻晕倒在地。基督在十字架上直盯着马利亚，似乎对她的悲痛感同身受，将激情转化成一种同情，这也是第一次认识到人类的悲伤和脆弱的程度。唯一能让人觉得基督牺牲是一种胜利的，是放在十字架下面的亚当头骨，在传统上，宗教肖像象征着真正的死亡与人类的原罪有关，而赋予真正的生命则是基督救赎的使命。

在绘画方面，罗杰·培根有一部专著，名为《大著作》（*Opus Majus*），这是一部百科全书式的巨著，涵盖了他在数学、光学、炼金术和天文学上的所有成就。书中有一段还讨论了中国人制造火药的配方。培根决定把他的手稿寄给教皇克莱门四世（1265—1268 年在位），想借此请求教会允许更富自然主义和更具说服力的艺术手法，比如光学和透视的知识。有种信念在驱使着培根：由于自然是神圣智慧的反映，因此以最具体的形式表现自然，便可以唤起和鼓舞创作力，在最大程度上丰富了宗教艺术的内涵。教皇尼古拉斯三世（1277—1280 年在位）是培根最有力的支持者。尼古拉斯三世为罗马圣劳伦斯教堂订制的壁画，被许多评论家描述为意大利宗教现实主义的开山之作。在如下场景中（作者被归于一个无名的"罗马画派"），我们会看到圣彼得的殉难。彼得认为自己的牺牲不配与基督并列而选择倒钉十字架的场面，出现在一片城市景观之前，在不同的空间层次上矗立着一些纪念建筑，能让人联想到昔日的罗马。

圣彼得的殉难，罗马圣劳伦斯教堂的一幅特殊的写实壁画

认识自我

乔托·迪邦多内师从西马布埃，他在绘画中引入了一种全新的情感。佛罗伦萨历史学家乔瓦尼·维拉尼认为，与拜占庭风格的古老特征形成鲜明对比，乔托的创新之处在于"他画出的所有人物及其姿势都是顺其自然的"。这种逼真的手法给艺术理论家乔尔乔·瓦萨里留下了深刻印象，他于 1550 年出版的《艺苑名人传》(*Lives of The Most Eminent Painters, Sculptors, and Architects*）一书中，将乔托尊为文艺复兴所代表的"重生"浪潮的发起者。在乔托的众多作品中，其中一幅是他为帕多瓦竞技场教堂）创作的著名壁画。虽然在中世纪早期，所有艺术作品都是由教会赞助的，但在这个新时代，许多富有的公民也开始私人资助艺术家。恩里科·斯克洛文尼赞助了竞技场教堂，他是富有的银行家雷吉纳多·德格利·斯克洛文尼的儿子。如前所述，尽管高利贷在商业世界中最终被接受，成为一种必需品，但获利者被上帝惩罚的恐惧仍挥之不去，这一点已被充满负罪感的富有赞助人的无数贡献所证明，他们是虔诚地花钱赎罪。在竞技场教堂中圣母和基督生活的环顶壁画，正是由恩里科赞助的，他担心父亲的灵魂去处，也担心家族的名声，因此想尽力避免批评。其中，像基督把兑换银钱的叛徒赶出圣殿这样的场景，也说明他意识到了金钱和贪婪带来的腐败有多么危险。乔托描绘了恩里科跪在圣母面前，向她献上了一个教堂模型的场景——这曾是一种暗示改革精神的手法，如今用来鼓舞斯克洛文尼家族。

然而，除了体现赞助人的愿望，乔托自己还有哪些创意呢？要找出答案，请看竞技场教堂环顶壁画中的一个场景——"哀悼"。

刚从十字架上被放下的基督躺在地面上，周围是一群哀悼者，他们通过各种手势表现出各自的悲伤。在这些人物中，我们认出了绝望的圣母马利亚，她令人心碎地温柔托起儿子的头。一个不知名的女人握着

斯克洛文尼向圣母马
利亚献上教堂模型

乔托创作的哀悼基
督场景，出自竞技
场教堂壁画

认识自我

基督的手，而抹大拉的马利亚握住他的脚，似乎试图抬起那死气沉沉的尸体，似乎是在抗拒他令人绝望地沉入地面。枯瘦的树木站立在岩石上，正对着圣母马利亚，岩石和基督尸体一样呈现出凄凉的白色，使冬天的荒凉雪上加霜，似乎笼罩了整个世界，同样的荒凉，也表现为小天使们做出痛苦发狂的姿态。在湛蓝的天空中，再也没有拜占庭艺术常见的超自然金色色调。围绕基督的人物，如此生动地表现出悲伤和怀疑，为死亡的恐怖增添了浓重的一笔：在乔托的画中，基督的牺牲没有被刻画为平静、神圣和凯旋的荣耀，而是残酷的结局，是人心所无法承受的剧痛。

人们一般认为，乔托的观念最初来自方济各，他曾呼吁与上帝更紧密地交流。即使这种说法可信，但还有一个问题：如果方济各（他在著名诗歌《太阳之歌》中称死亡为"姐妹"）看到乔托的壁画，他又会怎么想？他如何能断定圣母、圣徒甚至天使们缺乏坚忍的接受力呢？他会感激这种巨大的悲伤，还是会对本应意识到基督神圣使命的人表现出如此人性化的绝望而深感不安？我们永远无从得知。我们只知道，早期的神学家认为人类情感配不上基督教的尊严，因此被贬低，但在此处却发现了他们从未享受过的爱和仁慈的承认。几个世纪以来，美才是一切神圣事物的主要属性。乔托却选择以痛苦、扭曲的姿态代表天使，本身就是对这一传统的惊人挑战。乔托的艺术，追求的不是优雅、美丽和秩序，而是一种绝不妥协的现实主义的草莽——就像基督身体的脆弱一样，让人无力防备。渴望与上帝更紧密地交流当然也有，但在一种倒置的动力中，它不但没有把人提升到上帝的高度，反而把上帝无限地拉向地面，甚至几乎模糊了长久以来将人类与上帝分隔开来的那道界线。

集大成者但丁与《神曲》

在文学上，与乔托的创新精神相匹配的是但丁·阿利吉耶里，他是佛罗伦萨公民，在当地政坛中向来活跃，直到 1302 年被流放，因为当时他所反对的政党掌权了。在很长时间内，两个主要政党吉伯林派和韦尔夫派在意大利领土上内战，前者希望神圣的罗马帝国皇帝控制意大利领土，而后者支持教皇，希望意大利从帝国中独立。

为了遏制皇帝的权力，教皇波尼法爵八世任命法国国王的兄弟瓦卢瓦的查理成为他在托斯卡纳的牧师，因此但丁的对手夺取了佛罗伦萨的政权，直接导致了诗人的流亡，他被终身禁止返回佛罗伦萨。在余下的 19 年中，有很长时间他是在维罗纳市度过的，这里由斯加拉大亲王统治，他也成为但丁最重要的保护者。

坎坷的政治经历使但丁开始严厉地批判教皇和主教们，他们的贪婪和腐败违背基督所宣扬的贫穷、爱和谦逊的宗教原则。但丁并不反对教会本身，而是反对教皇弄权，教皇扩大了对世俗事务的干涉，在但丁眼中完全就是世俗皇帝。根据但丁的观点，教会和国家拥有平等但截然不同的权力：前者管精神领域，后者管世俗领域。但丁支持卢森堡的神圣罗马帝国皇帝亨利七世的政治主张，后者意在重夺意大利领土。这显示出诗人的怀旧情绪，即只有像查理曼大帝那样重建一个大一统的帝国，才能实现永久的和平。

但丁的长诗《神曲》(*Divine Comedy*，意为"神圣喜剧"，原名《喜剧》，"神圣"是薄伽丘后来加上的)，通常被认为是基督教诞生一千多年来的集大成之作。考虑到但丁不仅在神学上，而且在哲学、修辞学、政治学、伦理学和文学上表现出的浩瀚、渊博，这一评价倒也十分恰

　　　　　　　　　　　　　　　　　　　　　　　认识自我

当。在他的时代，几乎所有诗歌都是用拉丁语写成的，它是唯一被认为能够匹配权威和文化的高贵语言。前面提到，他之所以选择用白话文创作诗歌，是受到宫廷浪漫诗派的影响，是由法国的剧团、西西里学院和托斯卡纳"甜蜜新风诗"所发展而来的，后者的代表人物是吉多·吉尼斯扎利、皮斯托亚的奇诺、吉多·卡瓦尔坎蒂。这些诗歌为但丁提供了一个良好机会，使他能创造出一套不受拉丁语严格规范的语言，以满足诗歌灵感的需要。

《神曲》主要描述了"但丁"这个虚构角色，作为人类的代表经历了精神启蒙的最终旅程。在这段通往来世的旅程中，他见证了人性的复杂性：一些人自私贪婪，另一些人则具备令人赞叹的美德和慷慨。但丁与托马斯·阿奎那的观点一致，认为人性的差异源自上帝赐予我们的最宝贵、无法剥夺的礼物——自由意志。

由于中世纪对数字象征的追捧，这部《神曲》三大篇章也被细分成33首（33象征基督的阳寿），用三行诗结构（将一节的第二行与下节的第一行和第三行押韵）写成，象征对圣三位一体的赞美。在一封写给斯加拉大亲王的信中，但丁解释说，仅仅肤浅地浏览他的诗歌远远不够，因为神曲真正的精神意义在于其语言的深度，而非字面意思。为了帮助读者理解，但丁分出了更多、更深层次的意义——字面意义、寓言意义、道德意义和神秘意义。

《神曲》的第一部分《地狱》，将地狱描述为若干个根据罪恶轻重划分出的圈层，每种罪都有一种相应的惩罚，正好讽刺了所犯的罪行。例如，活在错误中的异教徒，被但丁放在熊熊烈火的坟墓里炙烤；双手沾满他人鲜血的暴徒，则被困于沸腾的血海，并不断被神话中的半人马射箭刺穿；那些犯了买卖圣职罪（出售宗教场所）的人，被倒吊在山洞里火烧脚底，这是对五旬节中使徒头上的圣火的一种化用。

但丁在旅程中遇到的各种人物，包括他同时代的许多真人。在买卖圣职者受到惩罚的圈层里，但丁遇到了教皇尼古拉斯三世，讽刺的是，他真正愉悦地宣布其他大罪人即将到来，比如教皇卜尼法斯八世，他在但丁写作时仍然活跃，还有克莱门五世。

但丁把地狱想象成一道巨大的峡谷，这是路西法从天堂坠落时撞击地球的力量形成的。撞击造成的板块位移，形成了炼狱之山。炼狱则完全是但丁的新发明，它是一座由九个螺旋形阶梯组成的山，在那里，净化的灵魂歌唱和祈祷，满怀希望地期待未来的救赎。山顶上是人间的天堂，在那里，但丁第一次与他的初恋贝雅特里齐重聚。

天堂共有九层。这一划分来自托勒密地心说七大天体运行的观点，中世纪传统将"谨慎、坚韧、公正、节制"的四大古典美德和"信仰、希望、仁慈"三大神学美德联系在一起。在最高处，但丁放置的原动天和最高天正是上帝所在。为描述住在天国的各种天使，但丁借鉴了5世纪神秘主义者伪狄奥尼修斯的理论，后者在其《天国阶梯》一书中精确地描述了天堂的组织结构。

《神曲》开场是但丁迷失在黑暗森林中。对于这位惊慌的旅行者来说，唯一的安慰是在一座远处高耸的山峰后出现的一缕曙光。冉冉升起的太阳象征基督，但丁以此来预示他史诗的核心道德主题——迷失在黑暗和混乱的物质现实迷宫中的灵魂不断探索，试图找到上帝的光明、秩序和真理的道路。

突然现身的罗马诗人维吉尔告诉但丁，他已经回归"正路"（retta via），这是他人生的真实历程，对世俗的过分关注曾使他误入歧途。令但丁惊讶的是，维吉尔对他解释说，他的出现是神的安排，相继出现在

认识自我

但丁面前的还有圣母马利亚、圣露西和贝雅特里齐，后者是一个天使般的女孩，但丁在很小的时候就认识并爱上了她。但丁对贝雅特里齐的爱恋反映在他早期的诗《新生》当中，诗中充分体现了宫廷诗派中流行的柏拉图之爱。但丁9岁那年初次在教堂里见到贝雅特里齐，她只有8岁，他立刻被她的美丽纯洁所吸引。9年后，当他再见到她时，她已嫁作他人妇。在之后的岁月里，但丁只能在佛罗伦萨街道上匆匆地瞥她几眼——虽然不多，却足以激起无可救药的疯狂眷恋。当贝雅特里齐早早去世时，悲痛的诗人完成了《新生》，宣布将用任何人都未用过的语言来描绘她。

这一承诺，最终通过《神曲》得以实现——在这篇诗歌中，贝雅特里齐（字面意思为"传递幸福的她"）的形象被转化为一种诗意的天堂般的存在，正如但丁所言，这一存在完全融入了上帝的恩典。他想让贝雅特里齐扮演救赎之人时，但丁大大地超出了宫廷诗和骑士诗的文雅格式的局限。但丁把贝雅特里齐塑造成一个神学化身，他把这种救赎的品质归功于他的爱人，以一种新柏拉图式的手法将人之爱转化为上帝的至高之爱。

然而，养成这种令人敬畏的至高之爱，必须经历漫长复杂的过程。但丁必须经历一切，才能抵达上帝赐予的应许之地。维吉尔在旅程的第一阶段引导但丁，他是理性的代表，也是基督教出现之前异教文学的巅峰。对于但丁及其同时代的人来说，维吉尔是一位古代诗人，他在《牧歌》第四首中预言了基督的诞生，还预见了上帝为使罗马的世俗提升与基督教的胜利融合而做的工作。正如评论家埃里希·奥尔巴赫所写的："在但丁看来，历史上的维吉尔身兼诗人和向导，因为在英雄埃涅阿斯的地狱之旅中，他预言并颂扬了罗马帝国统治下的和平，但丁也认为罗马帝国的政治秩序堪称楷模，称其为'地上的耶路撒冷'；因为在他的诗中，赞美说罗马注定成为世俗和精神之城，这正基于它未来的光辉使命。"

但丁将自己的旅程，与维吉尔笔下的英雄埃涅阿斯的地狱之旅作了对比，暗示他自认是古典传统的直接继承者，而维吉尔是所有异教徒作家中的翘楚。《神曲》赋予其更高的地位，源于精神和宗教的理由——尽管他钦佩《埃涅阿斯纪》的作者，但还是认为自己优于这位异教先驱，因为自己的作品代表一种富于道德启发的文字和理性的提升，是维吉尔这种非基督教诗人无法触及的真理。

因此，即使他对他眼中这位基督教先驱的异教作家表现出极大的尊重，但丁最终还是将维吉尔和许多其他伟大的异教徒思想家、作家放在了地狱里一个没有肉体折磨，但也谈不上幸福的边缘地带，这里不存在神圣思考的快乐。

但是，但丁作为一个世俗艺术家，怎么能如此洒脱地运用宗教概念来丰富自己的诗歌（比如给贝雅特里齐指派一个几乎等于基督的调解人角色），又怎么能声称拥有传统上属于《圣经》人物或圣徒的先知式美德呢？要回答这些问题，必须考虑但丁生活的历史时代。当时教会的声誉因其神职人员腐败而严重受损，在道德问题和艺术家创作自由问题上失去了权威。此外，但丁之所以能创作出大胆的作品，是因为他和竞技场教堂里的乔托很像，不是由教堂赞助，而是由世俗赞助的，尤其是维罗纳亲王斯加拉这样的官方赞助人。

但是，教会作为道德执行者的警惕性降低，不代表他们对神学的严肃责任有所放松。但丁深刻地认识到了这一责任：即使他胆敢把自己定位成一个更接近先知而非诗人的角色，但他所追求的巨大创作自由，依

认识自我

然可能会冒犯上帝，这种恐惧也在他心里挥之不去。在著名的《地狱篇》第 26 首中，诗人维吉尔描述了他与尤利西斯的相遇，为但丁提出的道德辩护提供了有力论据，但丁也借此对诗歌进行创新。但丁将尤利西斯归为"坏榜样"，他记起自己最后一次旅行，当时他鼓励手下向西前进，穿过横跨直布罗陀海峡的大力神像脚下的石柱。在中世纪，这些石柱被认为是通向未知世界的最后关卡。但丁让尤利西斯为他的大胆冒险付出了惨痛的代价：当他和随从们越过这道关卡时，一场可怕的风暴顿时吞没了他们，把船卷入了无底深渊。

在荷马史诗中，尤利西斯是一个正直、理智的人，成功地走完了他的旅程，回到了伊萨卡岛的家乡。在那里，他杀死了篡位者，夺回王位，深爱的妻子佩内洛普也回到他身边。但丁彻底颠覆了古老的神话，把尤利西斯变成了一个现代航海家（就像威尼斯旅行家马可·波罗那样，他于 1271 年前往中国），为了人类的进步和知识，他愿意跨越一切边界。尤利西斯向同伴们灌输了冒险所需的勇气和好奇心，他的话充满力量，令人难以忘怀：

好好想想孕育你的那颗种子吧：
你不是生来就要像野兽一样生活，
而是要成为价值和知识的追随者。

（《地狱篇》第 26 首）

尤利西斯的话语引起了强烈共鸣，这同样适用于但丁自己的大胆冒险。著名作家博尔赫斯指出，尤利西斯"是但丁的一面镜子，因为他觉得自己或许也应受到这样的惩罚"。原因是，如此详细地描述来世，必然会违反神的隐秘性，与亚当的原罪类似（《地狱篇》第 26 章对应的是《天堂篇》第 26 章，但丁在那里遇见了亚当，这绝非偶然）。为了给自己的旅程赋予合法性，但丁将自己的经历与尤利西斯的经历进行对比，他声称，与仅依靠自己推动冒险的传统英雄不同，他的使命是由圣灵的高级意志驱动的。

与尤利西斯在地球上的横向冒险不同，但丁的探索走的是一条近乎垂直的路线，他没有试图用理性来包容现实，而是选择追随神以大爱提供的灵感，并未触及上帝本质的秘密。

这一思想同样在《炼狱篇》第 24 首得以体现：

> 我是这样一个人：
> 每逢爱向我启发，我便把它录下，
> 就像它是我心中的主宰，让我如实地表现出来。

中世纪关于许多先知和圣徒的描写都谈到他们在圣灵的命令下写作，后者常被描绘成一只在耳边低语的鸽子，但丁肯定他诗中的终极真理归功于神圣的爱的耳语，这种爱，为他诗意的语言种子注入了新的力量。这一挑战还延伸到了读者身上：被上帝支配的诗人，为他的听众提供了一种叙述，它比被动的接受要求读者承担与诗人同样艰巨的宣泄和转化的任务。

> 哦，坐在一叶小舟中的你们，
> 热望谛听诗歌的内容，
> 紧跟我那漂洋过海、放声歌唱的木船航行，

你们且返回去再看一看你们的海滩：

你们不要进入那汪洋大海，

因为也许一旦跟不上我，你们就会迷失方向。

（《天堂篇》第 2 首）

但丁提前警告读者，《神曲》所发起的这段旅程，只有那些愿意充分分享这首诗所描述的经历的读者才能继续下去。他认为，和所有神圣的作品一样，这部喜剧也是一场冒险，需要读者全身心地投入。

但丁的话，让我回想起本书第三部分中提到的普洛丁的一句话："如人饮水，自得其爱。"可以这样理解：光照是一种礼物，只赠予那愿意按上帝意愿改造自我的人。

旅行这一主题在《神曲》中占有如此重要的地位，它或许来自犹太教，也或许来自托马斯·阿奎那阐述的亚里士多德理论，该理论将生命描述成一个动态过程，其目的是实现人类天性中固有的才智和美德。

因此，在但丁的基督教世界里，对上帝最大的亵渎，表现为那些拒绝改变的人不愿在精神上求进步。这就是为什么但丁会把一个巨大的魔王撒旦放在地狱底层：它是一个三头怪物，缓慢地拍打蝙蝠般的翅膀扇出刺骨的寒风，让周围的水面冻成冰。在地狱底层的深渊里，叛徒们被困在冰层里，他们的境况象征着他们最大的罪：一颗冷酷无情、彻底冻结的心所带来的精神死亡。

在但丁眼中，三个叛徒代表被撒旦的血盆大口咬在嘴里，他们是背叛基督的犹大、背叛恺撒的布鲁图和卡西乌斯。这一场景提醒我们，但丁坚信教会和世俗国家同等重要。在他看来，那些将人类存在的根基置于危险中的人罪大恶极，因为他们试图阻碍历史的进步。人类历史始终在世俗和宗教上同时朝着基督教的理想目的地前进，即一个在善良、正义、和平中广泛团结的世界。

炼狱，即地狱之后的场所，是灵魂净化自己的地方，以便做好准备进入天堂。但丁在炼狱螺旋阶梯上所呈现的罪恶，其严重程度随着高度而降低，同样伴随着讽刺罪行的惩罚。例如，那些傲慢之人，必须低下头扛着巨大的石头，而那些嫉妒之人，眼皮被铁丝缝起来。作为一个中间地带，炼狱也是但丁会见古往今来最伟大诗人们的地方，他们影响、启发了他的作品（包括罗马诗人斯塔提乌斯、游吟诗人索德洛和阿诺·丹尼尔、意大利诗人博纳吉安塔·德格利·奥比切尼和新体诗派鼻祖吉多·奎尼泽利）。即使肯定了这些前辈的贡献，但丁也会指出他们的诗歌无法得到真正的荣耀，因为缺少了作为向导的信仰之光。

为了缓和自己这种沾沾自喜的语气，但丁必定会提醒读者（尤其是在《天堂篇》）当涉及上帝的终极真理时，人类的记忆和语言肯定是不够用的。评论家琼·M. 费兰特这样描述了诗人的计划："在《天堂篇》里，但丁试图完成不可能的任务。他描述了一种人类语言能力范围之外的经历。"但丁一直在抱怨："别说言语，即使是记忆也不能保留或再现他的所见，他通过将表达媒介扩展到极限，甚至使用不存在的语言、扭转语序和逻辑顺序、自相矛盾的图像，来传达他的视觉本质，甚至模糊了不同语言的界限。他利用主题的复杂性来提供其描述的风格和结构——他的语言和意象反映了神的本质。"

但丁在描述上帝领域的完全差异性时所表现出的创造力，使《天堂篇》成为神曲中最经典的一部分，也是中世纪神秘主义之美的最佳文字表达。

就在但丁升入天堂之前，回忆起森林之神萨提尔·马西亚斯的神话。马西亚斯对自己吹笛演奏的音乐非常自信，敢拿着七弦琴挑战阿波罗。最后他被阿波罗绑在树上活剥了皮，这是对他傲慢之罪的惩罚。为了避免马西亚斯式的越界，但丁立刻宣布他的诗歌在语言上的无能，他说，如果没有阿波罗赋予的生机，他的诗仍然不值一提。通过援引太阳神阿波罗（在基督教则换成基督），但丁宣称，他愿意成为马西亚斯的反面，放弃一切傲慢的想法，成为神的工具：

> 哦，好心的阿波罗，请把我变成盛满你的才气的器皿，
> 助我把这最后一部诗作完成，
> 正如你要求具备这样的才气，才把你所爱的桂冠相赠。
> …………
> 请进到我的胸中，请赐予我灵感，
> 就像你把马尔西亚
> 从他的肢体的皮囊中抽出。
>
> （《天堂篇》第 1 首）

维吉尔是但丁在地狱和炼狱中的向导，贝雅特里齐则是带领但丁进入更高境界的人物，先是人间，再是天国。在地狱里，但丁用一种非常具体、鲜活的方式描述了肉体的物质有序性。天堂里的东西在不断变化，但丁把这一非物质化的领域，描述为一个完全没有任何地球引力影响的维度。为了描述这种奇特的状态，但丁说他的身体瞬间失重，迅速上升，在贝雅特里齐的陪伴下在天空中翱翔。

但丁认为，天堂最重要的特征是有序、和谐和光明，与他在黑暗的地狱中所见的暴力、失序形成鲜明的对比。为了表达这一概念，但丁发明了各种奇妙的解决方案，比如那些受到祝福的人，他们会通过音乐、

合唱和舞蹈来传达信息，克服了对语言的需求。

当他接近天堂最高层时，天上的音乐突然停止了，朝圣诗人周围万籁俱寂。当他询问发生了什么事时，贝雅特里齐回答说天使们停止歌唱，因为他们的声音太过强烈，但丁无法承受。天堂被想象成一种更高的境界，在那里，受到祝福的人展现出超自然的智力和感官能力。但为了提升自我，但丁必须获得恩典赋予的力量——一种通过贝雅特里齐的协助注入他体内的能量。

尽管但丁被赋予了特权，但他仍一再重申自己卑微的无力感，除了那不可估量的神秘性之外，他对上帝之道和精神力量的感受如下：

推动宇宙中一切的那位的光，

渗透到某个部分，并在其中放射光明，

不同的部分承受的多少也各不相同。

我已在得到他的光辉照耀最多的那重天上，

我目睹一些景象，

凡是从那天上降下的人都不知如何复述、也无力复述这些景象；

因为我们的心智在接近它的欲望时，

会变得如此深沉，

以致记忆力也无法在后面跟踪。

（《天堂篇》第 1 首）

正如我们在视觉艺术作品中看到的，在基督徒看来，最能代表上帝神秘本质的物质就是光。同样，但丁写道，随着自己的上升，他看到贝雅特里齐越来越美，就像一面镜子，逐渐完美地反映着上帝之光。

　　　　　　　　　　　　　　　　　　　　认识自我

在最高天（天堂的顶层）中，但丁的感官能力被一条流动的光之河所淹没。为了提高但丁的能力，贝雅特里齐鼓励他经历一场视觉的洗礼，包括将眼睛浸入那道光中。但丁听从了，他说，通过他的眼睛吸收那些光。凭借非凡的天赋，但丁用这种似是而非的联想来表达他在恩典的超凡照耀下所获得的神奇力量。

贝雅特里齐评价他的这一经历：

> 我们现在已经到达了纯净之光的天堂，
> 智慧的光，充满爱的光，
> 真善的爱，充满幸福的爱，
> 胜过一切甜蜜的幸福。

（《天堂篇》第 1 首）

在最高天中，那道智慧之光与在永恒中闪耀、充盈上帝的爱和光的人类的喜悦不期而遇。但丁被赋予的预言能力，在光之河中突然找到了一种可视化的领悟，变成了一朵娇艳欲滴的巨大玫瑰，其花瓣重重，每一瓣都含有一个神圣的灵魂。这时，贝雅特里齐离开了但丁，回到她在那朵玫瑰中原本的位置。

在旅途的最后一段，但丁遇到了他的第三个向导：神秘的修道院院长圣伯纳德。圣伯纳德首先向圣母马利亚祈祷，祈求实现上帝的夙愿。但丁用下面这段话描述了这幅最后的景象：

> 现在，我的话语将要变得更加简短，
> 即使仅限于描述我所极大的那一星半点，

甚至我还不如一个婴儿

············

哦，我的言语是多么无能，我的思想又是多么软弱！

拿这一点与我所目睹的景象相比，

甚至说其"微不足道"，也还差得很多。

哦，永恒之光啊，只有你自己存在于你自身，

只有你自己才能把你自身神会心领，

你被你自身理解，也理解你自身，

你热爱你自己，也向你自己微笑吟吟！

那个光圈竟像是孕育在你身上，

犹如一道反射的光芒，

它被我的双眼仔细端详，

我觉得它自身内部染上的颜色，

竟与我们形象的颜色一模一样；

因此，我把我的全部目光都投在它身上。

结局如同一位几何学家倾注全部心血，

来把那圆形测定，

他百般思忖，也无法把他所需要的那个原理探寻，

我此刻面对那新奇的景象也是这种情形：

我想看清：那人形如何与那光圈相适应，

又如何把自身安放其中；

但是，我自己的羽翼对此却力不胜任……

（《天堂篇》第33首）

认识自我

人们常常误以为但丁在《神曲》结尾直接看到了"上帝"。这不完全对。如果完全遵循教义，旅行者声称在他灵魂之旅的终点看到的不是什么上帝，而是基督通过一面"镜子"注视着自己的形象（"但丁"是宇宙中"人类"的代表）。这幅场景立刻让人联想到圣保罗的比喻——对于基督朝圣者来说，当他最终通过基督（镜子和中间人）看到并认识到他自己兼具人性与神性的双重本质时，就获得了最终的启示。但丁的幻想与普洛丁不谋而合，后者曾说："当灵魂开始攀登时，它不是指向某个陌生目的地，而是真实的自我。"

但丁总结道，当一个人通过爱的体验重获他原始的、神圣的心灵时，救赎就完成了，正如第二亚当基督所阐述的。借保罗的话说，但丁这段形而上之旅的终点，在于"看"与"被看"的重合——人的有限性与上帝的无限神秘性的奇迹结合。

从人的角度来看，这种神秘注定是无法解决的，就像但丁提到的几何上的不确定性，即使圆变成正方形——他将人的有限性（以方形表示）去适配上帝的无限性（以圆形表示）。矛盾的是，我们可以说但丁之所以能达到他的目的，正是因为他与尤利西斯不同，最终接受了所有理性论证和语言论述必然失效的结果。

《神曲》的结尾是奇迹般的幻景消散，但丁回到了自己的世俗世界，终于意识到宇宙因充满对上帝的爱而获得慰藉——这种爱，就像一种光芒四射的物质火花，推动了"太阳和群星"的运动。

> 谈到这里，在运用那高度的想象力方面，已力尽词穷；
> 但是，那爱却早已把我的欲望和意愿移转，犹如车轮
> 被均匀地推动，

正是这爱推动了太阳和群星。

（《天堂篇》第 33 首）

　　但丁在《神曲》中所传达的一以贯之的教义，显示出他始终坚定地尊重基督教精神和道德准则。除此之外，即使但丁始终谦卑地批判自己的艺术在上帝面前的微不足道，但他赋予自己的角色是预言者和《圣经》角色这一事实，揭示了诗人所追求的不但是精神救赎的幸福，而且是一种永恒的荣耀、实在的梦想。

　　艺术家但丁所显露的自信，把他引向了历史的关键节点——中世纪的余晖和文艺复兴的黎明。

认识自我

第五部分　人文主义和文艺复兴

PART FIVE　｜　HUMANISM AND THE RENAISSANCE

文艺复兴的历史背景

1337—1453 年，英、法两国爆发了一系列持续不断的冲突，史称"百年战争"。这场漫长战争的导火索，是法国卡佩王朝的末代国王查理四世的驾崩，他没有留下任何子嗣，无人继位。拥有最近继承权的近亲是他的外甥——年仅 15 岁的英国国王爱德华三世。由于担心被英国人统治，法国贵族们推举了瓦卢瓦王朝的腓力六世。爱德华三世立即反对，但当法国人威胁他要收回法国南部的英国土地（12 世纪通过与阿基坦的埃莉诺联姻获得的大片封地的剩余部分）时，他也只得被迫退让，迎奉腓力六世为新的法国国王。

腓力六世趁英格兰和苏格兰战争之机占领了法国南部的英国属地，控制了佛兰德斯（比利时的前身），局势再度紧张。最后，失望的英格兰人失去了法国领地，没能将苏格兰纳入版图。法国也未能成功地统一领土，因收复运动的失败，佛兰德斯王国顺势独立。随着 1347 年英国占领加莱港，使得两国恢复通商，佛兰德斯走向繁荣——英国将羊毛原料运到佛兰德斯，加工成精细的布料再次出售，获取高额利润。[1]

随着欧洲国家开始巩固边界和权力，并发展世俗机构的管理能力，使得世俗与教会的冲突再次出现。14 世纪初，法国国王腓力四世对包括神职人员在内的所有法国公民征收重税，这是一个关键的导火索。时任教皇的卜尼法斯八世愤怒地发表通谕：没有教皇的批准，不得向教会成员征税。为报复教皇，腓力四世停止了对罗马教皇的一切资助。1300 年

---

[1] 把羊毛纺成纱线的妇女被称为"纺纱工"（spinsters）。这个词后来被用来指那些因为没有丈夫而不得不工作的未婚女性。

的周年庆典由卜尼法斯八世亲自主持，大多是因为罗马教廷迫切需要涌入罗马的朝圣者集体捐助，来弥补巨大的经济损失。[1]

这次成功举办的周年庆典吸引了20万名朝圣者来到罗马，因为教皇对他们许下了承诺——所有朝圣者都将得到上帝的宽恕。

卜尼法斯八世和腓力四世之间的斗争大戏达到了最高潮，当时，国王拒绝承认神职人员不受世俗法律的管辖，让他的法庭审判并监禁了一名法国主教。作为报复，卜尼法斯八世将法国国王逐出教会，并颁布《神圣一体敕谕》（*Unam sanctam*），专横地宣称教皇在世俗和精神上具有至高无上的权力，凌驾于包括国王在内的全体人类。"每个人都要服从罗马教皇。"他如此斩钉截铁地说道。

为了回应这一极端言论，愤怒的国王向教皇提出了一系列严厉的指控，包括买卖圣职、传播异端和不道德行为。随后，他派了一批钦差大臣到教皇所在的意大利中部城镇阿纳尼，逮捕并关押了卜尼法斯。在度过缺水断粮的三天后，教皇终于被释放。但对于一个七旬老人而言，这种羞辱实在太过残酷了。卜尼法斯八世一病不起，不久就去世了。在教皇本笃十六世简短的就职仪式后，意大利和法国的枢机主教之间爆发了一场候选人之争。最终，法国枢机主教获胜，克莱门五世于1305年被选为教皇。由于担心罗马贵族的内斗，他决定将教皇的教廷迁至法国东南部的阿维尼翁。

教皇在阿维尼翁居住的67年，史称"巴比伦之囚"。如《旧约》所述，犹太人被流放到巴比伦，为这座城市添上了极不光彩的名声——

---

[1] 最初，禧年定于每个新世纪初一次。然而，由于朝圣者带来的惊人收入，禧年之间的时间很快就被教会缩短到五十年，然后又缩短到二十五年。

认识自我

"堕落和罪恶的温床"。在《启示录》中，这一称呼也曾被提起，描述罗马为"地上的妓女和憎恶之物的母亲"。当教廷迁离罗马时，这个蔑称被重新拾起，用以批判阿维尼翁豪华的教皇官殿。在那儿，教皇享受着贵族般的生活，被一大群助手和仆人环绕，他们的薪水来自教会的税收。在拜访阿维尼翁之后，一个西班牙传教士写道："每当我进入教庭的神职人员房间，就发现会计和神职人员都在对他们面前堆积如山的财富精打细算……一群饿狼控制着教会，吸吮基督徒的鲜血。"14 世纪的意大利诗人彼得拉克用尖刻的语言批评教会背叛了使徒的节操。他写道：

> （教会是）堕落的巴比伦、人间地狱、罪恶的深渊、世界的阴沟。里面没有信仰、没有仁爱、没有宗教，也没有对上帝的恐惧……世界上所有的污秽和邪恶都汇聚于此……老人们火辣辣地一头扎进维纳斯的怀抱；他们忘记了自己的年龄、尊严和能力，纵情于各种耻辱行为，仿佛他们所有的荣耀不在基督的十字架，而在大吃大喝、酗酒和不洁……淫乱、乱伦、强奸、通奸都是教皇的乐趣。

在锡耶纳的圣凯瑟琳等人的恳求下，教皇格里高利十一世终于在 1377 年将教廷迁回罗马。但这并不是好日子的开端：在格里高利十一世死后，法国和意大利枢机主教之间的冲突导致罗马教皇和阿维尼翁策划了"反教皇选举"。在一次"大分裂"运动中，甚至产生了三位教皇，都宣布其他两人的任命无效。

在教会的君主做派引来的广泛批评中，诞生了大量讽刺教皇和神职人员的流行段子。乔瓦尼·薄伽丘和杰弗里·乔叟等人在《十日谈》《坎特伯雷故事集》等著作中生动地描述了在民间甚嚣尘上的反教会情绪。薄伽丘在《十日谈》中写到了一个犹太人的趣事，他叫亚伯拉罕，去罗马旅行回来后告诉朋友，他发现教会的显贵们"无一例外都是贪食鬼、酒鬼和醉鬼，满脑子欲望，除了吃喝不关心任何东西，就像一群畜生"。亚伯拉罕虽然这样总结，但这次恶心的经历让他坚定地皈依了基督教。朋友大呼惊讶，而他只说了一句话："教会高层如此拼命毁掉它的声誉，基督教却还能继续存在，换种角度看，它不是很强大吗？有一个强大的圣灵在背后支撑它。"

14 世纪，教会所面临的最大威胁来自反对的教派发起的运动，他们对教皇的腐败感到气愤，宣扬一种谦卑的使徒式信仰，建立在与上帝的亲密关系之上，不需要教会的干预。其中，最有影响力的教派运动有两个：一个由英国的约翰·威克里夫领导，另一个由波希米亚的约翰·胡斯领导。这两人及其追随者，即英格兰的罗拉德派和波希米亚的胡斯派，都坚定地反对教会的逾矩行为——出售赎罪券、神职人员放纵，还有教皇对世俗政治的干涉。威克里夫驳斥了教皇自称为上帝牧师的说法，认为教会机构是由人而非上帝建立的，人人都能直接获得经典文本的教导，而无须牧师中介的帮助。为此，他把经典文本译成了英语。在他死后，考虑到降低影响，教廷决定销毁所有的英文版经典文本。焚书的大火，也将许多被打成异教徒的人一起烧成了灰。胡斯由于公开谴责教会的道德败坏、政治野心和对穷人的冷漠，因此被判为异端邪说。通过为胡斯定罪并把他烧死，教廷反而将这个波希米亚传教士变成了英雄殉道者，其死后的影响远远大于在世时的影响。

1347 年，黑死病在欧洲暴发。短短五年中夺走了 2500 万人的生命，占欧洲总人口的三分之一。这次毁灭性的瘟疫留下的心理创伤导致迷信、魔法和巫术的盛行，包括一些狂热的鞭笞者，他们公开鞭打自己作为一种赎罪的方式，他们认为瘟疫是上帝在惩罚世界的罪恶。很多阴谋论也迅速传播开来，和往常一样，首当其冲的是犹太人，他们被指控为了消灭所有基督徒而在水井里投毒。

然而，像火灾最终使土壤翻新一样，瘟疫造成的人口剧减反而使幸存的人因祸得福：在13世纪，由于人口剧增，加上几年恶劣的天气，欧洲经历了连年饥荒；但黑死病过后，粮食不再是大问题。人口减少也使新一代的工人有了更多的就业机会。随着人力需求的增长，工人阶级也开始反弹，觉得可以为改善生活条件和工资而斗争。阶级起义都是平民和一般下层工人阶级的态度和期望发生巨大转变的征兆，就像1358年法国的扎克雷起义、1381年英国的农民起义、1378年佛罗伦萨的梳毛工起义或羊毛党起义，穷人面对富人压迫时所发出的伸张正义的口号，直接体现在1381年英国农民反抗基督教价值观上，他们呐喊道："我们被按基督的模样塑造成人，你们却把我们当成野兽。"

上述事件表明，14—15世纪的确是欧洲历史上极其动荡的时期。但是，尽管有如此多的挫折，欧洲确实已经走上了一条显著改善人民生活的道路。

意大利的城邦

11世纪，阿马尔菲、比萨、热那亚、威尼斯等强大的海上共和国崛起之后，意大利各城市开始经历更大的文化发展，虽然名义上还是德意志帝国的一部分，但他们能够抵抗帝国主义的封建统治，成为自给自足的工商业中心。除了北欧的佛兰德斯和汉萨外，意大利各大城市的繁荣程度是欧洲其他地区难以比拟的。这种繁荣还有赖于意大利的金融家开发的一系列会计和金融技术，如保险合同、信贷和复式记账。今天伦敦金融区的伦巴第街，名称就来自 13 世纪在此定居的意大利放债人。

由于这些成功，商业中产阶级具有公民自豪感，成为这些意大利城市最突出的特点，这些城市之所以被称为城市公社，是因为其政府建立在以各大行会或工会代表组成的议会协作基础上，不接受帝国和牧师等任何外部干涉控制。[1]

这些自治城市的自由和独立与古希腊城邦甚至罗马共和国形成了鲜明对比。15 世纪历史学家莱昂纳多·布鲁尼在《佛罗伦萨人的历史》（*History of the Florentine People*）一书中写道："用经典的法律、秩序和公民的忠诚足以证明佛罗伦萨是一个公正之地，在这里，决定社会地位的是功绩，而非特权，全体公民在国家管理中都有平等的话语权。然而，当代学者告诫我们，不要对这些乐观的说法太过当真。"在佛罗伦萨共和国，和其他意大利城邦国家一样，政府的参与仅限于富有的行会成员，而把较贫穷的公民排除在外。"历史学家约翰·拉尔纳如此写道。从这个意义上来讲，人文主义者所推崇的平等，是一个由一小部分人制造的神话，他们成功地将个人利益与更广泛的社会利益等同。佛罗伦萨的这种寡头政治，有数据佐证——在大约 10 万人中只有 4000 人拥有投票权。

在佛罗伦萨，七大行会组成了"肥人"（popolo grasso）阶层，包括法官和律师、布料和羊毛商人、医生、丝绸织工和商贩、皮货商、制革

---

[1] 行会是伴随中世纪城市发展而产生的，目的是保护和规范贸易。每个行业都有自己的行会，每个行会都有自己的学徒制度。行会的成员通过一个相互保护和尊重的庄严协议而联系在一起。行会成员之间保持的高标准文明素质，已经扩展到所有从事贸易和商业的人彼此深刻联系的城市。每个行业都有一个守护神，成员会专门为其举办节庆。

商，以及最核心的银行家。另外还有"瘦人"（popolo minuto）阶层，包括屠夫、鞋匠、铁匠、锁匠、面包师和酿酒师等十几个小行会。最穷的阶层是贱民（plebs），主要是失地农民，他们离开农村，希望到城市寻找机会，结果却干着最卑贱的活计。我们应该记住，抛开前面提到的一些小插曲，如梳毛工起义，佛罗伦萨的政治大权仍牢牢掌握在最富有的行会手中。正如历史学家艾莉森·布朗所写的："除了学者菲利普·琼斯所说的'一些间歇性的激进革命'以外，这些公社的政策仍然保守、严格，代表社会上层的意志，而非民粹主义。"

现实与理想的巨大差异，并没有削弱公民的政治自豪感，这一点也可以从他们在城市环境中大量引用罗马建筑风格中得到体现。在书中，布鲁尼模仿古典作家的口气断言道："佛罗伦萨的美，体现了公民的高贵品德。"

在中世纪，城市景观中唯一重要的建筑是大教堂。而此时，大气而质朴的私人建筑以及宏伟的公共市政厅，都显示出世俗世界地位正在显著提高。位于佛罗伦萨附近的佣兵凉廊是一座附属建筑，进一步提升了其主建筑维奇奥宫的威严气势。佣兵凉廊是一个由三道宽拱门组成的开放空间，顶部采用科林斯式柱头，其上装饰着建筑师阿尼奥洛·加迪以人物象征手法表现的四大美德：坚韧、节制、公正和谨慎。这座柱廊正是用来展示这些雕塑，它们的象征意义，最能体现城市所推崇的政治风气。如今，佣兵凉廊里仍留下了一部分杰作，如珀尔修斯青铜像，手提着美杜莎首级，是由本韦努托·切利尼创作的，还有班迪内利创作的雕塑《大力神战胜半人马涅索斯》（1599）。1353 年，第一口机械钟被放置在维奇奥宫钟楼上，标志着教堂钟声的世俗化，从此，钟声才真正地用于提示一日的时间。也是从此开始，日渐精确的计时方法提高了佛罗伦萨人的工作效率和质量，在一个专注于商业的城市，时间变成了金钱，成为一种不能浪费的宝贵商品。

画家安布罗·洛伦泽蒂受雇在锡耶纳共和国市政厅进行创作，以帮助激发人们心中城邦精神的自豪感。和佛罗伦萨一样，锡耶纳公社已成为一个富有的大财团，一个由商人和工匠领导的城市，他们用艺术来纪念自己的成就，宣传公民参与的美德。洛伦泽蒂的四幅壁画以寓意表现出一个好政府是如何对城市及其周边产生积极影响的，以及一个坏政府会导致的邪恶分裂。

在第一幅作品的中心，有一个白须老人的形象，他是公社的人格化象征。在他的头顶上是三个主要的神学美德："信仰、希望、仁慈"，旁边是"节制、谨慎、坚韧、正义"与其他两个代表"和平""宽容"美德的人物。公社的右边，坐在宝座上的人是"正义"。他的正下方是"协作"，也是由24名公民（领导市政府的上层行会代表）举行游行时牵着的一根长绳的起点。这一场景象征协作精神，它使社会繁荣兴旺，就像城市画面中的商人、工匠和工人的活动所表现的那样。在富丽堂皇的宫殿、教堂、高塔和商铺的背景下，一群风姿绰约的姑娘在舞池中翩翩起舞，进一步凸显了和谐的气氛，并从整体的繁荣景象中散发而出。

第二幅是托斯卡纳乡村的鸟瞰图，同样传达了积极的信息——与城市一样，好政府保证了周围土地的安定、繁荣，别墅、城堡和肥沃的耕地足以证明。与好政府截然相反，坏政府被描绘成一个漆黑、邪恶的怪物，尖角利齿，身边伴随着暴政、贪婪、野心和虚荣的化身。

两个裸体小男孩出现在公社人格化的构图中心，骄傲地提醒着人们锡耶纳源于古罗马。这个血统联系，可以证明锡耶纳与古罗马价值观的伦理联系。宗教并未被遗忘，而是与公民美德的概念融合在一起，公民

上面四幅图是洛伦泽蒂为锡耶纳市政厅创作的一组壁画，
表现了好政府的积极作用和坏政府的邪恶形象

认识自我

美德将基督教义与罗马英雄的模范作用结合在一起。

在洛伦泽蒂的绘画完工几年后，锡耶纳政府又聘请塔迪奥·迪巴托洛为市政厅绘制一系列新的壁画，以纪念罗马共和国的英雄。画面中心的铭文解释了这些模范形象的含义："如果你想统治一千年，就以罗马为榜样。遵循共同的善而非自私的恶，像这些人一样给予公正的警告。若你们保持团结，你们的力量和声名将鹊起，就像战神马尔斯的杰出子民。他们征服世界的同时也失去了自由，因为他们不再团结。"

学者约翰·拉纳在评论洛伦泽蒂的壁画时写道：这些壁画是"极其珍贵的文献"，其突出了历史与现实的对比。中世纪的旧城市就像蜿蜒的街道和不稳定的房屋组成的摇摇欲坠的迷宫，而公社被推崇为理性的典范，兼具美感与效率。之所以如此努力地宣扬公社的伟大，反映了一个新兴资产阶级的自豪感：几百年来，他们一直被旧的贵族蔑视为无知、庸俗的暴发户。这一偏见还被教会强化，他们声称追求财富是一种腐败，因为它鼓励自我推销，鼓励过度地依赖奢侈品和财富。与此相反，领导公社政府的商人们渴望传达的是，他们的统治不仅产生财富，而且带来进步、和平、协作、正义、美丽和文明。

但洛伦泽蒂画中普天同庆的气氛，并未完全反映历史的现实——富人家族之间不断内斗和邻邦的竞争常年冲击着城邦，持续的波动仿佛一座常常引起地震的活火山，时刻悬于头顶。在此意义上说，意大利城邦所盛行的观念，并非利他与合作，而是野心与竞争——在追求金钱、权力、名望和认可上都远远甩开所有对手的夙愿。与封建的中世纪权威和传统的稳固不变相反，人文主义和文艺复兴，都是企业家们和一个活跃的商业社会的前进动力。

随着时间推移，顶级富商家族之间的竞赛导致了公社的灭亡，并促进领主（signorie）统治——由一个家族掌管城邦——的诞生。在这些统治家族中，有米兰的维斯康蒂家族、曼图亚的贡扎加家族、博洛尼亚的本提沃格利奥家族、乌尔比诺的蒙特费特罗家族、费拉拉的埃斯特家族、维罗纳的斯卡里盖里家族，以及我们最熟悉的——佛罗伦萨的美第奇家族。和往日一样，军事活动是领主的一大特长，大城市不断努力地兼并小城市。例如，佛罗伦萨就统治着比萨、皮斯托亚、威尼斯、帕多瓦、维罗纳、米兰、帕维亚、洛迪等城镇。这些强大的统治者似乎都具有一种古老特质——他们在行事做派和审美上都坚持效仿旧贵族地主的庸俗之风。文艺复兴时期产生的大量艺术作品，都是新的商人阶层赞助的，他们渴望利用城市的辉煌来证明自己的成就。为此，米兰赞助了达·芬奇和布拉曼特，曼图亚拥有安德烈亚·曼特尼亚、彼得·佩鲁吉诺和柯雷乔，佛罗伦萨则赞助了多那泰罗、布鲁内列斯基、韦罗基奥、吉兰达约和波提切利等艺术家，这还只是冰山一角。

"文艺复兴"（Renaissance）一词，来自法语中"重生"（rebirth）一词，1858 年由法国历史学家儒勒·米什莱首次提出；后由 19 世纪的瑞士历史学家雅各布·伯克哈特进一步推广，他也是《意大利文艺复兴的文明》（*The Civilization of the Renaissance in Italy*）一书的作者。伯克哈特认为：文艺复兴是在经历了几百年的沉闷、无知和黑暗之后，天分和创造力的集中爆发时期，这在很大程度上是受到 15、16 世纪作家的影响，比如哲学家马尔西利奥·费奇诺和画家兼作家乔尔乔·瓦萨里，后者出版于 1550 年的《艺苑名人传》一书中，把佛罗伦萨在美第奇家族统治下的时代誉为"黄金时代"。我们无法否认瓦萨里书中提到的许多艺术家的卓越和独创性，正如伯克哈特和他那一代学者把这些艺术家的创作形容为全新的、自由独立的人类新生的征兆。但瓦萨里之辈也有可能言过其实：因为他们忽略了一个现实——这些艺术家的创作与其说是个人创造力的表达，不如说是富人赞助商的传声筒。此外，就像许多现代评论家主张的，文艺复兴并不是普遍现象，而仅仅是小部分精英阶层中的现象。他们急于宣布自己优越于上一个时代（中世纪），而那个时代早已被他们唾弃，不过是两道巨浪——古典辉煌和文艺复兴——之间的小水花罢了。

与此相反，现代学者认为：文艺复兴并非突然从天而降，而是一个漫长的成熟过程结出的硕果（如我们所见，从 12 世纪就开始了）。

知晓了这一点，下面我将继续用"人文主义"来命名文艺复兴时期的第一阶段，这一阶段大致是 1300—1550 年。我们将看到，人文主义的一大特点，是以彼得拉克为首的学者们在欧洲各地寻找失落的古老手稿。人文主义者从这些手稿所揭示的伟大先贤的训诫中，得出了改进艺术的新方式，还有政治、伦理、哲学领域的基本原则。在下面几节，我们的讨论将集中在人文主义在彼得拉克的影响下假定的文学特征，以及这一代学者后来的变化上——当时，随着李维和西塞罗等罗马作家被重新重视，作家和知识分子的兴趣点开始从文学领域转向政治领域。

彼得拉克的人文主义文学

托马斯·阿奎那死后的年代，以严谨的逻辑分析著称的学术研究方法，逐渐被一种更抽象、更枯燥的研究方法取代（比如著名的"一根大头针尖上能容纳几个天使跳舞？"的问题，就是为了嘲讽这种僵化的学术）。紧接着经院哲学衰落后的文化复兴，史称"人文主义运动"。"人文主义"一词，原本是 19 世纪时用来形容一批新学者的，他们抛开了对神学和形而上学的关注，致力于复兴布鲁尼所说的"人文主义研究"，意思是对成果的研究，尤其是人类的成果，人的品质对文明的进步贡献十分巨大。

人文主义的开端以托斯卡纳的两位重要作家——乔瓦尼·薄伽丘和弗兰齐斯科·彼得拉克——的作品诞生为标志。薄伽丘最著名的作品是用意大利方言写成的短篇小说集《十日谈》。《十日谈》的主人公是七个年轻女子和三个年轻男子，他们在佛罗伦萨遭受瘟疫袭击时去了乡下。他们在十天的旅居生活中所讲的故事，构成了《十日谈》中的 100 篇。薄伽丘关注日常生活，他的讽刺、随性的道德，对教堂和神职人员的调侃，都显示了新城市文化所滋养的世俗心态。

继《十日谈》后，薄伽丘的另一本巨作是《异教神谱系》（*Genealogy of the Pagan Gods*），这是一本异教徒神话史简编，成为后世作家和艺术家丰富的灵感宝库，他们纷纷渴望找到新的形象和构思，以取代陈腐的基督教语言。

彼得拉克是公认的"人文主义之父"。他 1304 年生于托斯卡纳的阿雷佐，在父亲的教促下，他最初在蒙彼利埃和博洛尼亚学法律，但很快半路放弃，转而研究文学，特别是古典文学。彼得拉克的父亲是个保守传统的人，他警惕着儿子的改变。为了表达对异教文化的鄙视，他烧毁儿子大量的"异端书"。彼得拉克毫不动摇，继续回应文学的召唤，并以此度过余生。他的大部分文学创作发生在阿维尼翁，他在教廷担任过不同的神职，后来在普罗旺斯的沃克鲁斯富人的赞助下继续创作。他也曾是普罗旺斯繁荣昌盛大戏的演员，从他诗句中所表达的爱与美的新柏拉图式庆典中，我们可以强烈地感受到这一点。

彼得拉克是古典文学的狂热崇拜者，他走遍欧洲，只为寻找保存在偏远修道院图书馆的古老手稿。西塞罗的演讲稿《为阿尔奇阿斯辩护》（*Pro Archia*）和书信《给阿提库斯》（*Letters to Atticus*）就是他最有价值的发现之一，是在列日发现的。彼得拉克于 1374 年去世于维尼托的阿尔库亚，死前将大量藏书留给了威尼斯人。

彼得拉克对古典时代抱有极高的热情，他经常会与其最欣赏的古典作家——西塞罗、维吉尔、荷马和贺拉斯等——进行想象中的对话，甚至给他们写信。虽然彼得拉克是虔诚的基督徒，但也不能阻止他批评在他眼中贯穿整个基督教中世纪的文化贫困。他声称，由于缺少上帝的恩典眷顾，那个时代导致基督教对古典遗产进行了严重的抹黑和歪曲。彼得拉克还以同样的方式谴责中世纪为"黑暗时代"，说这是一个被无知、偏见和迷信占据的时代。文艺复兴之所以被定义为"重生"，在很大程度上就源于彼得拉克的一个信念——古典时代留给人类的文化成就是一座智慧宝库，能促进基督教世界的进步。

但丁主张重建神圣的罗马帝国，由皇帝掌管世俗生活，而教皇掌管精神生活。彼得拉克生活在帝国理想迅速衰落的时代，他支持西塞罗和李维的观点，称赞罗马共和国的道德。为了实现这些价值，他撰写了著作《非洲》（*Africa*，在布匿战争中击败汉尼拔的罗马名将西皮奥·菲拉努斯的传记）和《名人列传》（*De viris illustribus*）。后一本书受到李维的启发，试图通过将古典历史、神话和《旧约》中的模范人物一一配对，建立异教文化和基督教智慧的联系。

彼得拉克的声名显赫一时，1340 年他被要求在巴黎和罗马之间二选一来为他授予"桂冠诗人"的称号（相当于今天的诺贝尔奖）。他最后选择了罗马，并于 1341 年 4 月 8 日在市政大厅完成加冕仪式。在那次罗马之行中，他参观了古罗马市民广场、古斗兽场和其他古代遗迹，并因人们对古代遗产的冷漠表示遗憾，他认为，正是这种冷漠，让如此辉煌的成就慢慢地在土中腐烂。他希望复兴古老的罗马，并因此获得更高的声望。几年后，一个名叫科拉·里恩佐的政治人物崛起，他派头十足，用巧舌如簧的演讲呼吁恢复罗马的往日荣光。被这个怀旧梦想所鼓舞，几年前刚刚见证教皇迁往阿维尼翁的罗马民众，开始信任这个自称"人民论坛"的组织，并支持他发动政变。科拉的统治虽然保持了短期的和平稳定，但当这个所谓的革命家表演般地穿着镶金的白色斗篷招摇过市，自称罗马帝国的复兴者，有权将意大利所有城市从统治者手中解放出来并独自称帝时，罗马人终于意识到自己爱上了一个大骗子，于是将他流放。

尽管彼得拉克博学多才，他却无法发现科拉的缺点，说明他在面对现实的政治问题时缺乏足够的洞察力。他自己可能已经意识到了这一点：除了对科拉短暂的热情，他从未涉足政治，而是赞美孤独生活的价值。彼得拉克本身是个道德家，他尖锐地批评自己所处时代的腐败和虚伪，但从未质疑过他自己拒绝参与政治舞台的贵族身份，也从未质疑过他纯粹为了方便和自私的目的而与富有的赞助人建立机会主义联系。他自己也承认，他最关心的是自己的声誉。他对此毫无歉意：他相信，真正的天才应该得到认可，应该享有不朽名誉的永恒荣耀。

彼得拉克是一个矛盾集合体。和但丁一样，他也是一个在对新事物的兴奋和对变革的恐惧之间左右为难的人。这位桂冠诗人在他的《歌集》(*Canzoniere*，又称《散诗集》)中达到了创作巅峰，他坦诚地道出了这些恐惧和犹豫，承认了折磨他基督教意识的疑虑。与但丁也曾从新体诗派中汲取灵感类似，彼得拉克将爱情描述为一种纯粹的精神活动。这是一种新柏拉图主义的常见观点：女人遥不可及，思念她的男人会沉浸于对她的美好想象中。诗人的暗恋对象劳拉，像贝雅特里齐一样嫁给了别人，同样英年早逝。她是一个美丽和纯洁的象征，而非真的女人。诗人为她的离去感到悲痛，并从中激发诗歌的灵感。彼得拉克通过将"劳拉"这个名字与劳罗（lauro）或"桂冠"（larel）相联系，让我们联想到代表诗歌和永恒荣誉的月桂树。

在《歌集》的第一首十四行诗中，彼得拉克直接向读者宣布，他们将听到的"散乱诗句"代表了他年轻的"错误"——诗人希望得到读者的同情和宽恕，最终却是徒劳，只剩下苦涩之恋引起的悲伤。《歌集》这样的开场令读者生疑：如果彼得拉克是第一个把自我激情和诗歌的价值当作幻觉，一股脑儿加以否定的诗人，我们何必要继续读下去呢？接下来的一首诗并未给出答案，反而让期待的读者更加迷惑。彼得拉克说，他与爱人的初次邂逅发生在基督受难日，太阳从世上收敛了光芒。昏暗的场景，大胆地明示了恋爱中暗含的罪恶和背叛——诗句中所描述的激情，与基督徒应当追求的全身心投入完全相反。这种含糊不清的基调贯穿诗歌始终：当优美的旋律唤出劳拉的形象（她像神圣的幻象一样迷人）时，彼得拉克继续提醒自己和读者：诗性的幻觉，威胁到了宗教信仰所需的精神纯洁。

与但丁笔下的贝雅特里齐化身为天国的救赎方舟不同，彼得拉克笔下的劳拉代表诗歌，就像与她的名字有关的月桂树一样，必然扎根于诗人的人性和世俗之中。这不代表彼得拉克的诗要描述一个真人。相反，诗人从自然中最细微的事物（潺潺的小溪、飒飒的微风、芳香四溢的花丛）中召唤出劳拉，这是一种迷人而短暂的美，是抽象、诗意的，无形无相。令《歌集》的作者着迷的不是真的女人，而是他富有创造性的想象力本身，从情感、艺术和心理而非精神和宗教的角度进行探索。

诗歌传达的理想化形象，不一定会改善人们在现实中对女人的偏见。在一封写给友人的信中，彼得拉克也用大男子主义的话语，来描述他对女性的感受："女人都是魔鬼的化身、和平的敌人，是不耐烦、不和谐和争吵的根源，如果男人想清净一会儿，就该尽量躲开她们。"

彼得拉克在一本名为《隐秘》（Secretum）的散文书中探讨了《歌集》中诗人在世俗和精神上的道德困境，内容主要是与奥古斯丁的虚构对话，后者是彼得拉克所恐惧和尊重的基督教教条的化身。即使诗人拼命地试图改变它所规定的严格规则，以最大限度地合法化他的激情和野心。为了让对方相信自己的文学追求是合法的，彼得拉克说，作为爱情和诗歌的缪斯女神，劳拉让他的内心充满了崇高的思想和高尚的欲望。奥古斯丁毫不动摇，身为一个严格的法官和特立独行的人，他告诉彼得拉克，所有离不开"贪爱"（cupiditas），或对俗世之物（美、诗歌、名誉）的渴望，都会犯下大错，因为除上帝之外，人类不该关心和关注任何事。

经过漫长的争论，彼得拉克被迫接受了奥古斯丁的说法。在对话的结尾，诗人向圣奥古斯丁承诺，他将放弃他的不合理追求，但首先要完成《歌集》，这是他一生的荣誉之所在。

折磨彼得拉克的宗教信仰的痛苦，是完全中世纪的产物，但尽管他有罪恶感，却依然坚持一生奉献于文学事业。这种固执宣告了一个新时代的到来：宗教与其说是被抛弃了，不如说是被重塑成一种不那么严肃教条的信仰。换句话说，一种认可人类的成就，使之与自身价值观相容的信仰。

彼得拉克对古典文学的追捧，显示出他的反传统文化态度。对彼得拉克而言，艺术是一种自由的表达，因此应该受到尊重，不受教条或意识形态所支配的偏见的干涉。学者尤金尼奥·加林写道："我们说彼得拉克和他的人文主义伙伴们真正'发现'了经典，不仅因为他们发现了埋在尘土、与世隔绝的教会里的旧手稿，还因为他们学会了如何欣赏它们，把它们视为属于特定历史时期的天才表达。9 世纪的拉巴努斯·毛鲁斯曾描述过中世纪的人如何对待古典文化："当我们发现有用的东西时，会将其转化为自己的信仰；当我们发现无用的东西，比如偶像、爱或世俗话题时，我们会将其去除。"

与中世纪在基督教规定的狭隘范围内传播过去所有成就的习惯完全相反，人文主义者是第一批教导人们必须欣赏经典的学者，因为它们有自己独特的优点，没有意识形态和宗教强加给它们的枷锁。

遵从着抢救经典的道德要求，许多人文主义学者耗费多年，在欧洲各个角落的修道院和大教堂图书馆中寻找"被囚禁"的手稿（借用人文主义学者波焦·布拉乔利尼的说法）。人文主义者利用大量的古人（如西塞罗、塔西佗、塞涅卡、奥维德、卢克莱修和维特鲁威）的手稿，开始了一项重要的文献修复工作，旨在恢复原文的完整性。人文主义方法的核心是这样一种观点，即与古典时期一样，美德是通过行动而不是沉思来表达的，教育是保证人的道德和智力成熟的必要条件，没有教育就无法保证社会的稳定。

人文主义政治与艺术

在彼得拉克之后，多数人文主义者没有像他一样孤独地钻研文学，而是转向重视与城邦的公民和政治生活更相关的具体问题。西塞罗的思想，激励了新一代学者，让他们获得了新的信念——最崇高、最高尚的生活方式就是为国效力。复兴这种精神，再次引起了一种普遍的世俗观念：历史是由人带着目标不懈地努力所塑造、推动的过程。其根源是亚里士多德关于"非公民即非人"的论述，并由此引申出：自由国家对人类实现其作为文明推动力的宿命至关重要。

为了推动古典文学的普及，1375—1406 年担任佛罗伦萨首相的科卢乔·萨留塔蒂说服政府邀请拜占庭学者曼努埃尔·赫里索洛拉斯在佛罗伦萨教授希腊语（和薄伽丘不同，但丁和彼得拉克都不擅长希腊语）。萨留塔蒂及其追随者对希腊、拉丁文化的重视，是基于这样一种信念：对古代作家的研究，是人培养道德品质的必要条件，少了它，就无法建立一个公正、繁荣的社会。人文主义研究取代了中世纪三门四科的地位，它主要包括修辞学、辩论术、历史学和伦理学，这些学科主要是为了加强人们积极参与政治所必须的道德和理性。类似的，他们发明了"自由艺术"（artes liberales）这一术语，用以补充"人文学科"（studia humanitatis）的定义，旨在强调一点——文化是人类精神自由的保证。尤金尼奥·加林对这种新观念做出如下总结：

14、15 世纪在意大利各城邦欣欣向荣的人文文化，首先是通过一种接触古代作家的新途径在道德学科领域表现出来的。它是在语法和修辞学领域实践的新教育方法中具体形成的。它在实践中促成了一个新的城邦管理者阶层，并为其提供了更精细的政治工具。它不仅能指导撰写效率更高的公文，而且被用来制定程序、起草法律，甚至确定人生理想、阐述人生观，找到人生价值。

尽管人文主义者积极追捧共和国的美德，但许多公社依然短命，很快就被领主政治所取代。

在13世纪末对米兰的战争中，萨留塔蒂对佛罗伦萨的信心被动摇了——作为城邦之间友好竞争的代表，米兰本可以避免其他城邦的结局，却早在13世纪末便落入维斯康蒂家族手中。当维斯康蒂家族大权在握时，他们的权力堪比国王，但作为商人始终没有得到相匹配的头衔，而这类事情向来都有深深的隐患。为此，维斯康蒂家族向法国国王付出10万弗洛林购买公爵头衔。曼图亚的统治者贡扎加家族也一样，在1433年购得侯爵头衔，穿上了英国王家制服，并骄傲地委托艺术家皮萨内洛创作了一幅亚瑟王主题的组画，让自己在画面中闪亮登场。

吉安·加莱佐·维斯康蒂在与他共同执政的叔父遇刺后接管了米兰，他是个残忍的野心家，决心将整个北意大利收入囊中。他想出了一个官方借口：由一个人统一管理将会造福整个意大利。在相继征服了帕多瓦、维罗纳和维琴察之后，吉安·加莱佐又盯上了博洛尼亚和佛罗伦萨。由于战争迫在眉睫，萨留塔蒂以一篇讨伐暴政的有力演讲调动了佛罗伦萨上下的爱国情绪。当市民们在萨留塔蒂的催促下正要奋力抗敌时，消息传来，吉安·加莱佐突然病倒，于1402年暴毙。萨留塔蒂选择继续他的表演：效仿千年前的伯利克里，这位能言善辩的财政大臣高度赞扬了佛罗伦萨人捍卫自由的勇气与决心，说他们有一种积极的信念——反抗暴政压迫，人民对自由和独立的热爱无人能敌。

历史学家莱昂纳多·布鲁尼和萨留塔蒂一样，都是共和制的忠实拥趸，他认为：佛罗伦萨所树立的社会和政治公正的榜样，是一种适合全人类的普世原则。要理解人文主义者如何看待本质上由少数有钱有势的商人组成的寡头政体所领导的"理想社会"，我们必须记住一点：宇宙是一个等级森严、秩序井然的系统，这一观念始终根深蒂固。有种关于社会的最常见的比喻：社会就像人体，是由不同部分组成的整体，每个部分都以其独有的方式在整体健康中发挥作用。新的时代与中世纪最大的区别就是社会流动性。在中世纪，阶级固化、阶级地位是生而有之，无法改变的特征，而共和国的领袖们则认为他们是通过手艺、才智和创造力获得了参政的机会。布鲁尼在讨论共和制的积极作用时写道：

> 人人都希望赢得国家荣誉，实现自我提升，只要他们通过天分和努力过上一种认真的、受尊敬的生活方式……过去，出身高贵的人才能进入共和国的政府……但现在，令人惊奇的是，一旦政府公职向所有公民敞开，就足以证明这个政府在实现公民价值上的成就。因为，当人们希望赢得国家荣誉时，就会鼓起勇气，尽一切可能提升自己，而一旦被剥夺了这种希望，他们就会变得懈怠、无力。因此，既然我们的国家有这样的希望和机遇，我们就不该惊讶为什么会有那么多有才华、不懈努力的英才脱颖而出。

布鲁尼认为：贵族不是一种世袭的特征，而是美德的产物，自由社会的竞争是确保人类个性发展的最佳手段。这一观点是一种影响后世许多政治思想家的理想的核心。布鲁尼在赞美佛罗伦萨城时勾勒出一幅理想化的佛罗伦萨及其人民的肖像："佛罗伦萨人民尤其享有完全的自由，他们是暴君的天敌。因此，我坚信，佛罗伦萨从建立之初就对罗马帝国的破坏者和罗马共和国的压迫者怀有仇恨，并持续至今……在对渴望自由的鼓舞下，佛罗伦萨人民始终枕戈待旦、向往共和，这种态度一直影响到今天。"

　　公民参与是一种道德要求，它使人们能更好地表达自我，并牢牢地掌握自己的命运，这一理念同样出现在人文主义者利昂·巴蒂斯塔·阿尔伯蒂的心中，他是"文艺复兴人"的缩影：博学多才，仿佛另一个达·芬奇。阿尔伯蒂的口头禅是"人可以随心所欲地做任何事"，他以精力过剩而闻名：他是一个神箭手，精于骑术，也能将文学、法律、语言学、数学、天文学、音乐和几何学融会贯通，还是伟大的建筑师，著名的作品包括里米尼的马拉泰斯塔礼拜堂、新圣母教堂的外观还有鲁切拉官；另外他也是技艺高超的画家。阿尔伯蒂在他的《建筑论》（*On the Art of Building*）中引用了罗马建筑师、作家维特鲁威在公元前 25 年前后创作的《建筑十书》中的话，并得出结论：要建造一座美的建筑，建筑师必须在建筑中复制"最高建筑师"上帝赋予人体的几何和数字比例。这种观念源于希腊人，他们最早将人体和谐与宇宙和谐相联系，达·芬奇在其画作《维特鲁威人》（*Vitruvian Man*）中重申了这一点——这是一幅完全对称、完全相称的男人身体，四肢伸展，被围在一个正方形（象征世俗现实）和一个圆（象征上帝永恒）中，象征人类是一个被神注入的小宇宙。

　　阿尔伯蒂也是最早将艺术家地位大大提升的作家，他还著有《论绘画》《论雕塑》两本书。在过去，艺术家仅仅是一种工匠，字面意思是"手工者"——这是一种内在价值和思想远远被低估的称呼。阿尔伯蒂对这种偏见提出质疑，他肯定了画家和建筑师作品中所表现的创造力，

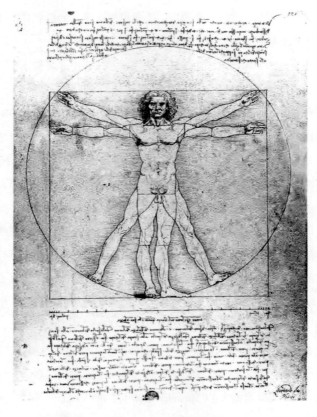

达·芬奇的《维特鲁威人》（约 1490 年），表现了人与宇宙的完美和谐

使他们的手艺应当被列入人文学科。和后辈达·芬奇一样，在阿尔伯蒂眼中，艺术家绝不仅仅是一个工匠，而是广泛涉猎一切学科和领域的知识分子。

在《论家庭》一书中，阿尔伯蒂强调家庭和教育在推动人格全面发展中至关重要。但很遗憾，阿尔伯蒂极力呼吁的社会平等并不包括男女

　　　　　　　　　　　　　　　　　　　　　　　认识自我

平等。通过重申古老的家族父权信仰，阿尔伯蒂和像他这个岁数的大多数男人一样，把妇女放在社会配角的位置。

尽管偏见根深蒂固，但 15—16 世纪还是涌现了大量自学成才的女学者、女作家和女诗人。她们大多数来自富裕家庭，如伊索塔·诺加罗拉、维罗妮卡·冈巴拉、加斯帕拉·斯坦帕和维多利亚·科隆纳。其他人则出身底层，如威尼斯的维罗妮卡·弗兰科出身于妓女，过人的文化修养使她获得了"高级宠妓"的尊称。

人文主义者吉安诺佐·马奈蒂同样表达了对人类作为一种天赋异禀的动物的赞许，他写了一本《论〈四书〉中人的尊严和卓越》(*On the Dignity and Excellence of Man in Four Books*)。写作目的是回应教皇英诺森提乌斯三世近 200 年前在其论文《人的苦难》(*On the Misery of Man*) 中所表达的悲观思想。学者查尔斯·G.诺尔特写道：尽管教皇为了突出精神而"将身体比作腐烂和排泄物，而马奈蒂称赞了人体的和谐之美，人以自身形象反映了上帝的创造力"。

人文主义者确实应该乐观，尤其是在佛罗伦萨，纺织业使其成为欧洲最富有的城市。佛罗伦萨最大的优势是一种从地衣中提取的神秘染料，是由佛罗伦萨商人费德里科·奥里卡里从东方带来的，为从英格兰、苏格兰和北非运到意大利的优质羊毛中添加了美丽的紫罗兰色。佛罗伦萨成为超级大国的另一个因素是它的金融活动，其由佛罗伦萨的几大家族把持，如巴迪 - 佩鲁齐、斯特罗齐、阿尔比齐，最厉害的还是美第奇，他们把弗罗林银币变成了欧洲最强大的货币。

随着商业繁荣，行会更多地致力于改善城市环境。羊毛行会和布料行会出资修建一座由阿诺尔福·迪·坎比奥设计的哥特教堂，于 1296 年落成，他们还资助了附近的洗礼堂，由乔托设计修建了钟楼、祈祷室和谷物市场。

佛罗伦萨世俗和商业掌控的政府，为艺术项目调拨了大量资金，多数都是出于宗教的目的。即使教会机构的声誉已经大不如前，常带有迷信色彩，但宗教仍然有效，就像萦绕在人们心中的对最后审判的恐惧。正如我们所见，那些违反教会禁令放高利贷的银行家，经常在家庭小教堂投入大笔资金，花钱赎罪。例如，巴迪 - 佩鲁齐家族斥巨资装饰圣十字方济各会名下的两座小教堂，一座献给了当时在世的圣方济各，另一座献给施洗者、福音作者约翰。考虑到方济各早就放弃了富裕生活选择苦修，这就很奇怪了——当然，除非巴迪 - 佩鲁齐家族这样做是为了忏悔，希望上帝宽恕他们在商业上的罪恶。此外，圣方济各也可能是一种幌子，帮助他们伪装自己巨大的野心——在一个对暴虐的欲望如此敏感的城市里，这种伪装很有必要。巴迪 - 佩鲁齐最终被英国人严重打击：当爱德华三世国王未能偿还这些贷款时，他造成了巴迪 - 佩鲁齐银行的灾难性倒闭潮，而爱德华三世曾从佛罗伦萨家族那里获得了大笔贷款来资助他对法战争。

辉煌之城佛罗伦萨

在佛罗伦萨众多富商家族中，美第奇鹤立鸡群，他们的事业开创者是乔瓦尼，他是个聪明的商人，设法当上了教皇的御用银行家。他常以佛罗伦萨城市的名义进行慈善捐助，例如资助了一所孤儿院——佛罗伦萨育婴堂，由丝绸行会出资，聘请菲利波·布鲁内列斯基设计，它被认为是最早的文艺复兴建筑代表作。1429 年，乔瓦尼去世，他的儿子科

认识自我

西莫接班，他和父亲一样精于生意，而且是个深谋远虑的政治家，敏锐地发现培养良好的声誉对家族成功的重要性。为了维持正直、中庸的形象，科西莫平时总是保持低调、谦逊。当建筑师布鲁内莱斯基向他提出一个极其奢华的府邸设计方案时，科西莫谨慎地拒绝了，转而邀请建筑师米开罗佐·米凯罗奇接手，后者提出了一个比较正常的设计方案。

在科西莫的竞争对手里，纳尔多·阿尔比齐最有名，他嫉妒科西莫的声望，散布谣言说科西莫打算接管佛罗伦萨共和国。结果，科西莫被判流放，但时间并不长——当阿尔比齐试图给自己安排一份美差时，科西莫被迅速召回，并当选为共和国首席保安官（gonfaloniere）。科西莫在政治上小心谨慎，终于有了回报，在接下来的几年里他逐渐积聚权力，但依然是在幕后谨慎地进行贿赂和政治操作，使人民表面上觉得佛罗伦萨仍是一个共和国，而其实佛罗伦萨正慢慢变成一个领主国家。科西莫完全有能力压制批评者，主导政治风向，虽然官方永远不会承认，但这座城市实际上正逐步沦为科西莫的个人领地，这一切显示出他与奥古斯都不相上下的经营能力：他不带犹豫地操纵选举以获取权力，还能精明地表现出一副共和国救世主的样子。科西莫获得的头衔足以证明——和奥古斯都在罗马一样，他被佛罗伦萨人民尊称为"国父"。

科西莫有很多优点，其中最让他广受欢迎的是外交手段。例如，为保护佛罗伦萨免于米兰扩张野心的影响，科西莫重金支持米兰军事领袖弗朗西斯科·斯福尔扎，帮他从维斯康蒂家族手中夺权。科西莫与米兰的新统治者结成同盟，带给佛罗伦萨足以对抗威尼斯的筹码，而威尼斯仿佛是一个野心勃勃的海洋女王，多年来以侵略策略威胁着意大利的其他地区。

科西莫对佛罗伦萨的慷慨资助，也使他获得了高度赞誉，通过赞助大量艺术家创作而声誉高涨，这些艺术家包括吉贝尔蒂、保罗·乌切洛、卢卡·德拉·罗比亚、吉兰达约、菲利波·里比、布鲁内莱斯基和多纳泰罗。之所以这样做，是出于和其他富豪同样的心态——他畏惧上帝的审判，从不吝啬对宗教事业的投资，比如重建了圣马可修道院，它以弗拉·安吉利科创作的宏伟宗教壁画而闻名。在人文主义学者的影响下，科西莫也在圣马可建立了第一座公共图书馆。由于科西莫为寻找和购买手稿而准备了大量资源，佛罗伦萨图书馆成为全欧洲最大的藏书馆。这座珍贵的文化宝库，后来被移到了一座由米开朗琪罗于 1523 年设计的建筑里，这就是老楞佐图书馆。15 世纪中叶，德国人约翰内斯·古腾堡发明了印刷机，极大地促进了人文主义运动所培养的书籍崇拜，这一发明迅速地将原本只属于少数人的文化特权——书籍，变成人人都能查阅的工具。

虽然欧洲的许多城市蓬勃发展，但拜占庭是个例外，尽管在第四次十字军东征的戏剧性收尾之后，拜占庭皇帝米海尔七世·帕莱奥洛戈斯尽力恢复这座城市的旧日声望，但由于穆斯林的不断威胁反而更加恶化，城市仍然摇摇欲坠。为找到解决办法，拜占庭人尝试开拓新的外交联系，以调和拉丁文化和希腊文化的矛盾。从拜占庭来意大利探讨东西方合作的人当中包括哲学家乔治·普莱桑，是当时著名的思想家，受友人科西莫之邀到佛罗伦萨举办一系列柏拉图主题演讲。当时，柏拉图在西方仍然被人遗忘，除间接地引用其理论的西塞罗、圣奥古斯丁等人以外，到中世纪，柏拉图唯一流传的著作只剩下对话录《蒂迈欧》，只有此篇在 4 世纪被卡里迪乌斯译成了拉丁语。普莱桑在佛罗伦萨所作的柏拉图系列演讲，使当地的人文主义者、学者和知识分子热情高涨。科西莫被柏拉图的神秘哲学所吸引，决定投资建立一所柏拉图学院，最终建成于 1445 年。科西莫任命哲学家马尔西略·费奇诺为院长，后者把能找到的全部柏拉图和普洛丁的著作译成拉丁语，还顺带翻译了伪赫耳墨斯[1]的著作。费奇诺等新柏拉图主义者的工作，使柏拉图成为大量文艺复兴学者的主攻方向，一举结束了统治西方学术思想近 400 年的"亚里士多德热"。

费奇诺最重要的著作是《柏拉图神学》(*Theologia Platonica*)，学者威尔·杜兰特将此书定义为"令人困惑的正教说法、神秘主义和希腊文化的混合物"。费奇诺将柏拉图奉为启蒙哲学家，他的前瞻性思想预见了最终被基督教证实的真理。费奇诺的新柏拉图主义哲学的核心概念是：人作为物质和精神的焦点，是一种特殊生物，能通过爱与美走上更高级的感觉和理解所需的道路。通过提升佛罗伦萨的黄金时代，费奇诺想要提升艺术创造者，正如评论家亚瑟·赫尔曼所解释的那样，这些创造者被通过创造性来实现美德的愿望所感动，利用他们作品的美来接近自己和观众与宇宙的神圣创造者——上帝。

13 世纪以来，佛罗伦萨确实成为一座巨型艺术成就展示台。将所有创新串起来的主线，是基于对古典世界所能提供的一切重新激起的兴趣。但研究古代的模式困难重重，因为，作为古代文物陈列馆的罗马城早已沦为一片废墟，大部分古代宝藏被忽视，半数被埋在泥土中。布鲁内莱斯基和多纳泰罗曾在十年间多次返回罗马描摹雕塑和浮雕的草图，并测量旧建筑的比例，他们应该最清楚这有多困难——卡皮托利尼山和古罗马公共论坛，已变成当地人口中的山羊山和奶牛场，用来放牧奶牛、山羊、绵羊和猪，这能让我们感受到罗马建筑的凄凉状况了。

---

[1] 赫尔墨斯是古希腊信使之神，被讹传为摩西死后不久的古埃及智者（当时的学者认为这些"赫耳墨斯"作品来自 100—300 年的一个无名希腊作家团体）。

尽管到处都是脏乱差，但罗马仍是许多朝圣者的热门目的地，他们带着一本名为《罗马传奇》(*Mirabilia urbis Romae*)的旅游指南来参观这座城市。然而，吸引这些旅行者的大都是宗教遗物，比如圣托马斯在格鲁萨莱姆的圣十字教堂留下的断指、圣母马利亚的母亲圣安妮的手臂，或圣保罗教堂保存的皈依基督的撒马利亚女人的头。布鲁内莱斯基和多纳泰罗不在这些虔诚的人群之列，这一事实一定让罗马人感到非常困惑：这两个人在罗马废墟中徘徊什么？他们无休止地挖掘是在寻找什么？也许，人们认为他们是寻宝者，寻找金币或其他来自过去的珍贵物品。迷信告诉他们，必须不惜一切代价回避这样的人：扰乱异教的灵魂是一种冒险，没有人愿意成为其中的一部分。他们几乎不知道，正是这种行为激发了大师的杰作，从而引发了被称为文艺复兴的伟大艺术革命。

　　布鲁内莱斯基的这次罗马之行发生在他输给洛伦佐·吉贝尔蒂之后，后者赢得了佛罗伦萨组织的一场比赛，获胜者有资格装饰洗礼堂的青铜门。吉贝尔蒂获胜后继续设计了宏伟的大门，米开朗琪罗将其誉为"天堂之门"，这让布鲁内莱斯基深感遗憾，但当他后来被邀请设计圣母百花大教堂穹顶时，最终证明了自己。1434年，布鲁内莱斯基完成了这项惊人的任务，他将罗马万神殿作为灵感来源。他所设计的穹顶被设计成一个由砖石构成的坚固框架，支撑着双层的外壳，位于八角形内室上方。华丽的巨型穹顶举重若轻地覆在圣母百花大教堂的上空，被誉为世界一大奇迹，注定在未来几个世纪里激励着大量的建筑师。接下来几年，米开朗琪罗规划罗马圣彼得大教堂的穹顶时，致敬了布鲁内莱斯基的杰作，他说："我会做一个更大的穹顶，但不会比他的穹顶更美。"

　　　　　　　　　　　　　　　　　　　　　　　　　　认识自我

布鲁内莱斯基创作的圣马利亚教堂穹顶，1434

　　布鲁内莱斯基也因对线性透视法的研究而闻名。如我们所见，由于中世纪艺术家普遍倾向于表现上帝的无限性而非人的相对性，因此他们有意识地忽视三维空间结构，而去想象神性的抽象和逻辑，将其看成不同于物质世界的存在。布鲁内莱斯基彻底颠覆了这种光学手法和思考视角，发展了重要的数学和几何原则，促使文艺复兴画家优先考虑人类主体视角的消失点，使人类再次成为衡量万物之尺。

　　像多纳泰罗所做的一样，古典的遗产被转化为一种充满活力的现实主义，一种带有永恒的革命性雕塑艺术。例如，我们在《圣经》人物哈巴谷的青铜像上能看出一些端倪，当地人称它为"大头像"（Zuccone），放置在乔托钟楼顶部的壁龛里。与哥特式艺术家眼中《圣经》人物带有的理想化平静大不一样，多纳泰罗的哈巴谷被赋予了一种现实主义：一

左图：多纳泰罗塑造的《圣经》人物哈巴谷，俗称"大头像"
右图：多纳泰罗塑造的瘦弱的抹大拉的马利亚

个奇形怪状的大脑袋上长着一张糙脸，壮硕的身躯上披着一件变形的斗篷，一点儿不像个先知，反而更像个无所畏惧的罗马议员，投身于混乱的世界。在对现实主义的追求中，熟练了各种材料（灰泥、大理石、青

认识自我

铜、木材）用法的多纳泰罗，以前所未有的方式传达了充满戏剧性的人类生活。他为锡耶纳大教堂设计的施洗者约翰铜像和忏悔者抹大拉的马利亚瘦骨嶙峋的木雕塑，作为一个中世纪的传说，坚定地在荒野和孤独中寻求救赎。

这样一位伟人，最终将雕塑从陪衬地位中解放出来，这倒也十分恰当。在一千多年里，雕塑一直被视为宗教建筑的附庸。除了军事领袖加塔梅拉塔的青铜骑马像外，多纳泰罗在教堂背景外构想的第一座雕塑是著名的《大卫》——罗马帝国灭亡后西方重新出现的第一座独立圆雕。

它很可能是美第奇为其宅邸庭院设计的，它把年轻的牧羊人大卫描绘成一个裸体少年，骄傲地脚踩巨人哥利亚的头颅，据

多纳泰罗的青铜大卫像，是罗马帝国解体后西方第一座独立青铜圆雕

《圣经》记载，他是在以色列人与非利士人的战争中令人闻风丧胆的战士，最后被大卫用绳索、飞石打死。大卫的雕塑散发出强烈的情色感，更显眼的是哥利亚头盔上的长羽，似乎触碰着男孩右腿内侧，并指向他

的腹股沟。在这幅画中，没有任何虚幻和宗教元素：多纳泰罗彻底切断了与宗教传统的联系，不仅赋予雕塑脱离宗教背景的自主权，而且使身体的感官和纯粹的现实，成为真正值得欣赏、赞美的艺术主题。

正如上面所提到的作品，激发布鲁内莱斯基和多纳泰罗的不是复制古物，而是将它们作为全新的创作灵感。彼得拉克也提倡这一原则，他说文化不是枯燥的知识，而是基于一种新旧交融的综合理念，一种积极的同化。彼得拉克将其比喻为蜜蜂穿梭于不同的美丽花朵，然后酿成自己独特的蜂蜜。

正如布鲁内莱斯基在建筑领域和多纳泰罗在雕塑上的贡献，乔托之后第一个以独特的方式诠释古典主义的画家是马萨乔，他 26 岁英年早逝，有两幅画作流传后世：其一是新圣母马利亚教堂的壁画《圣三位一体》，它给同时代的人留下了深刻印象，其娴熟地运用了透视法（稍后讨论）；其二是他为佛罗伦萨的卡尔米内圣母大殿的布兰卡奇教堂创作的浮雕壁画。马萨乔的独特个人风格，可以在名为《缴纳税银》的局部场景中看到。

马萨乔的《缴纳税银》，位于佛罗伦萨的布兰卡奇教堂

认识自我

这一场景生动地描绘了《马太福音》中的故事：一个税吏阻止基督及其门徒向国家要钱。这一系列精心编排的手势、动作和表情，都是由坚固的浮雕塑像表现的，传达了故事中所描述的多种思想和情感——自信、惊讶、犹豫和愤怒——都围绕着基督的平静，基督告诉彼得，去湖边钓鱼，在鱼嘴里找一枚硬币（彼得听从了基督的命令，在图后面可以看到）。空间的纵深显示了马萨乔对透视法的熟练运用，增强了画面表现的真实性，比如画家所突出的自然光（自然光早已被艺术家遗弃了一千多年），透过地面上的长长投影，表达寒冷冬日的午后。

　　马萨乔运用高超的技巧来突出基督的人性，将他融于一个彻底现实的场景，这一点受到了当时观众的一致赞扬。这些美誉一定让丝绸商人费利斯·布兰卡奇十分得意，他是这幅作品的赞助人之一，和其他商人一样，不仅是出于宗教目的，也是为了提高俗世地位。他想要表达，金钱和成功丝毫没能削弱他对公民的社会责任感。布兰卡奇为这幅画选择的金钱主题，本身就是在对市民使眼色，在对米兰战争带来的巨大财政压力下，他们一直在讨论提高税额的问题，而布兰卡奇一方面炫耀自己的公民美德，另一方面在积极地征税。

　　马萨乔利用宗教主题掩饰世俗意图的做法，也出现在他的老师马萨里诺的作品中。他的画也出现在同一座教堂里。其中，有一个著名的场景，它把《新约》《旧约》中分别叙述的两个事件融为一体：圣彼得奇迹般地复活了塔比瑟，同时治愈了一个瘸子。

　　连接两个场景的背景，被他描绘成一座阳光普照的广场，两边是一组优雅的粉彩房屋，属于典型的 15 世纪佛罗伦萨的生活贸易场景。马萨乔和马萨里诺把《圣经》场景放在熟悉的时代背景下，源于几位 15 世纪艺术家——如扬·范艾克、罗吉尔·范德韦登和罗伯特·坎宾——在

上图：马索里诺描绘的
圣彼得引发的双重奇迹

左图：画面局部的两个
男人正在交谈

认识自我

布鲁日、根特和布鲁塞尔带动的潮流。同样，马萨里诺在这幅画中也钟情于日常生活细节：从挂在窗外的毯子上掸去的灰尘，到花盆、鸟笼，还有从异国他乡带来的猴子。在那个美丽的早晨，人们在城市街道上做生意，使平静的日常生活更加鲜活。画面中最重要的、最中间的两个男人，他们穿戴着文艺复兴时期华丽的衣帽，专注于交谈，丝毫没有注意到圣彼得在他们旁边引发的奇迹。观众的感觉是：这仿佛是两个完全不相关的世界：世俗世界和平行的宗教精神世界。我们该如何解释画家这种神秘的选择？要解开谜底，就要把这座城市的繁华和这两个神圣奇迹进行对比：残疾男子和死去的女人回到了健康的生活，很可能是对佛罗伦萨城一种巧妙的间接赞美，赞美佛罗伦萨城在商业活动中复活，并获得了空前的辉煌和繁荣。

借用宗教主题赞美世俗的成就，这种胆量在著名画家让蒂尔·达·法布里亚诺的作品中达到新高。他受美第奇家族的劲敌、银行家帕拉·斯特罗齐的委托创作一幅名为《东方三博士的崇拜》(*The Adoration of the Magi*)的祭坛画，陈列于佛罗伦萨的圣三一圣器馆。

在这幅画中，最特别的是在场景中描绘艺术品的赞助商。在中世纪的鼎盛期，把赞助人放在宗教组画中已经成为一种惯例。但必须遵守两条严格的规则：相对于宗教人物只能居于次要位置，而且必须对神圣事件表现出谦卑和尊重的神态。令这幅画与众不同的是，法布里亚诺几乎是狂妄地把斯特罗齐家族成员画得和东方三博士一样大，还把他们放在三位国王旁边的最重要位置。在他们身后是一群穿着得体之人，代表着斯特罗齐的豪华随从队伍。

但画中还有更多含义：根据基督教传统，圣母和圣子的地位最特殊，任何人物或事件都不能居于其上。法布里亚诺刚开始似乎遵守这一

法布里亚诺的祭坛画《东方三博士的崇拜》，位于佛罗伦萨的圣三一教堂

规则，把耶稣降生的场景作为长长的游行队伍的终点。但最后我们会发现，只要多看一会儿，活跃的人群、五颜六色的服装、异国猴子、猎鹰、躁动的马和纯种狗，就会不断地把我们的目光从对那神圣场景的沉思中拉走。我们的注意力似乎也被画中的各色人物所吸引：除了帕拉·斯特罗齐（从他左臂上的猎鹰可以认出他），他身边的人物没有一个在关注耶稣降生。即使是马槽顶上发光的伯利恒之星也无法吸引他们：他们兴奋地参加狩猎日活动，活动结束后，人们互相对视仿佛在分享经历，或者仅仅是惊讶于两只鸟儿在他们头顶上打架。他们的眼神游移不定，就是没在看婴儿耶稣。在不够宽容的年代，这种不敬会被教会斥为严重的亵渎，引来地狱之火的焚烧。

　　尽管阿尔伯蒂和费奇诺这样的道德家认为美德才是人类欣赏美的动因，但富裕的佛罗伦萨人消费艺术品的动力总是时间和政治因素。要证

　　　　　　　　　　　　　　　　　　　　　　　认识自我

明这一点，只要看看贝诺佐·戈佐利在美第奇宅邸的小教堂里绘制的壁画就知道了。

壁画的创作动机是几十年前的一件事：1438—1439 年，佛罗伦萨会议召开，试图调和东西方教会的矛盾。科西莫因为有些声望，因此把议会从费拉拉搬到了佛罗伦萨，在那里，他慷慨地招待了各界名流，包括拜占庭皇帝和君士坦丁堡的元老们。议会未能达到预期目的，没有使美第奇家族破灭：他们希望曝光和洗脱恶名，在这个意义上说，议会对他们无疑是巨大的成功。出于此，他们选择了一个宏大的艺术主题来纪念这一事件：东方三博士的伯利恒之旅，和法布里亚诺祭坛画一样。人们怀疑，这一选择也可能是试图凌驾于对手斯特罗齐家族，证据是源于这一作品规模宏大，覆盖了沿着教堂的整整三面墙，抑或是，美第奇家族选择在画中以东方三博士的形象出现。这一大胆选择的动机仍是财富：美第奇家族认为有权与东方三博士相提并论，因为他们组织了佛罗伦萨会议，对基督教世界贡献很大。当然，还有另一层意思：在佛罗伦萨的富人中，没有谁比伟大的美第奇家族更配得上上帝的赞许和认可了。

在戈佐利的壁画中，最引人注目的人物是年轻的洛伦佐·美第奇，他戴着饰有宝石和金色穗子的皇家头巾。在他身后一片色彩斑斓、童话般美丽的风景中，我们看到了他的父亲皮耶罗和祖父科西莫。在美第奇、东方三博士之后，长长的庄严队列包括衣着华丽的贵族、大官、宫廷内臣、乡绅和侍从。在长长的队伍中，我们看到了东罗马帝国皇帝约翰八世和君士坦丁堡的元老们。其他名人还有意大利人文主义者费奇诺和克里斯托弗·兰迪诺，还有画家本人，他戴的红帽子上绣着自己的名字。戈佐利敢把自己放在画作里，揭示了艺术家刚刚获得的自我意识，尤其是，他们意识到自己在维护掌权者的荣誉是如此重要。

不久，许多艺术家开始纷纷效仿。其中最典型的是桑德罗·波提切利后来的一幅画，即作于 1476 年的《东方三博士的皈依》（*The Adtribute of The Magi*），同样是为了致敬美第奇家族（在画面中，科西莫跪在圣母面前，他的两个儿子皮耶罗和小乔瓦尼也被画成东方三博士，而他的孙子朱利亚诺和洛伦佐则在人群中见证一切）。波提切利本人在画作中直视观众时所表现出的高傲，传达了意大利艺术家此时所拥有的自豪感。

戈佐利为美第奇宫小教堂所作的壁画（约 1459—1461 年）

认识自我

毫无疑问，戈佐利的壁画在美学上相当伟大，但美第奇家族利用宗教象征来提高自己的政治权力，只能体现他们惊人的傲慢。科西莫到底怎么了？他不是一辈子都在小心地避免一切炫耀吗？面对这个令人费解的问题，许多学者得出结论：科西莫只是监督了这部作品的开头，而他的儿子皮耶罗（绰号"痛风者"）

上图：波提切利的画作《东方三博士的皈依》（1476）
下图：艺术家本人出现在画面边缘

后来被权力的浮夸、华丽所吸引，后面都是他监督完成的。科西莫还是唯一一个骑着棕毛骡子的人，没有骑马（很明显是暗指基督，他进入耶路撒冷时就是骑着骡子），这可能是皮耶罗在致敬父亲的谦卑、低调，但他自己一点儿也没学到。

关于教堂的最后一件事：当我们走进教堂，这些令人眼花缭乱的美丽画作让人难以忘怀，以至于我们很容易忘记构图中少了最重要的《圣经》场景——耶稣诞生。菲利波·利比曾在圣坛上方画过一幅小画，补充这一细节，但几乎是事后才想起来的，很容易被忽略。这表明，虽然中世纪弥漫着对灵魂不朽的渴望，但文艺复兴时期的大多数富人真正渴望的还是名望、掌声和认可。

尽管如此，还是有一些纯粹灵性的表达仍然存在。那些使用艺术作为宗教工具的人还包括西蒙尼·马提尼，他是锡耶纳居民和工匠，仍然依赖拜占庭风格和技术，画面缺乏动态、透视和自然光。在佛罗伦萨，宗教绘画也有一个代言人——弗拉·安吉利科，他用宏伟的神秘幻象装饰了圣马可修道院的修士房间。

菲利波·利比的画作也出现在贝诺佐·戈佐利设计的教堂里，但他的性格与虔诚的安吉利科完全不同。菲利波在很小的时候就失去了父母，被送进了一所修道院，16 岁的时候就成了修士。他是一个伟大的画家，但也是个反复无常之人，常常不能完成本职工作。科西莫经常把他锁在房间里，逼着他创作，但菲利波经常跳窗逃走。最后，他因为爱上了一个修女被指控不道德，他从修道院绑架了她。他为圣母马利亚创作的许多画像都带有那个修女的特征。我们将会看到，多明我牧师萨伏那洛拉严厉地谴责了这些亵渎行为，称其是对基督教精神的极大冒犯。

　　　　　　　　　　　　　　　　　　　认识自我

伟大的洛伦佐及其宫廷

科西莫死后，皮耶罗接管政权，但 5 年后就去世了，留下 20 岁的儿子洛伦佐掌管家族生意。据同辈人说，尽管洛伦佐缺乏科西莫那样的赚钱本事，但他肯定有他祖父那样的能力，能巧妙地操纵政治。和科西莫一样，他以谨慎方式获取权力，为确保自己得到多数成员的支持，他操纵了 balia 议会（"七十人议会"，创立于 1480 年，是一个永久议会机构）的决议。

洛伦佐统治下的城市繁荣和秩序至少在短时间内平息了党争：只要贸易和货币能继续自由流通，人民就会满足，哪怕代价是失去自由。洛伦佐将佛罗伦萨变成一座充满光明、优雅、欢乐和娱乐的首都，并利用这一点，进一步美化了仁慈的面具，使美第奇在政治舞台上如此得心应手。16 世纪历史学家弗朗西斯科·圭恰迪尼写道："如果佛罗伦萨必须有一个暴君，那么没有比他更适合的了。"

洛伦佐是个聪明、有教养的人。年幼时就掌握了拉丁语和希腊语。他喜好欣赏艺术、文学和哲学，身边净是大学者和艺术家。除了敬业、严肃的一面外，洛伦佐也是一个乐观的人，喜欢生活中的轻松愉悦。在他的主导下，壮观的比赛、华丽的游行、奢华的狂欢节和异想天开的化装舞会成为这座城市的标志，以及各种艺术形式——包括文学、诗歌、绘画、雕塑和建筑——中的辉煌成就。洛伦佐为这座城市带来了如此多的活力和声望，为了表示感激和认可，洛伦佐被城市授予了"伟大的"（il Magnifico）这一称号。但是，正如洛伦佐在一首诗中所写的："未来往往会迎来迷人的春季无法预见的灾难。"

对洛伦佐来说，这种难以预测的现实遭遇，来自竞争对手帕齐家族与教皇西斯都四世的合谋（西斯都四世出身方济各会，他直接违背了苦行寡欲的誓言，而去支持宗教裁判所，搞裙带关系，是个无耻的政客）。1478 年复活节，当洛伦佐和弟弟朱利亚诺在大教堂参加弥撒时遭遇刺客。洛伦佐得以逃脱，但年轻的朱利亚诺未能幸免。洛伦佐展开了迅猛如雷的报复行动，立刻逮捕了阴谋者并处以极刑，将尸体悬挂在巴杰罗宫窗外长达几天，以警告其他躲在暗处的阴谋家。在被处决的名单上，比萨大主教赫然在列，教皇震惊，将洛伦佐逐出教会，并中止了与美第奇银行的业务往来。洛伦佐何等精明，必定不会让紧张的局势持续太久：他用他祖父那样娴熟的外交手段，最终与教皇重修旧好，并与米兰和那不勒斯等其他大城市维持着微妙的势力平衡。

洛伦佐有这么多种人格——政治家、暴君、战士、外交家、学者、诗人和艺术爱好者——竟然能完美地共存。更让人难以置信的是，在众多令人唾弃的暴力事件中，下令洗劫沃尔泰拉的正是曾在诗歌集中细致赞誉爱与美的诗人。在这样一个多面人的领导下，佛罗伦萨仿佛变成了一个"贵族"，它身上散发着一种光彩夺目、魅力四射的光环，甚至会吸引那些失去自主权和独立尊严的意大利人。

在洛伦佐的牵线下，美第奇宫廷成了吉兰达约、波提切利、皮耶罗、安东尼奥·波莱奥洛、安德烈·德尔·韦罗基奥、达·芬奇和米开朗琪罗等艺术家，路易吉·浦尔契、波利齐亚诺等作家，还有费奇诺、皮科·德拉·米兰多拉哲学家集会的场所。

浦尔契和波利齐亚诺都是洛伦佐的朋友和座上宾，但他们在品位、风格和个性上相差很大。浦尔契的诗歌代表作《摩根特》（*Morgante*），旨在讽刺骑士精神，而身为古典学者的波利齐亚诺则将一腔浪漫倾注于抒情诗，直接致敬彼得拉克优雅细腻的风格。他最著名的一首诗《马上

认识自我

比武的朱里亚诺·美第奇》，是为圣十字广场上举行的竞赛而写的，以纪念洛伦佐的弟弟朱利亚诺。全篇虽用意大利语写成，却充斥着异教和古典的引用，以朱利亚诺之死作为结尾。

波利齐亚诺是洛伦佐在诗歌和文学上的导师，而费奇诺激发了洛伦佐对柏拉图哲学的热情，他的思想深度（费奇诺的柏拉图学院是洛伦佐的祖父科西莫创办的），似乎与基督教的原则不谋而合。理查德·塔纳斯写道："接触柏拉图在费奇诺身上产生的最神奇效应，就是让他认识到，从历史之初开始，人类的一个主要特质就是对智慧与心灵完美的探求。"这一认识使费奇诺相信，基督教与它之前的所有伟大传统，从古埃及的诠释学到犹太卡巴拉（一种诠释《希伯来圣经》的古老神秘学）都有思想渊源，还吸收了毕达哥拉斯、柏拉图和大部分新柏拉图哲学家的智慧成果。学者查尔斯·诺尔特写道，据费奇诺所述，"这些古代圣贤都受到了神的启发。他们的使命就是教会人民精神可以超越物质，让整个世界为基督教信仰做好准备"。[1]

据费奇诺所述，世界是一个生命体，受到"来自上帝的神圣影响，穿透天空，从元素中降落，并在物质中走向终结"思想的激发。被上帝放在那令人敬畏的生命等级中心的人，被赋予了自由选择他想要成为的对象的自由：要么被困在动物的水平上，要么超越物质性而跟随神圣创造力的内在火花，这使他达到了本性所能达到的惊人高度。文艺复兴时期如此热衷于艺术之美的奉献精神，也是一种赞美上帝赋予他最喜欢的

---

[1] 有趣的是，文艺复兴时期对过去各种理论和传统的普遍热情也导致了对那些没有任何真正的实验有效性的学科的支持，比如神秘主义、占星术、占卜术、魔法和炼金术。费奇诺对魔法、神秘主义、神谕和咒语的迷恋，也被持怀疑态度的马基雅维利（我们稍后将详细讨论他）认同，尽管他有唯物主义的观点，但他经常把神童和预言与实际的历史事件联系起来。

生物——人类，作为共同创造者角色的方式。

　　除了费奇诺，洛伦佐身边的另一位重要学者是乔瓦尼·米兰多拉，他因博大精深、兼收并蓄的文化素养而闻名，还精通多种语言，包括希腊语、拉丁语、希伯来语、阿拉伯语和亚拉姆语。皮科和费奇诺一样，相信所有知识都是交织的，他提出了一种基督教、希腊哲学、犹太卡巴拉、神话与神秘哲学家伪赫耳墨斯、波斯先知琐罗亚斯德教诲的综合体。皮科将这种复杂的混合体描述为不同的光照阶段：古代智者所说的与基督教是一致的，因为基督教表达了一种普遍的灵魂，这种灵魂渗透并规范了整个造物。学者亚瑟·赫尔曼在《洞穴与光明》(*The Cave and the Light*) 一书中写道："皮科令人震惊的兴趣范围和他取之不尽的学术精力都是为了完成一项任务。这是为了证明所有的宗教和哲学，无论是古代的还是现代的，无论是异教徒还是基督徒，实际上都形成了单一的知识体 (single body of knowledge)。"

　　中世纪把人类看作一种因原罪而伤痕累累的弱小生物的观点，使上帝的恩典成为拯救人类的必备条件。在皮科的《关于人的尊严的演讲》(*Oration on the Dignity of Man*) 一文中丝毫没有这种观点。对皮科来说，人是上帝赐予天赋的一种英雄动物，具有智慧和创造力，还有选择自己成为什么样子的绝对自由："噢，人类最高、最奇妙的恩典。对他来说，无论他选择什么、做什么，都是理所当然的。"

　　根据教义，基督的救赎是不可或缺的，然而皮科选择避开了人类堕落的故事，这样想象上帝和亚当的对话："我把你放在世界中心，这样你就能轻松看到世上的一切。我已使你成为非天地、非生死、非永生的受造之物，使你崇高，有能力成为自己的创造者和塑造者，你可以随意地塑造自己。你将有能力退化为低级的生命形式，那是兽性的。你也将有能力，通过你的灵魂的判断，获得重生之力，化为更高形式的生命，那是神圣的。"

为了探索这些思想，皮科提议在罗马举行一次学者的公开聚会。这次雄心勃勃的会议，主要议程是讨论皮科所提出的 900 多个议题，只为找到联系所有哲学和宗教的基本共性。皮科曾希望与同时代的主要学者进行对话，但他最终得到的是教会的否决——他提出的主题有 23 个被归为异端邪说。

费奇诺和皮科的著作引发了各种复杂的讨论，但早期人文主义者满怀热情地希望人们重拾政治理想，这些努力在后来思想界的讨论中大多被忽视了。一些学者认为，美第奇家族故意提倡柏拉图的抽象推理，忽视那些更注重实用主义的哲学。学者查尔斯·G. 诺尔特写道："它迫使受过教育的阶层脱离了公民理想和共和自由。"证据显示，所有关于公民献身公共利益的主题都被排除在艺术之外——在洛伦佐的领导下，确实给人带来了一种审美上的刺激，但在政治上和意识形态上日渐空洞的文化，依然来自典型的宫廷化的品位和风格。

波提切利的名作《维纳斯的诞生》和《春》，最初可能是献给洛伦佐的表兄弟迪皮尔弗兰切斯科·美第奇的，画作表现出的内在矛盾难以掩盖——在被引用的美丽神话吸引后，观众突然开始意识到，在这华丽的外表之下，作者真正想表达的，与其说是心灵主题和柏拉图哲思的虚无缥缈的快乐，倒不如说是歌颂佛罗伦萨的大老板美第奇的伟大。

按神话记载，在克罗诺斯把他父亲乌拉诺斯的生殖器割下来扔进大海后，出现了一股泡沫，从中诞生出了爱神维纳斯。在波提切利的这幅画中，新生的维纳斯被从海上带到一个巨大贝壳上。海风吹开了她身上的薄纱，代表情爱与激情，而仙女冲过去遮掩她的裸体，则代表纯洁的

波提切利的名作《维纳斯的诞生》

波提切利的另一幅名作《春》

认识自我

精神之爱。优雅的人物描绘，缺乏了物质上的一致性（与多纳泰罗或马萨乔的现实主义大有不同），再加上画作中弥漫的梦幻气氛，似乎指向了一种先验的新柏拉图主义维度。但这只是一种表面的假象，由于党派之争和宣传目的，它彻底违背了这幅画所暗示的纯洁和灵性。波提切利不是利用维纳斯的降临宣扬禁欲主义的消亡，而是通过宫廷中常见的夸张奉承来宣告一件事——随着美第奇家族的胜利，佛罗伦萨被赐予了一种柏拉图理念般的高贵纯洁之美。

在波提切利的另一幅名画《春》中，维纳斯又一次被作者置于舞台中央。在她的上方，我们看到丘比特正在飞向三个翩翩起舞的贞洁女神，对她们射箭。当贞洁女神因爱而复苏时，大自然就会让花朵绽放，这是由正在前进的春天女神弗洛拉所表现出来的，她把花撒在她周围。她身后的女神是克洛里斯，据神话记载，她是春风之神泽费罗斯（在她身后的树上）的爱人。在她对面站着信使之神赫尔墨斯，他用手拨开妨碍明亮宁静的云朵。这幅画似乎提出了一个修辞学问题：维纳斯和美惠三女神居住的人间天堂究竟在何处？答案不言而喻："佛罗伦萨。"显然这又是一种谄媚洛伦佐的老练手段。就像柏拉图理想中的"哲学王"一样，据说洛伦佐把佛罗伦萨变成了一座充满美丽与爱的神奇花园。"佛罗伦萨"一词源于意大利语的"盛开"（fiorire），隐含着神话中的重生主题。

这幅画的深奥本质和它所借鉴的异教文化，是为取悦那些能通过破解视觉谜语来炫耀智慧的知识分子群体，并以此确认他们在特权阶层中的优越感。

在几年内，这种宫廷心态在拉斐尔的画作《巴尔达萨·卡斯底格朗肖像》（*Baldassare Castiglione*）上达到了巅峰，这幅画用于装饰乌尔比诺的蒙特费特罗官，那里是文艺复兴时期最活跃的艺术和文化中心之一。1528 年，威尼斯印刷出版商阿尔杜斯·曼纽斯为卡斯底格朗出版了一本《侍臣论》（*Book of the Courtier*）。这是一本朝臣行为规范，指导大臣在复杂的官廷环境中的穿着、交谈和举止。其主要观点是：优雅离不开凝练的智慧，因此朝臣必须首先成为"通才"，即除了擅长体力活动之外，还必须精通希腊语、拉丁语，具备历史、哲学、文学、音乐、绘画、雕塑和建筑知识。朝臣应当时刻展现文化素养和机智的、毫不费力的作风，他称其为"潇洒"（sprezzatura）。卡斯蒂格利奥这本书有个很有趣的地方，是对朝廷命妇的定位。根据他的观点，受过教育的朝廷命妇应当是朝臣的伴侣，在智力才能上和男人平起平坐。也就是说，文艺复兴时期逐渐成熟的个性意识不应被错误理解——"尊重自己"，不等于追求纯粹自由独立的个性，而是渴望成为官廷所代表的高度排他性的宇宙的一部分。

在探讨文艺复兴时期的伟大艺术家时，也应该采取类似的谨慎态度，正如前面提到的，这些才华横溢的艺术家不是完全自由的创作者，其作品都是为他们慷慨的金主服务的。

与波提切利不一样，另一位美第奇赞助的著名画家吉兰达约可以提供一个很好的反面例子，即他为佛罗伦萨圣三一教堂的萨塞蒂家族礼拜堂创作的壁画。这所教堂是献给圣方济各的。

画中描绘了由教皇洪诺留三世对圣方济各教派的认可（很奇怪，这位苦行修士竟然是银行家最喜欢的圣人）。萨塞蒂本人曾在美第奇银行担任要职，他站在右侧，看着他的老板洛伦佐和另一位亲友安东尼奥·普奇。萨塞蒂旁边是他的小儿子，三个大儿子穿着红衣服站在左侧。壁画最有趣的地方是背景——佛罗伦萨的象征领主广场。去过佛罗伦萨的游客都能一眼认出，广场一侧是韦奇奥官，另一侧是佣兵凉廊。

吉兰达约所绘的《承认方济各会》，位于佛罗伦萨圣三一教堂的萨塞蒂礼拜堂

靠近观众一侧的拱门是马克森提乌斯和君士坦丁在罗马建造的和平神庙的大拱门。众所周知，圣方济各是在罗马会见的教皇，而不是佛罗伦萨，梵蒂冈承认他教义的仪式，当然不会发生在罗马的异教遗址中。那么，为什么会出现如此多违背事实的场景？主要原因应该是创作者想把佛罗伦萨升格成"新罗马"，洛伦佐则是新的罗马统治者，这座城市才是昔日罗马传奇的继承者。画中之所以涉及罗马和平神庙，是为了佛罗伦萨和罗马的关系因帕齐阴谋而破裂后重归和平。安东尼奥·普奇站在洛伦佐身边，他正是推动教皇和美第奇联手的中间人。被压缩在同一个场景中的复杂含义令人难以置信——世俗和宗教符号被重新组合，以表达对美第奇的殷勤赞美，但从结果来看，美第奇与圣方济各及其教会最终没产生任何联系，世俗的野心无疑战胜了神秘和圣洁。

幻想破灭与犬儒云集

1492 年洛伦佐逝世，年仅 43 岁，美第奇家族的黄金时代就此结束。两年后，他的继任者皮耶罗发现自己面临着一个巨大的威胁——法国查理八世的后裔入侵意大利，夺回了 1435 年西班牙东部的阿拉贡家族从法国安茹家族手中夺走的那不勒斯王国。

由于怀疑查理的扩张意图，皮耶罗试图通过向查理献上萨尔扎纳、比萨和利沃诺等城市来博得法国国王的宽恕。皮耶罗的懦弱激怒了佛罗伦萨人，他们将他驱逐出城，恢复了共和国制度。随之而来的混乱，促进了圣马可修道院的多明我会士吉拉莫·萨伏那洛拉的崛起，他一直在布道中鼓吹末日论，向佛罗伦萨人灌输恐惧，他谴责人民的道德堕落，保证上帝很快会惩罚这座堕落的罪恶之城。查理八世的入侵，被许多人解读为萨伏那洛拉预言成真。在萨伏那洛拉激烈话语的煽动下，一种罪恶、恐惧和迷信的混合物达到燃点，一触即发，给了清教徒异常狂热的思想以可乘之机。

讽刺的是，来自费拉拉的萨伏那洛拉，最初是应洛伦佐之邀来佛罗伦萨的，哲学家皮科·德拉·米兰多拉也曾建议他去，因为他也欣赏神父炽热的信仰和有力的言辞。一到佛罗伦萨，萨伏那洛拉就当上了圣马可修道院的院长。洛伦佐很快就惊讶地发现，萨伏那洛拉用尖刻的言辞谴责他追求艺术、美和各种智慧的幻想。为了安抚这个一脸严肃的修士，洛伦佐经常给圣马可修道院送礼物，但他的努力收获的却是对方的愤怒和轻蔑的拒绝。洛伦佐虽然表面上是个基督徒，但萨伏那洛拉一定拨动了他心底的信仰之弦：当洛伦佐突然病倒，躺在床上奄奄一息时，他要求严厉的批评家为他举行最后的赎罪仪式。据当时在场的波利齐亚诺说，萨伏那洛拉赦免了洛伦佐，条件是他必须为自己的罪行忏悔，并承诺一旦康复，他将改变自己的生活。萨伏那洛拉的传记作者维拉里给出了一个不太温柔的版本，据他说，萨伏那洛拉要求洛伦佐恢复佛罗伦萨的自由。洛伦佐拒绝这样做，因此萨伏那洛拉也拒绝赦免他。

对罪恶的过分关注，使萨伏那洛拉变成了一个专注囚禁、用刑的"佛罗伦萨恐怖分子"，但也不是他说的每一句话都很极端或狂妄。例如，宗教艺术沦为权力的装饰品，似乎让他感到冒犯，但在一个虔诚信徒看来倒也合情合理。正如我们所见，除美第奇以外，许多佛罗伦萨富商用宗教象征作为炫耀个人荣誉的资本。富商乔瓦尼·鲁切莱赞助了由阿尔伯蒂设计的新圣马利亚教堂辉煌的大理石外立面，他毫不犹豫地将自己的名字用粗体大字刻在了教堂顶上的基督太阳符号的正下方。即使今天我们已经习惯了城市里富豪们自我标榜的广告轰炸，但鲁切莱的自大还是让人大跌眼镜。同样地，吉兰达约在洛伦佐的舅舅乔瓦尼·托纳布奥尼赞助下创作的圣母主题壁画中，借用了洛伦佐的母亲卢克莱齐亚的形象（壁画也位于新圣母马利亚教堂），此外，他还将其他佛罗伦萨贵族的面貌赋予《圣经》人物。萨伏那洛拉反对这些过分的行为，这可以理解，但无法接受他煽动追随者制造了臭名昭著的"虚荣之火"暴力事件，成堆的书籍、艺术品、奇装异服、化妆品和各种奢侈品都被他集中焚毁。当萨伏那洛拉的矛头转向梵蒂冈时，教廷腐败已经在亚历山大六世的统治下达到了顶峰。面对萨伏那洛拉的指控，教皇立即想将他逐出教会，并斥其为异端。势头正盛的萨伏那洛拉丝毫没有受影响，继续抨击那些以邪恶堕落玷污纯洁信仰的人。很多人被他激烈的言辞所震慑，包括宫廷画家桑德罗·波提切利，他深感内疚，突然开始痛批以前的作品，并宣布彻底献身虔诚的艺术。这场精神领域的艺术革命，体现

波提切利的《耶稣的神秘诞生》，宣告他回归虔诚的艺术

　　　　　　　　　　　　　　　　　　　　　认识自我

在他的画作《神秘的耶稣诞生》(*Mystic Nativity*)，画面中，一群美丽的天使在圣洁的光环中和谐地歌唱、起舞。

佛罗伦萨人最终厌倦了萨伏那洛拉鼓吹的厄运和黑暗，于 1498 年 5 月 23 日将他绞死，并将他的尸体一把火烧成灰。行刑地点就在他的"虚荣之火"曾熊熊燃烧的地方。也许萨伏那洛拉留给后世的最大遗产，就是为马丁·路德的新教改革留下了火种，马丁·路德十分崇拜这位先知式的牧师，尊称他为"圣人"。

萨伏那洛拉死后的权力斗争使佛罗伦萨陷于无政府的边缘。为了防止最坏的情况发生，上层贵族们选举出温和的皮耶罗·索代里尼担任共和国首席保安官。索代里尼的智囊团中有尼科洛·马基雅维利，他主要负责几个外交使团，还组织了一支民兵队，不是雇佣军，而是从公民中挑选的——他一直强调这对共和国的国防至关重要。

马基雅维利的生活在 1512 年急转直下，当时，重掌佛罗伦萨的美第奇家族指责他怀有阴谋，并剥夺了他的公职。在遭受监禁和酷刑之后，马基雅维利被迫隐居在远离佛罗伦萨的乡间别墅。尽管写了许多上诉书，但是马基雅维利再也无法重获美第奇家族的信任与宽恕。在一封写给朋友的信件中，他坦承唯一的慰藉就是读几本古典作家的作品。和彼得拉克一样，他每天与古典作家进行心灵对话。他写道："黄昏时，我回到家，走进书房，脱下土气的衣服和沾满污泥的靴子，换上宫廷服装。我就这样穿戴整齐，走进古人们的宫廷，受到他们的热烈欢迎，我一边吃着家常便饭，一边与他们交谈，询问他们行为的动机，我并不觉得羞愧。这些古人满怀仁慈地回应我。在这四个小时里，我并不觉得疲倦，不烦恼、不怕困苦，也不再惧怕死亡，我全身心地投入其中。"

正是在那段艰难的岁月中，马基雅维利写下了两部巨著：一本是《论李维》(*Discourses on the First Ten Books of Titus Livius*)，他在其中赞扬了共和国的价值；另一本是《君主论》(*The Prince*)，一本关于君主确立绝对专制权威的指南，与当时的主流学术背道而驰。《君主论》中包含的犬儒主义观点令一代代学者感到困惑：是什么促使马基雅维利去赞美一种与他毕生支持的共和国理想相悖的制度？由于马基雅维利从未直接回应，因而引发了各种猜测：第一种观点是，《君主论》的理论仅仅是他讨好美第奇家族的产物；第二种观点则强调作者的爱国情怀。由于法国的入侵，马基雅维利得出一个结论：如果意大利不统一国家，它将屈服于外国的铁蹄，他希望与《君主论》一起等待一个强大领袖的到来，将意大利所有城邦归于一人统治之下，就像其他欧洲君主那样；第三种观点认为，马基雅维利在年轻时曾三次目睹佛罗伦萨政府垮台，彻底失望——与其说是对共和国理念本身失去信心，不如说是对同时代的人能否维持一个基于无私和协作的政体感到怀疑。在马基雅维利主张政治改革中，专制可能只是在当时强加秩序与和平的过渡步骤，在未来的某一天，佛罗伦萨人会走向成熟，最终获得建立他眼中最完美共和国制度所需的品质。

不可否认，马基雅维利论证的核心是他对人性的深刻感悟。亚里士多德曾说，人类生来就有能力在一个自治的社会中培育正义，其基础便是尊重他人的尊严和自由。马基雅维利在年轻时学到了这一理想，在直面人类邪恶、自私的无数事例后，日渐产生怀疑。他在《君主论》中写道："人类是善变的懦夫，自私、贪婪又善于嫉妒。"这一观念似乎与亚里士多德和所有文艺复兴思想家眼中人的光辉品质相背离，这证明，马基雅维利将世俗进行歪曲后，应用于基督教人性缺陷的观念，他已经开始相信，人本质上是一种堕落的、有缺陷的生物。马基雅维利从历史中得出了一个重大教训：自由和正义的最大敌人不在人之外，而来自人的内在天性。怎么办？马基雅维利太过务实，无法解决这个难题：他的时代要求的答案催得太紧，被滞后的理论研究拖了后腿。

在这种精神下，马基雅维利只得转向他的理想中的完美君主——一个可以通过实际行动来保证社会秩序的人，一个在必要时不惜使用暴力的人。按这种逻辑，马基雅维利建议君主应当是一种"半兽人"，兽的这部分既像狐狸又像狮子。换句话说，人是力量和狡猾的结合体，必要时还得有善意和仁慈的伪装。马基雅维利的理论是：政治的表演总需要一种平衡措施，轮番使用大棒和胡萝卜，他直截了当地承认："征服者在夺取一个国家时，应该考虑到他必须造成的所有附带损害，然后一口气造成所有伤害，一劳永逸。这样就可以安抚人心，在施舍恩惠的同时赢得民众支持。"

在马基雅维利看来，最能体现君主所需要的聪明与残忍相结合的人，就是极端腐败的教皇亚历山大六世的儿子恺撒·博尔吉亚。在父亲的帮助下，恺撒18岁就当上了枢机主教，他曾试图在马尔什和罗马尼亚的领土上为自己建立一个强大的公国。这片领土上一直纷争不断，为了解决这个问题，恺撒派了一个名叫拉米洛·德洛科的铁腕人物进行平乱，他在短时间内用极端的暴力手段恢复了当地秩序。这项恶劣的任务刚一完成，拉米罗就遭到逮捕并被腰斩，博尔吉亚也顺便在民众面前洗白了自己。他把拉米洛的尸体暴露在公共广场上，受到民众的热情欢呼，感谢他把他们从这个魔头手下拯救出来。

根据马基雅维利的评价，这种才思敏捷只能赢得表面的赞赏和尊重。若想在政治舞台上放光芒，人必须抛弃善良和同情心，代之以维护国家安全为目的的残酷计谋。他说得很有道理，但也略显粗暴。马基雅维利眼中的君主美德，是一种硬汉式、独裁般的统治，与基督教所提倡的仁慈原则背道而驰。然而，在马基雅维利看来，君主表面上模仿良好品质，假装尊重宗教，这是明智的做法，因为没什么能比害怕上帝的怪罪更能催促人民奋进的了。当然，自古至今，欺骗和掩饰就始终装点着权力的舞台，但在马基雅维利之前从没有人敢公开承认这一点，更不用说写一本如何合理说谎和欺骗以获得权力的手册了。对他来说，政治就是一项非道德的事业：君主的天职是维护法律和秩序，如果一定要残忍、伪装和操纵，那也没错，因为手段是正当的。

马基雅维利的犬儒作风震惊了他同时代的人，主要原因是他的政治理论驳斥了一种古老的幻想——神圣的宇宙是公正有序、合理组织起来的。对于马基雅维利来说，在一个被剥夺了所有神圣授意宇宙中，只有君主掌握着权力之舵。君主唯一指望的，是他个人的力量和才能，能承受所有势力带来的无情压力，不仅仅是竞争对手，还有变化无常的运气和命运带来的压力，后者被他称为"运势"（fortuna）。

在思考命运的主题时，马基雅维利可能受到了拉丁诗人、伊壁鸠鲁派哲学家卢克莱修的影响，卢克莱修在他的《物性论》（*On the Nature of Things*）一书中写道："掌控命运的是机会，而非某种超自然的神圣计划。"波吉奥·布拉乔里尼和阿尔伯蒂等人文主义者，也曾讨论过命运，但他们的忧郁态度与马基雅维利的激进语调天差地远——后者把命运比作一个必须用武力驯服的婢女："与其谨慎，不如冲动，因为命运是女流之辈，你若想控制她，就必须绑起来鞭打她。"

同一时代还产生了其他哲学，如早期人文主义者的公民乐观主义和弗拉·安吉利科的宗教神秘主义；还有皮科和费奇诺，他们让人类提升到神性的地位；萨伏那洛拉的过分狂热主义，马基雅维利的悲观主义，还有他对人性不抱期待的观点，清晰地反映出了那个时代纷繁复杂的智

认识自我

力画卷。而这个时代的许多思想线索，都离不开他们多种多样、反差巨大的表达方式。

与雅各布·伯克哈特所表达的乐观主义不同，历史学家尤金尼奥·加林生动地描述了始终弥漫于整个文艺复兴时代的阴郁氛围，尤其是当面对那个古老的、安慰人心的信念——宇宙是一个安全有序之所在——逐渐消失时，那个时代所传达出的巨大焦虑。加林写道：

有这样一种写历史的方式，它把人类自由重建自我的过程，描绘成某些辉煌成就的凯旋进军。但如果你仔细阅读那个时代最重要的记录，就会发现……人们并没有看到事情的开头，而仅仅隐约看到了结局。他们看到的结局，夕阳无限好，却已近黄昏。的确，我们经常会看到一些新作品不断诞生。人们确信，人类确实有能力重建自己和整个宇宙。但人们同时也意识到，一个按我们的需求而安排调整的平凡、熟悉的宇宙，早已永远地失去了安稳和宁静。

罗马文艺复兴：荣耀，或者一团乱麻

如我们所知，"巴比伦之囚"的起因是教廷搬到了阿维尼翁，以及教会大分裂（Great Schism），当时，各方势力争夺教会的控制权，教会的声誉摇摇欲坠。十字军东征的失败和某些运动的破坏结果——如约翰·威克里夫和扬·胡斯发起的宗教运动——已经使教会的声望大不如前。许多民众对教廷敛财和腐败行为愤愤不平。

1417 年对教会而言是关键的一年，大分裂终于结束，随着马丁五世

（1417—1431 年在位）当选，罗马教廷在罗马城全面重建，并开展了最终使这座城市再次成为基督教世界中心的工作。

在教廷迁到阿维尼翁的日子里，直属于教会的意大利领土陷入不断的混乱，不是被强人占领，就是被盗贼和土匪骚扰。马丁五世通过积极投身于教皇国家的恢复来解决这个问题。为了达到目的，马丁五世不惜动用了他的贵族身份——意大利中部最大的科隆纳家族——带来的声望和关系，这一举措导致了糟糕的结果：教皇给他的族人提供一些政治便利——"裙带关系"（nepotism）一词由此而来，其来自"侄子"（nephew）一词。

在活跃的教皇生涯中，马丁五世同样关心罗马城衰落的问题。这项任务十分艰巨，因为当时城市的卫生条件糟透了，尤其缺乏淡水（当时，古罗马修建的 12 条渡槽只有一条还能正常运行）。城里的水源只剩下台伯河，许多民房都挤在肮脏的河边——这是个重大的错误，因为频繁的洪水泛滥经常摧毁那些简陋的棚屋，只留下沼泽和污染的烂摊子，老鼠和蚊子肆虐，导致了疾病和死亡。为了筹集大量资金修复破败的城市基础设施，马丁五世在 1423 年举办了一场周年庆典。从许多来到罗马的朝圣者的捐赠中获得的大量钱财，被教会用来修复城市下水道系统，顺便雇用了一批暴徒除掉城市里的盗贼、土匪，还有消灭害虫。这笔钱还被用来修饰重要的教堂，比如拉特朗的圣乔瓦尼教堂，让蒂尔·达·法布里亚诺和皮萨内罗等著名画家的艺术品被用于装饰教堂。

和马丁五世一样，教皇尤金四世（1431—1447 年在位）也曾到访过佛罗伦萨，他对这座城市惊人的美丽赞不绝口。由于他对吉贝尔蒂为洗礼堂大门设计的工艺留下了深刻的印象，因此，一当上教皇，他就立刻聘请佛罗伦萨雕刻家菲拉雷特来铸造圣彼得大教堂的青铜大门。菲拉

认识自我

雷特选择把基督、圣母、彼得和保罗放在希腊和罗马神话人物身边，如朱庇特、伽倪墨得和勒达，这表明艺术家对异教主题的文化热情极度高涨，甚至渗透到作为教会最高象征的大教堂中。

此外，菲拉雷特还构思设计了第一座理想中的文艺复兴城市，并因此而闻名。这座从未被实际建起的城市，名为"斯福尔扎城"，用以纪念米兰公爵弗朗切斯科·斯福尔扎。菲拉雷特的计划吸引了达·芬奇，他同样沉迷于创造一座理想城市的想法。为了纪念从古典时代开始备受赞誉的神圣几何原则，菲拉雷特将斯福尔扎设想成一个内含在完美圆形中的八角星形。英国建筑学家科林·罗和弗雷德·柯特在其合著的《拼贴之城》（*Collage City*）一书中将斯福尔扎城比喻成一座

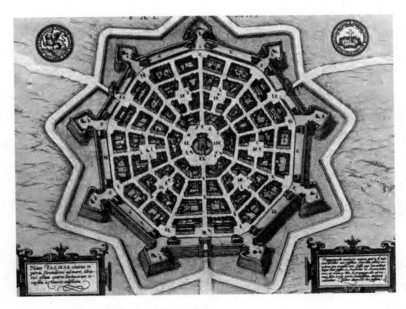

理想的文艺复兴城市斯福尔扎城的规划草图

"理想之城"，十分贴切。他们写道："这座城市的设计结合了《启示录》和柏拉图的《理想国》《蒂迈欧》，再添加了一些对一座新耶路撒冷的展望。"

在政治上，尤金最大胆的行动之一，是下令将马丁五世非法分配给自己族人的土地归还给教会。科隆那家族依然实力强大，令其他贵族望尘莫及，他们对教皇大发雷霆，直接斥责了他。由于担心自己的安全，尤金被迫灰溜溜地乘小船逃离了罗马，冒着敌人对他投掷的石块雨，从台伯河仓皇地顺流而下。逃到佛罗伦萨以后，教皇开始策划一次复仇行动。他雇来帮他实现计划的是一个有名的残忍海盗，平时用抢来的钱养了一支民兵队。此人名叫乔瓦尼·维泰莱斯基，是雷卡纳蒂的主教。血腥的仇杀事件在罗马的晴空下屡见不鲜，如果台伯河有一天干涸，河底一定会露出大量的尸骸——会让人联想到有成千上万的人在这片浑浊的水域失去了生命。罗马人已经变得十分愤世嫉俗，不愿接受这些关于自己城市的丑闻：当维泰莱斯基通过各种残忍的手段恢复城市秩序时，罗马市民请愿在国会大厦前为他竖起一座骑马像。教皇担心个人崇拜会导致又一个敌对势力崛起，于是很快又雇了第二个恶棍谋杀了维泰莱斯基。

教皇尼古拉五世（1447—1455年在位）是继尤金四世之后又一个人文主义者，他坚信应该让哲学与宗教、异教文学与基督教作品、世俗艺术主题与宗教主题相融合。一个困扰他的问题是：如果罗马的外观与其他意大利城市——佛罗伦萨、威尼斯、米兰——引以为傲的鼎盛时期相比黯然失色，它又怎担得起基督教首都的地位呢？对于尼古拉来说，众多文艺复兴时期的教皇跟他一样，更像是世俗的君主，而不是心灵的牧师，眼前的选择也很明朗——作为教皇的城市，罗马值得拥有一种优于

　　　　　　　　　　　　　　认识自我

世界上所有其他城市的宏伟和美丽。

为了筹集必要的建设资金，尼古拉在 1450 年又举办了一次周年庆典。这次成功的活动所带来的巨大收益，立刻被他用来修复罗马的城墙和城门，铺设街道，修复阿夸维金渡槽。他聘请托斯卡纳建筑师贝尔纳多·罗西里诺来改良圣母大殿、拉特朗的圣乔瓦尼宫殿、圣保罗和洛伦佐圣殿教堂，还聘请了建筑师阿尔伯蒂设计新的宫殿、门廊和露天广场。教皇还赞助建造了威尼斯宫（许多人熟悉它，是因为墨索里尼经常站在宫殿露台上对公众演讲）。尼古拉五世聘请的最著名画家有安德烈亚·卡斯坦诺和弗拉·安吉利科。

除了迫切需要修复的圣彼得大教堂之外，尼古拉五世筹划的最雄心勃勃的项目是修建梵蒂冈宫殿，作为教皇的新寓所（但建成前他就去世了，改由下任教皇接手）。传统上，教皇一般住在拉特朗的圣乔瓦尼宫。为了这个项目，尼古拉从罗马斗兽场和马克西穆斯大赛场挖来了 2500 车大理石和石灰岩。这一大胆的举动似乎诡异地违背了尼古拉五世的人文主义倾向。文艺复兴时期流行收集硬币之类的罗马古物，尤其是雕塑，但一谈到罗马建筑，尤其是那些已遭岁月摧残的建筑时，罗马人的态度往往是无所谓，只想着开采石材给新的建筑。例如，为了修复圣母大教堂，人们拆除了无敌太阳神庙，改建成一座小教堂，而西斯廷教堂则是用哈德良陵墓的石材建造的。同样的事情也发生在圣彼得大教堂的建造过程中，它是用罗马各处宫殿中拆下的大理石装饰的。即使是最伟大的古建筑罗马万神殿也难逃一劫——被用来建造圣天使堡的炮台；圣天使堡还有一部分建材来自吉安·洛伦佐·贝尔尼尼为圣彼得大教堂设计的著名石雕穹顶。1625 年，万神殿内装饰门廊顶部的青铜屋顶被整个拆除。当来自巴贝里尼家族的教皇乌尔班八世下令拆除铜件时，罗马市民用一句话讽刺了他："蛮族没做到的，巴贝里尼做到了。"[1]

尼古拉五世一生中的最悲惨的事件发生在 1453 年，当时，曾多次进攻拜占庭的奥斯曼土耳其人终于掌握了中国人在 9 世纪发明的致命混合物——黑火药，炸毁了拜占庭的坚固城墙。土耳其人在掠夺了城市并奴役大部分市民后，还将圣索菲亚大教堂改成了清真寺，来为自己的胜利加冕。

随着繁荣了 1500 年的拜占庭帝国的灭亡，以及基督教世界对穆斯林日益增长的恐惧，恢复基督教首都的权力和荣耀似乎变成了首要任务。教皇尼古拉五世是个知识分子，一个充满激情的文人，对他来说，这一目标还包括对过去伟大遗产的永久保护。于是，尼古拉五世派代表到欧洲各地尽量收集古代手稿，并欢迎大量的希腊难民来到罗马。他们逃离拜占庭，将书籍偷运出被破坏的城市。由于尼古拉五世的贡献，许多卷书被收集起来，形成了梵蒂冈图书馆藏书的基本核心（后来的教皇西斯图四世开始建造图书馆的主体）。

这一时期的另一位著名教皇是皮乌斯二世（1458—1464 年在位），来自显赫的皮科洛米尼家族。他是一个大学问家，对古典文学有着无限的热情，同时也热爱世间一切乐趣。除了留下许多私生子外，他还留下了大量的诗歌、书信和对话。他在回忆录《碑铭经眼录》（*Commentarii*）中采用的浮夸文风，显示出他对华丽辞藻的热爱，尤其是用大量篇幅自我宣传。他称自己为"教会的英雄和运动员"，并将自己描述为在混乱

---

[1] 这句话被张贴在罗马著名的"会说话的雕塑"上，其名为《帕斯奎诺》（*Pasquino*），位于罗马的纳沃纳广场附近。这尊严重受损的雕塑创作于 3 世纪。在 16—19 世纪被用作一种告示牌，罗马人会在上面留言针砭时弊，通常是以诗歌的形式，矛头直接指向教皇、教士和政客。

认识自我

世界上维持秩序的使者。除了爱搞裙带关系外，他和尼古拉五世一样，未能说服意大利和欧洲各国君主联合抗击土耳其人。皮乌斯二世留下的重要遗产还包括他重建了小城皮恩扎（托斯卡纳城市的原点），把这里变成了文艺复兴时期珍贵的艺术珍宝。在他的任期内在托尔法发现了大量明矾——染料业当中固定颜色的重要材料。皮乌斯二世禁止教徒从土耳其进口明矾，这种垄断为教会带来了一大笔收入。

1475 年，在时任教皇西斯图斯四世的领导下，罗马又举行了一次周年庆典。为了纪念这次庆典，教皇下令在台伯河上建了一座桥，这是自罗马帝国时代以来建造的第一座新桥。西斯图斯四世还下令开设了欧洲第一座公共博物馆——卡匹多尔博物馆（Capitoline Museum），在这所艺术殿堂里展示的众多作品中，包括君士坦丁巨型雕塑的头部和手掌（雕塑仅剩的残片）和著名的《拔刺的小男孩》(*Spinario*)——一个小男孩从脚上拔刺的铜像，它激励了许多文艺复兴艺术家。

在这一时期，人们对古典遗物的热情走向狂热，一些人文主义者如朱利奥·蓬尼奥·莱托喜欢在罗马废墟中徘徊、哭泣以悼念历史，他的家里收藏着大量古董，甚至建立了一所学院，学生们可以在其中聚集交谈，假装自己生活在罗马共和国鼎盛期。

正是在这种充满激情的氛围中，一场寻找古代艺术杰作的大型考古运动悄然拉开。主要文物发现包括著名的《望楼的阿波罗》，以及 1506 年出土于罗马葡萄园的《拉奥孔》。当尼禄金宫首次被发掘时，许多人以为它只是一座装饰诡异的"洞穴"（grotte）。米开朗琪罗和拉斐尔曾多次造访此地，用梯子下到洞里研究壁画。后来，许多文艺复兴时期的艺术家都采用了"洞穴"（grottesco）风格，或者说"怪诞"（grotesque）风格。

除了梵蒂冈图书馆，西斯图斯主导的最大项目是西斯廷大教堂，用作教皇的日常活动。来自佩鲁贾的佩鲁吉诺和平图里基奥，是教皇最早聘请来装饰教堂的两位画家。如我们所知，西斯图斯四世被卷入了佛罗伦萨的帕齐阴谋，洛伦佐·美第奇为了修复与教会的关系，也为了讨好手下一些最优秀的艺术家，他把这些人送到罗马为教皇工作。西斯廷教堂下半部分的画作留下了这几位艺术家的名字——桑德罗·波提切利、多梅尼科·吉兰达约、科西莫·罗塞利。

　　西斯图斯的名声也不太好，尤其因为他总是把重要职位留给族人，搞裙带关系。然而，这方面的顶尖高手依然是亚历山大六世，他始终不懈地确保其家人身居高位。亚历山大缺乏信仰，野心勃勃，贪图享乐，政治上的不作为使他成为文艺复兴时期最堕落的教皇。他生了很多孩子，包括前面提到的恺撒·博尔吉亚——他是马基雅维利的君主，也是卢克雷齐娅的哥哥，众所周知，卢克雷齐娅和她的父兄都有不伦关系。亚历山大六世原名罗德里戈·博尔吉亚，1431年生于西班牙萨蒂瓦，年幼时就被他的叔叔、教皇加里斯都三世任命为枢机主教，他扮演的角色是尼古拉五世和皮乌斯二世之间的圣彼得。为了顺利当上教皇，罗德里戈大方地给其他枢机主教塞钱。当他通过贿赂和腐败最终上位时，他选择了马其顿亚历山大大帝的名字作为称号，希望效仿这位英雄王，当然结果名不副实。

　　亚历山大六世即位之后，将"天主教国王"的荣誉称号授予阿拉贡的费迪南德和卡斯蒂利亚的伊莎贝拉——这两位西班牙国王在经历了800年摩尔人占领后，终于攻占了摩尔人最后的堡垒格拉纳达，成功收复失地。当然，这两位国王的另一大成就是赞助了哥伦布的航海活动，后者在1492年发现了美洲。在哥伦布登陆新大陆之前，人们还以为大西洋的边界是悬崖峭壁，据说它会吞没一切敢越雷池一步的航海者。中世纪有一句关于直布罗陀的俗语"Non plus ultra",意为"不可越过此处"。但丁在《神曲》中提到了尤利西斯的隐喻,他越过了海峡上的大力神之柱冒险远航,这次大胆的尝试象征突探索的界限,遵照上帝的旨意探索未知的知识。一些学者认为,大西洋的名字可能源于传说中的亚特兰蒂斯,据柏拉图所说,亚特兰蒂斯的居民因为傲慢而激怒众神,最终被沉入海底。

亚历山大六世正式把发现的美洲土地授予了费迪南德和伊莎贝拉(除了巴西,巴西后来被分给了葡萄牙),得到的回报是从美洲运回西班牙的一整船黄金。这些宝贵的黄金被用来装饰罗马圣母大教堂的穹顶,至今依然可见。

米开朗琪罗第一次来到罗马,也是在亚历山大六世在任期间。米开朗琪罗1475年生于台伯河谷的某个小镇。在很小的时候,家人就把他交给一个奶妈抚养,奶妈是石匠的女儿,其丈夫也是石匠。米开朗琪罗晚年曾写信给友人乔尔乔·瓦萨里说:"乔治,如果说我有什么天赋,那一定是从我出生的阿雷佐镇的一个寒冷地方诞生的,具体就在我用奶妈的乳汁把凿子和锤子画进去的时候。"米开朗琪罗在吉兰达约的画室开启了艺术生涯,在那里,他学习了绘画艺术。但很快,他就明白他真正的爱好不仅仅是画笔和色彩,而是雕塑。众所周知,吉兰达约嫉妒所有可能威胁其艺术声誉的人,他非常高兴地看到这个有才华的年轻男孩离开他的画室去圣马可的美第奇花园,那里除了是一个展示伟大艺术的地方外,还是一所雕塑学校。

不久,米开朗琪罗就引起了洛伦佐的注意,后者一直在寻找新的艺术天才。米开朗琪罗应邀住进美第奇宫的一间客房,当时他只有15岁。米开朗琪罗住在宫里的三年中经常与洛伦佐及其密友共进晚餐——在中世纪,这对于雕刻家或画家来说是难以想象的特权。能接触到哲学家费奇诺和米兰多拉关于智慧的复杂讨论,对于一个好奇的小男孩来说一定是一种难以抗拒的、富于启发的经历。在洛伦佐死后，他的儿子皮耶罗被流放。前面提到，皮耶罗对法国国王查理八世的侵略应对得十分糟糕，而在狂热的萨伏那洛拉上台后，情况又有了变化。年轻的米开朗琪罗嗅到了政治风险，赶快逃离了佛罗伦萨，在博洛尼亚和威尼斯之间游荡了一段日子。在这几年所雕刻的作品中包括《睡着的爱神》，他把丘比特雕刻成 6 岁儿童。这尊雕塑栩栩如生，朋友们甚至建议米开朗琪罗对它进行做旧，假装成古文物真品卖掉。米开朗琪罗也觉得有趣，于是对雕塑进行了修饰做旧，然后送到罗马，交给一个中间商，最后卖给了枢机主教拉斐尔·瑞阿里奥，他来自罗马一个最有名望、人脉最广的家族。这个恶作剧最终败露，瑞阿里奥极其愤怒，但这不影响这个聪明的艺术行家邀请年轻的天才艺术家来到罗马，就因为他能骗过自己老到的

米开朗琪罗的名作《哀悼基督》，1499 年

眼光。也是在逗留罗马期间，米开朗琪罗被介绍给一位法国枢机主教，后者正在寻找一位有才华的艺术家为自己雕刻墓地纪念碑。1498—1499 年，23 岁的米开朗琪罗用短短一年就完成了不朽的雕刻名作《哀悼基督》（*Pietà*）。

认识自我

这尊雕塑以一种倒转的方式，戏剧性地描绘了"耶稣降生"的一幕，马利亚把刚出生的孩子抱在怀里，基督则毫无生气地横躺在母亲膝上。基督赤裸的身体显得异常脆弱，与包裹在马利亚身上的厚重斗篷形成鲜明对比。我们很难在这位人之子的尸体上看到任何救赎的迹象，母亲用一只胳膊抱着他，另一只胳膊伸出，做出一个半惊讶、半困惑的手势。她没有流泪，表明她服从了上帝的旨意，这与亚伯拉罕被要求牺牲他的儿子以撒时所表现的坦然非常接近，尽管有这样一种坚忍的态度，她仍然难以承受丧子之痛，米开朗琪罗选择用少女的形象表现圣母马利亚，同样加重了痛苦之感。

与此同时，佛罗伦萨的政治风向再次转变，萨伏那洛拉被绑在火刑柱上烧死，共和国在贡法罗尼埃尔·索代里尼的领导下得以恢复。作为庆祝，羊毛行会在 1499 年为米开朗琪罗提供了一块巨型大理石（是另一位艺术家丢弃的），请他雕刻一座象征新共和国自由精神的雕塑。为此，米开朗琪罗雕刻了一座 5.2 米高的雕塑，灵感来自《圣经》中的大卫。

正如古典艺术中的运动员或英雄形象，我们看到的不是某个动作瞬间，而是一种宣言——我们可以从大卫大手中握着的那块小石子和无畏的凝视看出来，他坚定的决心表现在令人敬畏的线条和力量感上。继多纳泰罗之后，艺术家大胆地选择以裸体形象描绘大卫，是为了大大提升人类的尊严，以此来拯救人类有形的物质世界。

作为精神内涵和外在形体和谐一致的典范，《大卫》体现了创作者和他的人文主义伙伴们，通过佛罗伦萨共和国的建立和美德、理性和爱国主义的力与美联系在一起。大卫和哥利亚（哥利亚象征威胁佛罗伦萨自由的敌人）谁才是最后的胜利者？答案不言而喻。

佛罗伦萨人充满感激，将《大卫》安置在韦奇奥宫门前，旨在提醒

米开朗琪罗的大理石雕塑《大卫》，是人类从内在和外在展现力与美的视觉盛宴

所有公民：无论什么样的暴君都不可怕，在热爱并捍卫共和国自由的人面前不值一提。

在《大卫》大获成功之后，索代里尼提议在领主宫内的五百人大厅里再添两幅大型壁画。除了米开朗琪罗，他推举的另一位画家是达·芬奇，这位天才在绘画、建筑、音乐、文学、数学、解剖学和天文等各种学科上的贡献都十分惊人。这一提议，让米开朗琪罗不太高兴，因为他反对达·芬奇"绘画优于雕塑"的观点。幸好他没有遇到达·芬奇本人，因为他突然被新教皇儒略二世召唤去了罗马。

儒略二世（1503—1513 在位）当上教皇时已年近六旬。27 岁时被他的叔叔西斯图斯四世任命为枢机主教。由于他极度反感前任亚历山大六世，威胁要将所有胆敢想起或提起博尔吉亚的人逐出教会。他和他的叔叔西斯图斯四世一样，属于圣方济各会，但是丝毫没有遵循这个苦行教派的宗旨，通过大量的贿赂和暗箱操作来赢得了教皇选举。当被问到教皇称号时，他选择了一个与自己的野心相匹配的称号——儒略，为了致敬儒略·恺撒。

这个称呼倒也恰当，因为和恺撒一样，儒略二世是个野心勃勃的好战分子。像大多数文艺复兴时期的君主一样，他以老练的政治智慧和手腕一步步谋划策略，即使在与敌人和解时也带有很大欺骗性。他被称为"勇士教皇"，因为他曾亲自率军与篡夺者作战，这些人在流亡阿维尼翁期间利用教廷的空窗期，占领了翁布里亚和罗马涅的教皇领地。对博洛尼亚和佩鲁贾叛军的胜利，使教皇的声誉到达巅峰。[1]

为了让人们永远记住他，儒略二世成为教皇后做的第一件事，就是设计自己的墓地纪念碑。米开朗琪罗是公认的那个时代最伟大的雕刻家，他被教皇召唤来完成这个项目，希望让自己的陵墓能与奥古斯都、哈德良的皇陵相媲美。为了蛮族教皇的野心，米开朗琪罗建议建造一座巨型纪念碑，上面装饰着40尊雕塑：一些象征教皇对领土的征服，另一些象征自由艺术，致敬教皇对文化的人文贡献。摩西的形象应当安排在纪念碑顶部，象征儒略二世具备的品质是其他历任教皇都无法比拟的。

米开朗琪罗一得到教皇的批准就去了意大利中部城市卡拉拉，在那儿待了几个月，负责监督大理石开采工作，大量大理石将通过大型货船运往罗马。最初，教皇决定将他的葬礼纪念碑安排在威克里的圣彼得罗马教堂。但是，当米开朗琪罗还在卡拉拉时，教皇突然改变主意，决定把纪念碑建在真正的圣彼得大教堂里。米开朗琪罗被告知，旧教堂的屋顶必须抬高，最好把旧教堂全部拆掉，原地建一座更高大、更奢华的教堂。

---

[1] 儒略的部队多是来自瑞士的雇佣军，他们身穿由米开朗琪罗设计的鲜艳军服，直到今天，保护教皇的瑞士卫兵仍穿着这种衣服。

许多人认为，教皇这个想法非常粗暴无礼。由君士坦丁建造的圣彼得大教堂，见证了许多世纪的历史：查理曼大帝曾在这里加冕，许多教皇的遗体曾被停放在这座神圣建筑的旁边。但众所周知，试图劝阻以暴戾著称的儒略二世是注定要失败的。与其忍受教皇的暴怒，不如见证旧教堂的毁灭。为了完成这项艰巨的任务，教皇最终选择了建筑师多纳托·布拉曼特。当米开朗琪罗得知后，烦躁地回到罗马，试图与教皇讨论他的工作和报酬，结果教皇拒绝见他。米开朗琪罗彻底被激怒了，立即前往佛罗伦萨，决定一辈子再也不回罗马伺候教皇了。

　　教皇花了很长时间才说服了米开朗琪罗回心转意。可当他同意后又一次失望了：他很快发现，教皇希望他回到罗马的原因不是他的坟墓，而是西斯廷教堂的穹顶。米开朗琪罗确信，是嫉妒自己的布拉曼特策划了这一切：他知道绘画并不是米开朗琪罗最喜欢的艺术形式，所以给教皇吹了耳旁风，希望看到他的对手出丑。米开朗琪罗的怀疑也许并没有根据：因为儒略二世清楚地知道自己想要什么，而且从没有人——哪怕是布拉曼特——影响过他的决定。

　　如前文所说，艺术赞助人往往规定了艺术家的创作主题。西斯廷壁画也是一样，教皇告诉米开朗琪罗，壁画要包含十二使徒和一些几何图案。当米开朗琪罗抗议说设计太简单时，教皇非但没有生气，反而允许他自由发挥。至少，这是16世纪的传记作者阿斯卡尼奥·孔迪维的观点。一些学者支持孔迪维的说法，另一些人反对。反对者认为，教皇不可能把这么重大的任务完全交给艺术家，必须有神学专家作为指导。支持者反驳说，儒略二世是个非常冲动的人，习惯于听从直觉，从来不后悔，从不事后反悔。例如，当他决定让拉斐尔装饰签字大厅时，果断下令铲掉之前的一切装饰，即使是弗朗切斯卡、西尼奥雷利、佩鲁吉诺这样的优秀画家留下的作品。支持者还说，米开朗琪罗这幅壁画带有绝对原创性，似乎证明了被允许独立构思的，而不是交给某个老学究去审核，而后者肯定不会让这么一个裸体旋涡出现在神圣的教堂里。

米开朗琪罗在西斯廷教堂所画的古典女巫之一

我们永远也不会知道到底发生了什么。但可以肯定的是：儒略二世一再推迟建造他的葬礼纪念碑，不是因为他突然谦虚了，而是因为他意识到西斯廷教堂将会是他留下的一项更伟大、更长久的记忆遗产。

讨论米开朗琪罗在教堂中创作的343个人物象征的意义，似乎是一项看不到尽头的工作，因此我只会挑出一些有趣的例子。比如，在拱顶下缘的画面局部，最初由教皇提名的十二个使徒被他换掉，变成七个先知和五个古典神话中的女巫，两者的共同点是预言天赋，他们暗示着救世主弥赛亚的降临。

一些学者认为，除了这种最明显的解释之外，还有一种更有趣的解读：先知和女巫可能暗示了新罗马的诞生，象征了异教和基督教的成功融合，而新的弥赛亚——儒略二世的出现，使之成为可能。把这种溢美之词归于一人、一个教皇，似乎难以令人接受，特别是在一个庄严、虔诚的场合。但我们应记住一点，如今流行的观点都是历经上千年的传统积累逐渐形成的，包括文艺复兴之后那漫长的反宗教改革时期。但是，在这段历经磨难的历史的世俗版本中，这种过分的要求，可能并不带有亵渎和冒犯的意味，尤其是我们要知道，这位教皇被册封为罗马最高祭司，仿佛一个罗马皇帝，像恺撒和奥古斯都一样使用权谋，把教会变成了政治的附庸。对于一个无限渴求权力和名声永存的教皇来说，这代表着上帝选他作为一个无限接近基督的化身，赋予他在世界的每一个角落传播基督教的救世主职责——随着美洲的发现，世界变得更加广阔，这正是一个千载难逢的机遇。

先知和女巫坐的宝座被彩绘立柱隔开，柱上描绘着一系列裸体人物浮雕（专业术语称为 ignudi，来自 nudi，意大利语的"裸体"）。这些肌肉发达的裸体人到底是谁？这仍是一个谜。也许是为了向异教艺术致敬，这些异教艺术的许多杰作在同一时期出土，比如《拉奥孔》，二者十分类似。一些人物头戴着橡叶冠，很可能与儒略二世有关，他属于德拉·诺维家族，在意大利语中正是"橡树"的意思。随着时间推移，这些浮雕引发的议论，尤其是后来的在反宗教改革时代，直接导致了教皇保罗四世下令让画家达涅利·达沃尔泰拉用纱遮盖这些渎神的形象。这项工作还让达沃尔泰拉获得了一个绰号——"傻老头制造者"（il braghettone）。

西斯廷教堂壁画中最著名的场景位于穹顶中央的矩形区域，米开朗琪罗在此描绘了几个源于《创世纪》的场景，如上帝将光明从黑暗中分离、创造日月、从水中分离陆地、创造人类、诱惑夏娃以及人类的堕落。当然，其中最引人注目的场景是新创造的亚当被上帝赋予奇迹般生命火花的瞬间——上帝用食指触碰了懒洋洋躺着的男人伸出的手指。《圣经》中并没有提到这次接触，这只能说明一点——米开朗琪罗是这

　　　　　　　　　　　　　　　　　　认识自我

上帝赐予亚当生命的火花——西方艺术中伟大的、革命性的意象

种令人动容的诗意姿态的唯一作者。

　　这一非凡的场景有一种无与伦比的美。但是我们只要稍微研究中世纪艺术，很容易就能看出米开朗琪罗多么大胆，敢于让自己与传统教条拉开距离。正如前文提到的，除了从天空中出现的手或基督，上帝的视觉形象在整个中世纪是绝对禁止描绘的。第一个明确违反这一规则的是马萨乔，他在为佛罗伦萨新圣母教堂创作的壁画《圣三位一体》使用了透视法，用来加深意义层次，传达耶稣受难的信息：前景是虔敬者，代表现实维度；在其后拱形壁龛里，圣母马利亚和圣约翰站在基督受刑的十字架旁边。在离观者最远、最深入的地方是圣父上帝——一个站在十字架后面的老人。

马萨乔为佛罗伦萨的新圣母教堂创作的《圣三位一体》
（1427—1428年），第一次真正违反了教会对于创作上帝形
象的规定

　　马萨乔巧妙运用了现代的透视法，以象征手段表现出神秘幻象包
含的多层含义，这一定给当时的观众留下了深刻印象，但也使许多人
倍感震惊，比如保守主义者萨伏那洛拉，他一定觉得马萨乔犯了一个
大错，把人类的特征归于造物主那不可描述、无法估量的神秘性。另
一个胆敢把人类的特征联系到上帝的艺术家是雅各布·德拉·奎尔

　　　　　　　　　　　　　　　　　　　　认识自我

查。具体出现在他创作的亚当浮雕中，这是他为博洛尼亚圣白托略大殿创作的一组浮雕的一部分。然而，与西斯廷的壁画相比，这两个例子都不够有力。在米开朗琪罗的笔下，造物主是一个巨大的老人形象，身躯半裸，衣衫半掩，似乎被一群天使围绕着，靠他们在空中飞翔。这一场景对那个时代的人来说过于新鲜，以至于当诺切拉的主教保罗·乔维奥在 1520 年观看壁画时，无法认出"穹顶上的老人"，说"他的飞翔姿态挺别致"。

在其他人的画中，哪怕用厚重的斗篷遮盖上帝的身体，也无法改变其神学上的正确性。而米开朗琪罗正好相反，他在描述穹顶上的创世场景时，对造物主拟人化的描写是如此具体、生动、细致入微，以至于从后方看时，我们能认出造物主独特的臀形。

造物主的背影，西斯廷大教堂壁画局部

我们知道，按照艺术传统，在描述创世场景时，造物主一般是以基督的形象出现，基督又完美地反映了亚当在堕落前的完美形象。其中处理手法很重要，它避免了对造物主的直接描述，他依然神秘莫测；同时，还能突出人类必须遵从他的教训。其中强调的意义不是"人可以和神一样"，而是"人的一生是一段旅程"——向着更完美的自我不断奋斗的旅程。但现实中，这种完美的终点从未有人真正抵达。

尽管米开朗琪罗的壁画提到亚当和夏娃的原罪（画面有一条引诱人的蛇，有一张女人的脸，象征着女人的性特征是一种罪过的传统观念），但亚当被描绘成一个年轻美丽的男子，与老年化的上帝相比较，却被赋予了更核心的地位，这一点令人十分诧异也倍感困惑。我们首先自然联想起皮科的文章《关于人的尊严的演讲》，他认为，应当通过上帝的话语赞美人的尊严和自由："你的自由意志，为你自己设定了本性的极限。"历史学家亚瑟·赫尔曼在《洞穴与光明》一书中认为，皮科这段话最明显的意思是，人类可以成为任何想成为的样子，上帝对人的认识和意志没有作出任何限制："赋予（人类）权力，让他拥有自由选择的权利，成为他想成为的任何样子。"

皮科对人类生命潜能的高度认可，在米开朗琪罗的作品中体现得淋漓尽致，神和人类似乎被置于同等地位。没错，神飘在空中，仿佛正在飞翔，而人的身体撑在地面上，但除了这一处空间的不平等以外，其他关于人类的一切——青春、美丽、活力——似乎更能提升人的价值，再也不必通过神。艺术家的这种选择，还能让人想到赫西俄德的《神谱》，在这本书中，每一代的新神最后都拥有了他们父母神的能力和特权。如果我们从这种角度切入，再看米开朗琪罗笔下的亚当，几乎就是另一个普罗米修斯了，他自豪地发现自己具有巨大的创造力，可以驾驭自然和

　　　　　　　　　　　　　　认识自我

生命力，已经十分接近造物主了。

　　在赋予造物主人类的特征时，人是在暗示用自己的智慧可以控制造物主，将他包含在他自己的维度中。人性再也没有限制了。文艺复兴时期最大的原罪，可能就是以人的形象特征创造了造物主。

　　在米开朗琪罗为西斯廷教堂作画的同一年，另一位杰出艺术家拉斐尔也在为儒略二世作画。拉斐尔 1483 年生于马尔凯地区的乌尔比诺，比米开朗琪罗年轻 8 岁。在蒙特费尔特罗家族的费德里科二世的统治下，乌尔比诺宫廷已变成一个庞大的文化与艺术中心。卡斯底格朗选择这个优雅的宫廷作为《侍臣论》的背景也不奇怪了。在费德里科的宫廷里，年轻的拉斐尔被介绍给了意大利人和佛兰德斯人，和其他艺术家共事，比如保罗·乌切洛、路加·西诺雷利、弗朗切斯卡、耶罗尼米斯·博斯和乔斯·范金特。拉斐尔在彼得·佩鲁吉诺的画室当学徒，这使他的笔触养成了一种优雅的气质，并在他辉煌的职业生涯中一以贯之，直到 37 岁英年早逝。对他的风格影响至深的另一位大画家是他在佛罗伦萨逗留时遇到的达·芬奇。达·芬奇在 1495—1497 年创作了《蒙娜丽莎》（*Mona Lisa*）和《最后的晚餐》（*The Last Supper*）。

　　1508 年，也就是儒略二世把米开朗琪罗召到罗马那年，也许是受了同乡布拉曼特的举荐，年轻的拉斐尔被邀请到罗马装饰梵蒂冈宫殿，他也住在其中。据说儒略二世如此大费周章，是为了超越他最痛恨的前任亚历山大六世，拉斐尔住的房间就在亚历山大房间的正下方。由于这项任务十分艰巨，拉斐尔雇了几个助手。

　　拉斐尔于 1509 年正式动笔。他画的第一个房间是签字厅，包含教皇的藏书室，主要用于签署官方文件。这组壁画的主题包含了人文主义的本质和异教与基督教主题的融合，并且传达诗歌的美、哲学智慧和神学真理。拉斐尔最早画的两幅画是《至圣之争》（*Disputation over the Most Holy Sacrament*）和《雅典学院》（*School of Athens*）。在第一幅中，重点是基督的肉身和血液的圣体转变，神在他的上方，基督自己坐在宝座上，旁边是马利亚和施洗者约翰。在他们周围的人群中，我们会发现一些《圣经》人物，如亚伯拉罕、大卫、圣彼得和圣保罗；还有许多神学家和圣徒，如圣奥古斯丁、圣安布罗斯、圣斯蒂芬、圣劳伦，甚至还有萨伏那洛拉（可能是为了羞辱亚历山大六世）和但丁。但丁在众多圣人中地位十分突出，这说明他的地狱之旅最终被教廷认可。

在第一幅画完成后，拉斐尔开始创作《雅典学院》。在巨大的罗马拱廊下是一片开阔的广场，拉斐尔在这里描绘了一群哲学家——毕达哥拉斯、苏格拉底、第欧根尼、赫拉克利特等人——进行了一场幻想中的聚会。透视法的巧妙运用增加了场景深度，很好地呼应了这群思想家所传达的深邃知识。拥挤的场景中心是两位哲学家领袖——手拿《蒂迈欧》的柏拉图一手指天，手拿《尼各马可伦理学》的亚里士多德一手指地。两位哲学家如此亲密，而且地位同等重要，旨在说明文艺复兴最终实现了知识的统一。

在第三面墙上，拉斐尔把希腊的帕尔纳索斯山和阿波罗、缪斯放在一起，四周有荷马、萨福、维吉尔、贺拉斯、奥维德、但丁等几大诗人。第四面墙表现了基本的公民美德，至此，完成了签字厅的全部装饰。

新教改革与罗马大劫掠

1513 年，儒略二世去世时，米开朗琪罗在西斯廷教堂的壁画才刚刚揭幕。但是根据教皇对梵蒂冈的设想，还有很多工作没有完成。因

认识自我

此，儒略在垂危之际发布手谕，保证对所有愿意捐助教廷建设的人予以赦免。他死后，继任者利奥十世（1513—1521年在位），也就是洛伦佐在佛罗伦萨的儿子成为教皇。像许多贵族子弟一样，利奥在很小的时候就开始了教会生活。他8岁成为神父，11岁成为卡西诺山修道院院长，13岁当上主教。然而，多年来，他的信仰和谦卑从未影响他对权力和个人魅力的崇拜。继任教皇时，他欢呼道："享受教皇的职位吧！上帝把它赐给了我。"他说到做到，把娱乐作为教皇生涯的标志。一些最可悲的前任，已经使罗马因周年庆期间的堕落而臭名昭著，包括公开处决死囚的表演。罗马最有名的娱乐活动是一些疯狂的庆祝，比如斗牛，人们将公牛放生在罗马大街上，让骑马的人用长矛追逐并杀死它们。还有一种娱乐项目是逼着犹太人穿着愚蠢的服装跑到大街上，人们大肆嘲笑他们、侮辱他们，士兵用长矛恐吓他们。利奥十世在任期间，斗牛活动主要在梵蒂冈宫殿里的贝尔维德尔庭院举行，而大型狩猎活动则在罗马乡下举行。

利奥还喜欢收集外国动物，比如猴子、鹦鹉和狮子。葡萄牙国王曾送给他一只名叫"汉诺"的大象，令他十分惊艳。当这头大象抵达梵蒂冈时，四脚上穿着两双和教皇一样的红鞋，在利奥面前跪拜了两次。自从教皇尼古拉五世颁布手谕允许葡萄牙殖民扩张，并默许其进行奴隶贸易以后，教皇和葡萄牙的关系就十分亲密："我授予你……完全自由的侵略许可，搜索、捕获和征服撒拉逊人、异教徒、所有无信仰之人和基督的敌人……让他们永为奴隶。"更早之前，亚历山大六世授予了西班牙人类似的特权。

由于娱乐耗资巨大，利奥又开始贩卖赎罪券，据说还能冲抵罪犯的刑期。这一愚蠢的决定，激起了德国维滕贝格大学道德神学教授马丁·路德的愤慨，他对教会的腐败深恶痛绝，在萨克森州维滕贝格的万圣堂大门上钉了 95 条反对赎罪券的理由。他只想传达一点：信仰是决定你能否获得救赎的唯一途径，学习教义可以不经过任何神职人员和教皇。本来，教会作为神圣启示的守护者，有权通过告解、忏悔和履行仪式以及圣礼（在七项圣礼中，路德只认可洗礼和圣餐）有权控制人们的一切生活，但马丁的告示一出，这一切便被推翻，使得个人可以一对一学习教义。这次改革，不应该被理解成宣告人类可以独立自主。在这位德国神学家看来，人类仍是一种十分邪恶和软弱的动物，只有不断培养信仰，克服自身的缺陷才能得到救赎。这是上帝的直接恩赐。[1]

为了反驳路德的观点，教皇发布通谕进行谴责，命令他撤回前言。路德拒绝后，教皇将他逐出教会。也许连路德本人都没有预料到他的举动最终会产生如此大的影响，特别是在穷人当中，他们早已对麻木不仁、残忍报复的教会深恶痛绝，而这个机构本来最应该体现基督教的仁慈精神。正如我们所见，印刷术是在 15 世纪中叶传入欧洲的，随着印刷术的普及，路德的教义以闪电之势传遍了整个欧洲。

路德的改革在德国最为成功，因为它是一个由独立公国组成的邦联，没有中央集权的政府组织形式，无法像法国、英国那样有效遏制教会的权力和其对教徒征收的重税。教会的贪婪由来已久，正如一个英国国王所说："教会的任务应该是放牧上帝的羔羊，而不是薅羊毛。"

民间的不满始终无法平息，因此教皇于 1526 年召开"斯派尔会议"，决议允许每个德国公国自由选择信天主教或路德新教。三年后，德国皇

---

[1] 瑞士的宗教改革由乌尔里希·兹温利领导，还有法国的加尔文，观点更加激进，他阐述了一种宿命论：人是一种堕落和罪恶的动物，无法被救赎，他们不配享有上帝的宽恕和仁慈，这是来自上帝的直接恩赐。

帝查理五世通过一系列复杂的继承和联姻，同时掌控了大半个欧洲，包括佛兰德斯、荷兰、奥地利、匈牙利、波希米亚、西班牙（殖民地包括墨西哥和秘鲁）、意大利南部，还有法国的勃艮第和阿图瓦。他公开宣布抵制斯派尔议会的协议，可能是因为他担心路德新教的迅速传播会削弱他在德国本土本就脆弱的权力。但一切为时已晚，当意识到无法阻止这场改革运动时，皇帝只能被迫签订了1555年的《奥格斯堡和约》（*Peace of Augsburg*），再次承认了斯派尔会议决议。

直到15世纪末，意大利一直享受着稳定的相对和平，但这个政治上四分五裂的半岛，很快吸引了许多外国势力的注意。如我们所知，法国国王查理八世于1494年首次进攻意大利，目的是向南收复被西班牙阿拉贡家族从法国安茹家族手中夺走的那不勒斯王国。查理八世遭遇了几个国家组成的第一次神圣反法同盟，被迫暂时撤退。这些国家包括奥地利、西班牙、英格兰、米兰、威尼斯和亚历山大六世领导的教皇国。

几年后，1511年，当法国人重新入侵意大利并占领米兰时，教皇儒略二世与威尼斯、奥地利、西班牙、英格兰组成了第二次神圣反法同盟。联军再次把法国人赶出了意大利。但和平并没有持续多久。1515年，在国王弗朗索瓦一世的领导下，法国人再次占领了米兰。为了遏制法国日益膨胀的野心，德国哈布斯堡王朝皇帝查理五世出兵干预。一段时间以后，米兰在两股势力之间摇摆不定，查理五世逮捕并监禁了弗朗索瓦一世。

法国国王被迫承诺放弃对米兰的主权时，这才重获自由。但他转头就以一种典型的文艺复兴风格违背了誓言，继续与几个意大利城邦和教皇克莱门七世（1523—1534年在位）结盟，后者是洛伦佐遇刺的弟弟朱利亚诺的私生子。

克莱门七世之所以决定与法国结盟，很可能是因为他更害怕查理五世。然而，此举导致了教会的一场劫难——1527 年德国人洗劫了罗马。罪魁祸首是德国皇帝查理五世，他没有兑现一支雇佣军要求的报酬。这群支持路德的德国雇佣军痛恨罗马教皇，准备洗劫罗马，而德国皇帝并没有阻拦。当他们抵达罗马后，大肆掠夺城内宝藏，并肆意发泄心中对滥用宗教圣职之人的愤怒。他们摧毁了教堂，砸碎了圣柜，蹂躏了修女，屠杀了上千人。

在雇佣军攻陷梵蒂冈之际，克莱门七世正躲在一座精致的小教堂里祈祷（它是由教皇尼古拉五世委托安吉利科修建的）。教皇通过一条连接梵蒂冈和圣天使堡的密道逃跑。一些雇佣军认出了他身上的白色长袍，于是一路追杀，但克莱门最终侥幸逃脱。

米开朗琪罗与《最后的审判》

1527 年，在教会的劫难后，克莱门七世的继任者、法尔内塞家族的教皇保禄三世（1534—1549 年在位）开始相信改革关乎教会的存亡，为此召开了特利腾大公会议，于 1545 年发起了"反宗教改革运动"。保禄三世创立了在道德和智力筛选上都十分严格的耶稣会，并重组了宗教裁判所以迫害异端、亵渎者和巫术。当英国国王亨利八世要求他与阿拉贡的凯瑟琳解除婚姻改娶安妮·博林时，教皇没有批准。1534 年，亨利八世通过了《至尊法案》（ *Act of Supremacy* ），宣布英格兰国教会从罗马教会独立，保禄三世立刻下令将其逐出教会。但这位教皇在职位上一贯的严格，并没有体现在他的私生活中——他有一个情妇、五个孩子，违背了牧师应该遵守的贞节。1548 年颁布的一道手谕也说明他道德有问题——允许在教皇属地内买卖穆斯林奴隶。保禄三世还曾把米开朗琪罗召回罗马，让他在西斯廷教堂的祭坛墙上创作了《最后的审判》。

当第一个来自美第奇家族的利奥十世成为教会领袖时，他就把米开朗琪罗送回佛罗伦萨去完成圣洛伦佐家庭教堂的外立面装饰。经过三年的筹划，该项目最终被叫停，原因目前尚不清楚。圣洛伦佐教堂那光秃秃的外立面至今没有得到装饰，这在一座由大理石和各色石材组成的光芒闪耀的城市里，也是一道诡异的风景。附近的美第奇礼拜堂，最初被规划为家族坟墓，由米开朗琪罗设计，他还装饰了教堂内部的石棺，上面的两个人像分别象征傍晚与黎明、正午和夜晚。

米开朗琪罗在美第奇礼拜堂门外创作的宏伟塑像

米开朗琪罗的《最后的审判》（约 1536—1541 年），是一幅绘于整个西斯廷教堂祭坛墙的壁画，从诞生之初就饱受非议

认识自我

在把米开朗琪罗召回罗马之前，保禄三世早就给他安排了各种任务，想让这位艺术家作为建筑师、雕刻家和画家大展拳脚。除了设计圣彼得大教堂的穹顶外，米开朗琪罗展现无限的艺术创造力的终极之作、最令人难忘的遗产，就是他于1536—1541年在西斯廷大教堂的祭坛墙上创作的壁画《最后的审判》。至于创作动机，也许是保禄三世对1527年的劫难心有余悸，想以此画警告胆敢违逆教会的人。

《最后的审判》以一种阴天雷鸣的氛围为特征，展现了末日风暴降临时的恐怖。场景的焦点是一个强大的审判基督的形象，他几乎赤裸的身姿，与梵蒂冈的古典雕塑《望楼的阿波罗》高度相似。基督抬起手，做出了一个强有力的命令姿势，把受祝福的人和受诅咒的人划分成两类，给每个灵魂安排了天堂或地狱里的永恒席位。由圣徒和号角天使组成的旋风围绕着严肃的全能基督，他们唤醒一群殉道者，每个人都带着自己被折磨或杀害的凶器。在画面左、右上角和正下方，出现了基督受难的十字架和柱子。从基督的左侧，传来了死神强烈的愤怒或者说"上帝之怒"：那些被诅咒的灵魂，被魔王路西法的手下拉入地狱。冥河摆渡人卡戎用船载着被诅咒的灵魂横渡冥河，此处引用了但丁《地狱篇》中同样的场景，这一篇章极大地启发了米开朗琪罗。几年前人们修复壁画时，卡戎船两侧的翅膀成为舆论的焦点。由于米开朗琪罗是《神曲》的忠实读者，因此这个细节可能出自但丁笔下"尤利西斯号"的典故——尤利西斯驾驶的双翼船[1]因触犯了上帝对人类知识的限制而沉没。在今天呼吁道德改革的时代精神中，这一比喻也可用来为整个文艺

---

[1] 在《神曲·地狱篇》中，但丁将尤利西斯之船的船桨比作翅膀，称他的旅程为"疯狂的飞行"。

复兴时代下一个定论——这个鼓励各种求知冒险的时代，远远超出了基督教上帝所规定的限度，最后只能像"尤利西斯号"一样沉没。

这个细节也表达了 65 岁的米开朗琪罗对自己艺术之旅的某种羞耻感。在《最后的审判》中，上帝身边有个普罗米修斯模样的勇敢人类，他与这幅画本身传达的神学主题之间形成了强烈的对比。这暗示了 25 年前那个年轻的画家同样被剥去了外表，默默地诉说着什么。

米开朗琪罗描绘的人物是被活剥的殉道者圣巴索罗缪，他手里拿着自己的皮。米开朗琪罗在皮肤褶皱中偷偷插入了自己的脸。这里，我们仿佛再次听到了《神曲》的余音。在《天堂篇》的开头，但丁将阿波罗视为基督的化身，向他祈祷。请求阿波罗的启示，是为了暗示一点：如果不是直接受到神的启发，他永远不敢直接描述天堂。但丁之所以用这个聪明的办法，旨在强调自己仅仅是更高级的神圣力量的写作工具，一种传话的信使和先知。如果不这样做，基督

《最后的审判》中的细节：圣巴索罗缪手中拿着自己被剥下的皮，隐含着画家本人的脸

认识自我

教诗人绝不敢暗示人类语言能描述上帝之国，其下场一定会像森林之神马西亚斯与阿波罗竞争时那样遭遇的相同惩罚——被活剥致死。

米开朗琪罗批判自己到如此地步，似乎说明他经历过一场深刻的精神危机：他与虔诚的贵妇维多利亚·科隆纳的亲密关系，或是他对年轻的罗马贵族托马索·卡瓦列里的迷恋，都有可能加强了他的负罪感。

尽管同性恋在当时的佛罗伦萨很普遍，但教会依然谴责同性恋是严重亵渎行为。许多声望和地位不高的人（比如米开朗琪罗，和上面提到的艺术家、知识分子）最终也因同样的理由被烧死在火刑柱上。米开朗琪罗是个异常聪明和敏感的人，一定意识到了这种双重标准——毕竟教会成员和领袖最大的特征就是虚伪。米开朗琪罗的反教会情绪，明显表露在一些创作的选择当中，比如，把最黑暗的地狱场景放在神父进入教堂做弥撒的门上方，或者把礼仪总管比亚吉奥·达·切塞纳的特征放在可怕的地狱守卫米诺斯身上。

米开朗琪罗的悲观主义观点，特别是在他死前的观点，似乎结合了萨伏那洛拉和马基雅维利两人的特征。由于路德的宗教改革永远分裂了教会，随着意大利各大城市（包括佛罗伦萨）专制政府的崛起，共和国的梦想也彻底破灭。在这种背景下，米开朗琪罗似乎越来越对人性感到怀疑。文艺复兴虽然名为"重生"，但当我们看到《最后的审判》时，依然能感觉到，在那个令人眼花缭乱的时代结束时，人类内心深处的某种东西已经萎缩，并在一片迅速膨胀的绝望和觉醒的云层中逐渐死去。信仰依然存在，但却是对愤怒的上帝的悲观信仰，没有留下多少希望和怜悯。

从这个意义上讲，在《最后的审判》中关于获救赎者的描述带有一定指向性。按照基督教的绘画法则，所有可以上天堂的人，都应该表现

西诺雷利为布里齐奥礼拜堂创作的壁画《受祝福之人注定上天堂》，位于奥维多大教堂

左图：米开朗琪罗与西诺雷利的画作对比强烈，上帝保佑人通过巨大的努力升天

右上：圣母马利亚畏惧于儿子的愤怒，表现出退缩的姿态

认识自我

为灵魂最终从肉体的束缚中解放出来。在米开朗琪罗为奥维多大教堂的布里齐奥礼拜堂创作的壁画中，也突出了这一点——物质性会随着神圣的上升而逐渐消失，最终到达上帝纯洁的精神世界。

在米开朗琪罗身上找不到类似的东西：即使对受到祝福的人来说，上天堂也十分困难，他们由于自己累赘、沉重的身躯感到压抑。因此，他们没有轻松地升起，而是艰难地爬上一座残酷的、不讨喜的山峰。在画面的局部，有个人用一串念珠当绳子把另一个人拉上来。米开朗琪罗似乎在说，对于人类这样的生物，救赎是一种遥远的梦想，这条路包含如此多的模糊、缺陷和自相矛盾。

即使是圣母马利亚——这位慈母总是愿意替人类说话——也被儿子基督的愤怒弄得不知所措。她没有表现出以往给予乞求的姿势，而是摆出一种退缩的姿态，同时流露出恐惧、悲伤和顺从的情绪。

人类自视为自身命运的英雄、缔造者，但随着文艺复兴的衰落，这种对人类的颂扬也逐渐消失，在这个时代的潘多拉盒子里，只剩下了一种东西——怀疑。

结　语

　　文艺复兴运动的起因是对古典辉煌遗产的再发现，它极大地鼓舞了人们对人性的信心，促进了"人是自由、独立的代表"这一观念的形成。当然，宗教依然是一切的中心，但在一个逐渐城市化、世俗化、文化视野不断拓宽的世界上，人们开始倾向于同一种态度，不再是教条，而是开放包容、摒弃偏见。哪怕还不成系统，但这种新的批判思维也使各种新思想得以广泛传播，并对后世发挥了难以估量的作用。按照尤金尼奥·加林的观点，宇宙中弥漫着"隐藏的信息"和"神秘的共情"，他说："文艺复兴时期和上一个时代有很多区别，中世纪时，人们对人能利用自然的观念极度恐惧，但文艺复兴时期流行的是一种自信，而不是抹杀自我的谦卑，这个时代欢迎甚至催促为了人类整体利益而积极改变现实。"人们对魔法、占星术和炼金术（一种为了把铅变成黄金的原始科学）的追捧，很好地体现了其思想的活跃程度，以及关于人的天赋、创造力的无边信念。正如人文主义学者米兰多拉所说："文艺复兴的根本思想是人作为创造的中心，拥有可以成为任何人的高度自由，可以随心所欲改变自己和世界。"那个时代的艺术作品完美反映了这种信念。事实上，文艺复兴时期的艺术，除了在技法上更进一步以外，还加入了描绘现实的乐趣——人体之美（解剖学的发展起到了极大作用）和人通过智慧和才能驯化的世界之美。正因如此，文艺复兴艺术中最丰富的，并不

　　　　　　　　　　　　　　　　　　　认识自我

是原始的自然景观，而是一种完美、有序、修剪整齐的大自然，比如阳光被用作几何比例和谐优美的城市轮廓的背景。

如我们所见，在16世纪末，一系列灾难性的事件[1]让人们丧失了信心，从政治到宗教，这些事件打击了年轻人的热情，而这些热情曾是文艺复兴的第一推动力。随之而来的失望和沮丧情绪催促人们展开了一场大论战，这些争论至今依然富有挑战性——为什么人类历史注定要与不稳定、不确定和矛盾反复遭遇？为什么混乱总是打断我们用梦想和理念创造一个有序的宇宙？为什么人类注定要开始一场没有终点的探索，而不是直接找到永恒的真理？

之后几百年里产生的知识，也没能给这些问题提供可靠的答案。相反，知识越进步，就会有越多人意识到自己在宇宙伟大设计中的渺小。文艺复兴时期认为人是宇宙的中心，对这一观念冲击最大的是波兰天文学家尼古拉·哥白尼，他认为太阳才是太阳系的中心，挑战了托勒密的地心说。哥白尼40岁时就明确提出了自己的理论，但他可能也意识到了这一观点的颠覆性和影响，随后的30年始终未能解释清楚。他的学说终于面世是在他去世前不久，书名是《天体运行论》(*De Revolutionibus Orbium Coelestium*)。马丁·路德是这本书最大的反对者，谴责它是亵渎上帝。教会没有马上对哥白尼的理论进行回应，但后来指控支持日心说的伽利略为异端，并强迫他改变思想。

教会尝试压制这些违反教条的思想，直接导致哲学家兼数学家乔达诺·布鲁诺成为最大的牺牲品，他的理论比哥白尼走得更远，认为宇宙不像基督教所说的是一个有限、完整的等级系统，而是一个没有中心的无限维度，超越了一切空间和时间。在他之前，任何理论都没有把人与造

---

[1]　这里指16世纪末欧洲的瘟疫、各种宗教战争和西方殖民主义的兴起。——译注

结语　　　　　　　　　　　　　　　　　　　　　　　　　　　　　　　385

物主的关系看得如此淡薄。由于无限的宇宙与《圣经》无法兼容，宗教裁判所最终指控布鲁诺为异端。文学评论家斯蒂芬·格林布拉特在《蜿蜒之路》（*The Swerve*）一书中写道，布鲁诺当时为自己辩护："比起描绘天堂，《圣经》的责任更多是指引道德。"这位哲学家的蔑视，并没有得到教会的认同，他最终被判处死刑，1600年被烧死在罗马的火刑柱上。

但是，教会阻止变革的尝试是徒劳的，正如开普勒和后来的牛顿等科学家所证明的，他们的工作使人们对宇宙和太阳系都有了更清晰的认识。基督教一直认为，以天使之灵为首的天体会做圆周运动，因为圆的几何特征完美反映了上帝的本质，如但丁的诗篇所写，是上帝之爱推动了"太阳和其他恒星"。开普勒发现行星的运动轨道是椭圆而非正圆，直接挑战了神圣的教条；牛顿也发现引力才是宇宙无处不在的力量，是它决定了行星的轨道。尽管开普勒和牛顿的观点不符合正统观念，但他们也不是什么无神论者。在那个时代，宗教仍然在人们的思想中根深蒂固，无可辩驳。也就是说，重大的思想变革正在发生，特别是在科学方面，它变得更加严谨，因而也能在外部权威面前变得更加自主、自信。科学已经自证，它的研究领域是真确的自然现象，而不是无法验证本质的超自然真理。科学家开始采用更严格的实证经验方法，直接推动文艺复兴末期由弗朗西斯·培根和勒内·笛卡儿（现代哲学之父）宣告的一场科学革命。

但是，文艺复兴也激起了一股持续涌动的怀疑暗流，这种怀疑的起点是——那个时代如此自豪颂扬的创新精神，未能以一种改良的、更可靠的新精神取代旧精神。在众多的批评声中，英国律师兼社会哲学家托马斯·莫尔将他理想中的完美社会写在《乌托邦》（*Utopia*，希腊语，意为"无所寄托"）一书中；还有鹿特丹的人文主义者伊拉斯谟，他在《愚人颂》（*Praise of Folly*）一文中用拟人化手法讽刺愚蠢，借此批判他那个时代一些可悲的行为，比如辱骂神职人员。伊拉斯谟希望基督教世界能回归心灵的纯洁，回归《圣经》传达的智慧，并致力于推动宗教改革。当时的怀疑论代表人物是蒙田，他放弃了浮夸的哲学研究，将散文题材局限于个人生活。但是，在外部社会的复杂影响和个人的情绪波动之外，很难找到"自我"的本质，这足以证明，人的内在和宇宙的神秘一样难以形容。在一篇散文《论食人族》（*On Cannibals*）中，蒙田批评了欧洲人最近对新大陆上的土著人产生的傲慢和优越感。在蒙田看来，被欧洲人称为"蛮族"的人，同样有着正直的美德，尽管他们的社会是原始的，但似乎比基督教世界要高尚多了，这使他深深怀疑西方文明是否真像宣传的那样伟大（蒙田一生目睹了法国天主教徒和新教胡格诺派之间的血斗，这对他的观念影响极大）。他写道："任何与我们的习惯相悖的东西，我们都斥其为野蛮。事实上，除了自家土地上流行的观念和习俗，我们再也找不到别的真理和理性标准了。"新大陆土著过着简朴却高尚的生活（呼应了卢梭的"高贵野蛮人"的观点）与问题重重的欧洲生活形成鲜明对比，这让蒙田意识到真理永远不会是绝对真理，他变得更加忧郁了，正如他的名言所说："我知道什么？"

　　笼罩在文艺复兴后期的迷茫感，只会随着历史前进而不断增长。其中，最有戏剧性的事件是 19 世纪的达尔文指出：人类就是一种动物，不是像亚当和夏娃那样生而为人，而仅仅是演化和自然选择的一个累积的、随机的、机械的过程的产物。这一发现，起初让人很难接受，主要是因为它证明了一点：自然的机械定律，完全违背了逻各斯要求的对秩序、意义和目的的热情，也和浪漫的欲望毫不相干。也就是说，人类越是努力前进，就越会意识到以自我为中心是不够的。我们越进步，就越应该接纳吸收更多的东西，而非一味盯着终极真理，我们注定找到的只会是更多的复杂、不确定和怀疑。

从这个意义上说，尽管取得了许多令人瞩目的成就，但人类的历史可以被视为一趟十分谦卑的旅程。正如作家詹姆斯·巴里所说："人生是一门关于谦卑的冗长课程。"意思是，每当我们自认为已经达到了认识的顶峰时，就会意识到艰苦的道路和前景还有多么漫长。

这一定是坏事吗？不。我们知道，危机往往也是回顾盘点的好机会，以便我们吸取教训。

换句话说，每个硬币都有两面。例如，我们已经知道自己不够完美——我们追求伟大的理想，但个人的有限性从来不允许我们彻底实现它。硬币的反面，恰恰是人的脆弱，我们都需要彼此，包括现代社会的宏大多元背景下若即若离的每个人。我们必须克服原始的本能，它会让我们退回地域偏见的小角落里，只相信和我们思维一致的熟人——而这种倾向，始终是历史进步的最大阻碍。

努力加强集体自我的观念，同时敞开心胸，吸纳更多的异见。这与培养我们的个性同样重要。一个人的存在离不开他人的支持：文明是一种分工合作，需要我们为他人奉献同样的关怀和责任。

从历史开端以来，人类一遍遍地重复自身的缺点，其中最严重的是傲慢，它意味着缺乏谦卑和决心，意味着你觉得自己不用别人来填补自身的缺陷。在我们这个对名誉和个性过分崇拜的时代，应当谨记。古希腊人警告说："自恋和无节制的野心，就像笼罩在人类灵魂最深处的病魔，如果任其发展，就会完全压倒理性之平衡与清晰。"因此，希腊人总是特别害怕暴君、独裁者，这些无视集体智慧和社会协作的人，傲慢地认为自己的才能足以统治社会。希腊人认为，这种态度可能会导致一

　　　　　　　　　　　　　　　　　　　认识自我

场大灾难，特别是所有独裁者都必定成为煽动家，用不实的语言歪曲现实，仅仅是为了满足他们的私利和对奉承的欲望。

正如我们所见，傲慢也是男性自视高于女性的野蛮特征。除了错认为女人没有理性之外，男人们还鼓吹一种缺乏情感和激情的人格（而情感、激情总是与女人有关）。现代科学发现，这样的思维大大地影响了人脑的整体认知。心理学、神经科学的研究也证明，曾经只属于女性的特质——直觉和情感——其实正是今天所说的"理性"中最深刻、最强大的特质。

同样的教训也适用于所有因种族、文化、宗教、性取向等不同而备受压迫的人。划分、围墙、边界、界限——所有围绕"我"而建立的严格定义其身份的东西，与一些"他者"相比，最终却被证明带来破坏，就像那些至今依然过于僵化的东西。为了保持健康，头脑需要培养时刻成长的能力。如果缺少进步和成熟，积累信息和知识就没有意义。换句话说：只有不断健全人性，人类的进步才有价值。

在我看来，《圣经》中最有意义的一段是上帝问该隐亚伯在哪里，而该隐不愿承认杀了自己的兄弟。他问："我是我兄弟的监护人吗？"答案很明显：是。如果我们不承担起照顾我们的兄弟姐妹的责任，我们就不能期望自己会进步。

马丁·路德·金说过："我们已学会像鸟一样飞翔，像鱼一样在大海畅游，但我们还没有学会像兄弟般简单地生活在一起。"他是对的：我们最紧迫的任务是改善共同生活的简单艺术，接受这样一种观念，即身份总是既包含单数也包含复数的概念。诗人奥登说："衡量一个文明的标准，应该是它能实现多少多样性和保持多少同一性。"我们从历史上得到的最大教训是：个人身份认同的完成，无法建立在独角戏之上，而是建立在你我真实对话所代表的诚实、尊重和坚定的思想交流的基础上。

致　谢

　　首先要感谢本书提到的许多杰出学者及其作品。我引用了他们的书和文章，我在此谦卑地表达感激，感谢他们给予我极大的鼓舞和丰富的经验。另外，我还想感谢拉里·西登托普，我在他的著作《创造个体》中认识了 19 世纪的法国历史学家库朗日，就是开篇引用的那位。

　　在这张"特别导师"名单上，要加上我的编辑杰拉德·霍华德的名字——他的智慧和道德，肯定会赢得希腊和拉丁前辈的尊重。对我而言，拥有一个像我的编辑这样有素质、文质彬彬的人，也是一种福分。

　　还要特别感谢双日出版社的其他同事——策划编辑丽塔·马德里加尔和文字编辑英格丽·斯特尔纳，多亏她的精准和专业，帮我避免了许多错漏；还有行政助理杰拉德·霍华德和莎拉·波特、诺拉·格拉布；还有封面和内文设计师约翰·丰塔纳和玛丽亚·卡莱尔、才华横溢的公关夏洛特·奥唐纳和营销人员莎拉·恩格尔曼。

　　最后且最重要的是，必须感谢我的丈夫理查德·博恩，在漫长艰辛的写作过程中始终支持我。如果没有他的耐心和爱的鼓励，以及坚定的决心、明智的建议和指导，本书就无法完成。谢谢你，亲爱的。我生命中最宝贵的经历总是与你有关，你是我最好的伴侣、支持者、顾问和盟友。

　　最后，为了充分欣赏这本书所探讨的艺术，我强烈建议读者们上网查看书内图片的彩色版，衷心感谢维基！

认识自我